드론조종자격시험
(무인동력비행장치 조종자격 대비)

BTB P&D 연구소 지음

도서출판 책과 상상
www.SangSangbooks.co.kr

드론조종 자격시험
PREFACE

　　드론에 관한 국가자격증이 처음 생긴 후 지금까지 다소 관리체계가 미흡하였으며 드론의 활성화로 인한 안정성 문제, 보다 체계적인 관리 및 향후 발전성 등으로 인해 드론 신고 내용 변경 및 자격기준이 변경되었습니다. 2021년부터 드론 자격기준은 항공안전법에 의해 1~4종으로 나누어 자격을 구분합니다.

　　이 중 4종(250g 이하)은 온라인교육만 수료하면 비행이 가능하지만 1~3종의 경우 필기시험에 합격하여야 취득이 가능하며, 더불어 1·2종은 실기시험까지 합격해야 합니다.

이 책의 특징

1. 국토교통부의 『초경량비행장치조종자 표준교재』를 기반으로 하였으며, 기존 실시되었던 문제 중 자주 출제되는 문제와 복원되었던 학과문제를 중심으로 이론을 재편하여 표준교재의 광범위한 내용 중 문제 중심으로 핵심내용을 정리하였습니다.
2. 학습의 효율을 높이고자 기본 단과 보조 단으로 나누었습니다. 기본 단에는 핵심이론을 정리하였으며, 보조 단에는 기본 단의 핵심이론과 관련 내용 및 참고사항, 학습에 도움이 될 내용을 수록하여 가독성을 향상하고자 하였습니다.
3. 최대한 이해가 쉬운 삽화를 수록하여 학습에 도움이 되도록 하였습니다.
4. 학과시험은 실전모의고사 8회분을 수록하여 시험준비에 만전을 기할 수 있도록 하였습니다.
5. 실기시험에 도움이 될 구술예상문제 및 실기요령을 함께 수록하였습니다.
6. 최근 개정된 항공관련법령을 반영하였습니다.

　　마지막으로 다소 부족함이 있음에도 불구하고 책을 발행하게 도와주신 (주)책과상상 관계자 여러분께 감사의 인사를 드리며, 드론에 관련된 자격증 취득을 목표로 하는 수험생 여러분에게 도움이 되기를 바랍니다. 끝으로 본 도서가 나오기까지 도와주신 모든 분께 감사드리며, 본의 아니게 잘못된 내용이나 개정된 법령 등은 앞으로 철저히 수정 보완하여 나갈 것을 약속드립니다.

BTB P&D 드림

feature and layout

이 책의 특징과 구성

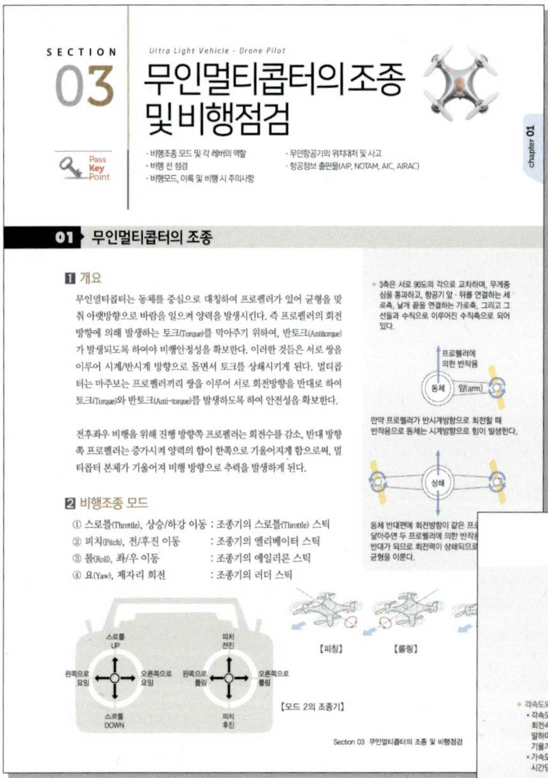

SECTION 03

Ultra Light Vehicle - Drone Pilot

무인멀티콥터의 조종 및 비행점검

Pass Key Point

- 비행조종 모드 및 각 레버의 역할
- 비행 전 점검
- 비행모드, 이륙 및 비행 시 주의사항
- 무인항공기의 위치대처 및 사고
- 항공정보 출판물(AIP, NOTAM, AIC, AIRAC)

chapter 01

01 무인멀티콥터의 조종

1 개요

무인멀티콥터는 동체를 중심으로 대칭하여 프로펠러가 있어 균형을 맞춰 아랫방향으로 바람을 일으켜 양력을 발생시킨다. 즉 프로펠러의 회전방향에 의해 발생하는 토크(Torque)를 막아주기 위하여, 반토크(Antitorque)가 발생되도록 하여야 비행안정성을 확보한다. 이러한 것들은 서로 쌍을 이루어 시계/반시계 방향으로 돌면서 토크를 상쇄시키게 된다. 멀티콥터는 마주보는 프로펠러끼리 쌍을 이루어 서로 회전방향을 반대로 하여 토크(Torque)와 반토크(Anti-torque)를 발생하도록 하여 안전성을 확보한다.

전후좌우 비행을 위해 진행 방향쪽 프로펠러는 회전수를 감소, 반대 방향쪽 프로펠러는 증가시켜 양력의 합이 한쪽으로 기울어지게 함으로써, 멀티콥터 본체가 기울어져 비행 방향으로 추력을 발생하게 된다.

▸ 3축은 서로 90도의 각으로 교차하며, 무게중심을 통과하고, 항공기 앞 · 뒤를 연결하는 세로축, 날개 끝을 연결하는 가로축, 그리고 그 선들과 수직으로 이루어진 수직축으로 되어 있다.

프로펠러에 의한 반작용 / 동체 / 암(arm)

만약 프로펠러가 반시계방향으로 회전할 때 반작용으로 동체는 시계방향으로 힘이 발생한다.

상쇄

동체 반대편에 회전방향이 같은 프로펠러를 달아주면 두 프로펠러에 의한 반작용이 반대가 되므로 회전력이 상쇄되므로 균형을 이룬다.

2 비행조종 모드

① 스로틀(Throttle), 상승/하강 이동 : 조종기의 스로틀(Throttle) 스틱
② 피치(Pitch), 전/후진 이동 : 조종기의 엘리베이터 스틱
③ 롤(Roll), 좌/우 이동 : 조종기의 에일러론 스틱
④ 요(Yaw), 제자리 회전 : 조종기의 러더 스틱

【모드 2의 조종기】

【피칭】 【롤링】

Section 03 무인멀티콥터의 조종 및 비행점검

◀ Key point

이 섹션에서 학습해야 할 주요 내용 정리

◀ 보조단을 활용한 학습장치

이해를 돕기 위한 보충설명, 노트와 팁 등을 수록

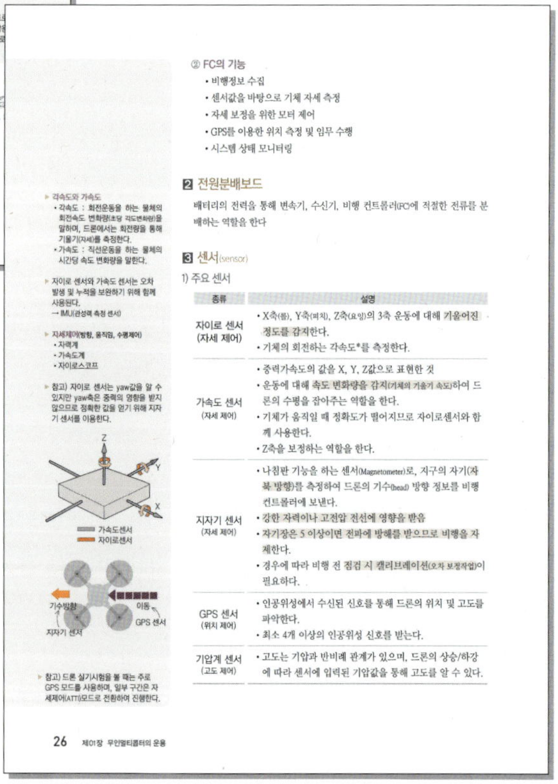

② FC의 기능
- 비행정보 수집
- 센서값을 바탕으로 기체 자세 측정
- 자세 보정을 위한 모터 제어
- GPS를 이용한 위치 측정 및 임무 수행
- 시스템 상태 모니터링

2 전원분배보드

배터리의 전력을 통해 변속기, 수신기, 비행 컨트롤러(FC)에 적절한 전류를 분배하는 역할을 한다

3 센서(sensor)

1) 주요 센서

종류	설명
자이로 센서 (자세 제어)	• X축(롤), Y축(피치), Z축(요잉)의 3축 운동에 대해 기울어진 정도를 감지한다. • 기체의 회전하는 각속도*를 측정한다.
가속도 센서 (자세 제어)	• 중력가속도의 값을 X, Y, Z값으로 표현한 것 • 운동에 대해 속도 변화량을 감지(기체의 기울기 속도)하여 드론의 수평을 잡아주는 역할을 한다. • 기체가 움직일 때 정확도가 떨어지므로 자이로센서와 함께 사용한다. • Z축을 보정하는 역할을 한다.
지자기 센서 (자세 제어)	• 나침판 기능을 하는 센서(Magnetometer)로, 지구의 자기(자북 방향)를 측정하여 드론의 기수(head) 방향 정보를 비행 컨트롤러에 보낸다. • 강한 자력이나 고전압 전선에 영향을 받음 • 자기장은 5 이상이면 전파에 방해를 받으므로 비행을 자제한다. • 경우에 따라 비행 전 점검 시 캘리브레이션(오차 보정작업)이 필요하다.
GPS 센서 (위치 제어)	• 인공위성에서 수신된 신호를 통해 드론의 위치 및 고도를 파악한다. • 최소 4개 이상의 인공위성 신호를 받는다.
기압계 센서 (고도 제어)	• 고도는 기압과 반비례 관계가 있으며, 드론의 상승/하강에 따라 센서에 입력된 기압값을 통해 고도를 알 수 있다.

▸ 각속도와 가속도
- 각속도 : 회전운동을 하는 물체의 회전속도 변화량(초당 각도변화량)을 말하며, 드론에서는 회전량을 통해 기울기(자세)를 측정한다.
- 가속도 : 직선운동을 하는 물체의 시간당 속도 변화량을 말한다.

▸ 자이로 센서와 가속도 센서는 오차 발생 및 누적을 보완하기 위해 함께 사용된다.
→ IMU(관성력 측정 센서)

▸ 자세제어(방향, 움직임, 수평제어)
- 자력계
- 가속도계
- 자이로스코프

▸ 참고) 자이로 센서는 yaw값을 알 수 있지만 yaw축은 중력의 영향을 받지 않으므로 정확한 값을 얻기 위해 지자기 센서를 이용한다.

▸ 참고) 드론 실기시험을 볼 때는 주로 GPS 모드를 사용하며, 일부 구간은 자세제어(ATTI)모드로 전환하여 진행한다.

26 제01장 무인멀티콥터의 운용

이론 이해를 위한 풍부한 삽화 수록 ▶

▲ 형광펜 표시

이론 요약 중 자주 출제되는 부분은 형광펜으로 표시

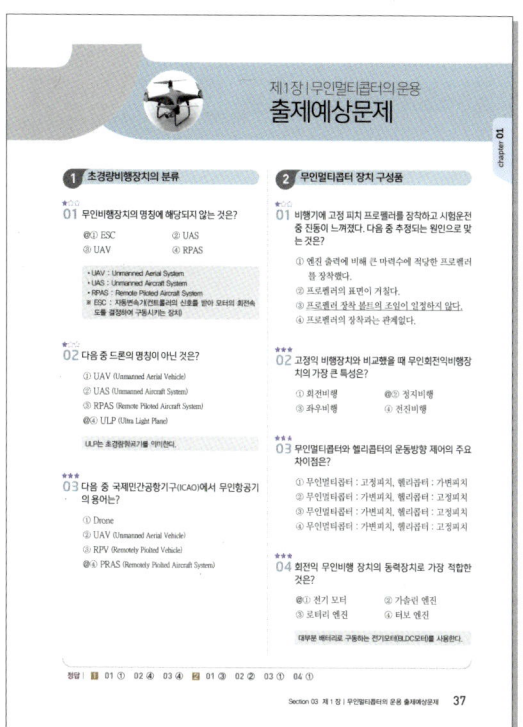

▲ 이론 뒤에 출제예상문제 수록

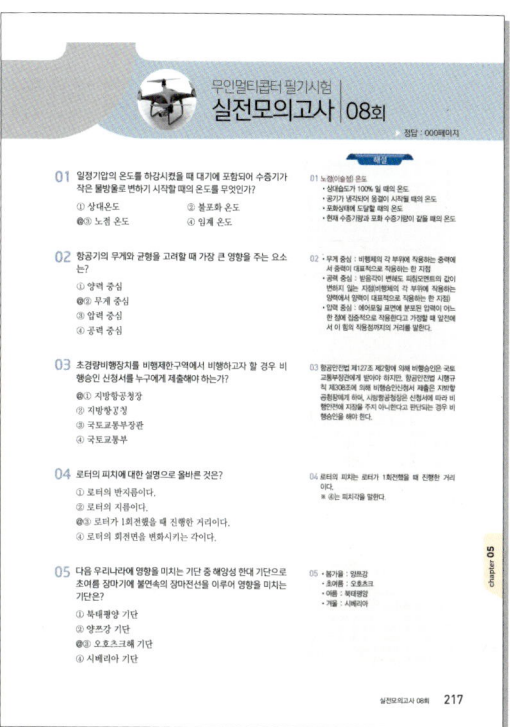

▲ 실전모의고사(8회분) 및 상세해설

복원문제를 기반으로 한 다양한 예상문제를 통해 학과시험에 대비하도록 하였습니다.

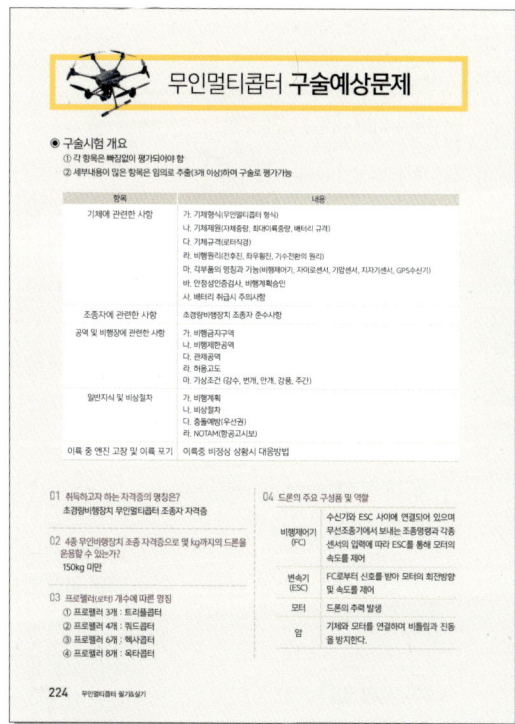

▲ 구술예상문제

실기시험에 포함된 구술시험을 대비하기 위한 문제를 수록하였습니다.

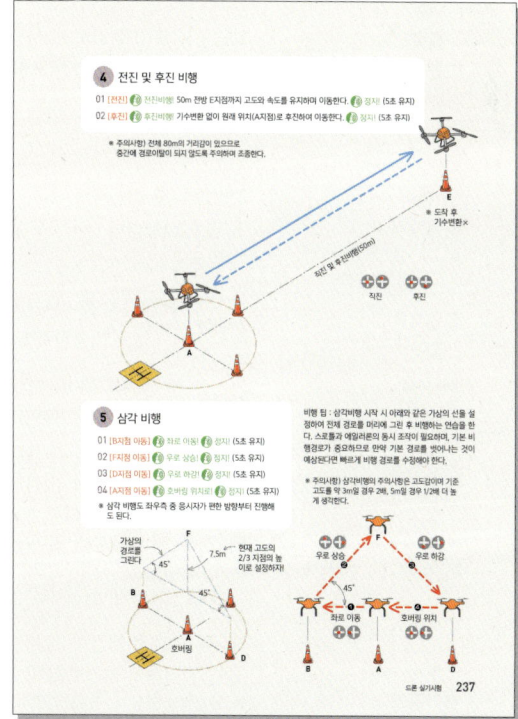

▲ 실기 요령

각 단계별 비행에 따른 구호, 순서, 요령, 팁 등을 수록하였습니다.

이 책의 특징과 구성

초경량비행장치의
기체 신고·안전성 인증 및 자격증명 취득 기준

무인동력비행장치 공통 : 무인비행기, 무인헬리콥터, 무인멀티콥터

1 초경량비행장치조종자 개요

① 조종기체 : 초경량비행장치
② 기체 종류 : 동력비행장치, 회전익비행장치, 유인자유기구(자가용/사업용), 동력패러글라이더, 무인비행기, 무인비행선, 무인멀티콥터, 무인헬리콥터, 행글라이더, 패러글라이더, 낙하산류
   ※ '21.3.1부터 무인비행기, 무인멀티콥터, 무인헬리콥터는 4종으로 분류됨
③ 조종자 증명이 필요한 기체 구분(무인동력장치 기준) : 최대이륙중량 250g 초과 150kg 이하
④ 등록 : 한국교통안전공단
⑤ 검사 : 항공안전기술원
⑥ 보험 : 사용사업에 사용할 때
⑦ 조종교육 : 공단에 등록한 지도조종자

2 초경량비행장치조종자 응시자격

자격	나이제한	비행경력만 있는 경우		항공종사자 자격 보유	전문교육기관 이수
공통사항		- 비행경력은 안정성 인증검사, 비행승인 등의 적법한 기준 및 절차를 따른 경력을 말함 - 보통2종이상 운전면허 신체검사 증명서 또는 항공신체검사증명서를 소지해야 함			

동력
비행장치
	14세 이상	해당종류 총 비행경력 20시간
		- 단독 비행경력 5시간 포함
				- 자가용/사업용/운송용조종사
				  비행기 자격취득
				  ※ 타면조종형에 한함
				- 해당종류 총 비행경력 5시간
				- 단독 비행경력 2시간 포함
					- 지정된 곳 없음

회전익 비행장치	14세 이상	해당종류 총 비행경력 20시간 - 단독 비행경력 5시간 포함		- 자가용/사업용/운송용조종사 회전익항공기 자격취득 - 해당종류 총 비행경력 5시간 - 단독 비행경력 2시간 포함	- 지정된 곳 없음
유인자유 기구 (자가용, 사업용)	14세 이상	자가용	해당종류 총 비행경력 16시간 - 단독 비행경력 5시간 포함	- 해당사항 없음	- 지정된 곳 없음
		사업용	해당종류 총 비행경력 35시간 - 단독 비행경력 5시간 포함		
동력패러 글라이더	14세 이상	해당종류 총 비행경력 20시간		- 해당사항 없음	- 지정된 곳 없음

무인비행기	14세 이상	해당종류 총 비행경력 20시간
		※ 초경량비행장치 사용사업으로 등록된
		  12kg 초과 무인비행장치의 비행경력
				- 해당사항 없음	- 전문교육기관
					  해당 과정 이수

무인
헬리콥터
	14세 이상	해당종류 총 비행경력 20시간
		(무인멀티콥터 자격소지자는 10시간)
		※ 초경량비행장치 사용사업으로 등록된
		  12kg 초과 무인비행장치의 비행경력
				- 해당사항 없음	- 전문교육기관
					  해당 과정 이수

자격	나이제한	비행경력만 있는 경우	항공종사자 자격 보유	전문교육기관 이수
무인 멀티콥터	14세 이상	해당종류 총 비행경력 20시간 ※ 초경량비행장치 사용사업으로 등록된 12kg 초과 무인비행장치의 비행경력	- 해당사항 없음	- 전문교육기관 해당 과정 이수
무인 비행선	14세 이상	해당종류 총 비행경력 20시간 ※ 초경량비행장치 사용사업으로 등록된 12kg 초과 무인비행장치의 비행경력	- 해당사항 없음	- 전문교육기관 해당 과정 이수
패러 글라이더	14세 이상	해당종류 총 비행경력 180시간 ※ 지도조종자와 동승 20회 이상 포함	- 해당사항 없음	- 지정된 곳 없음
행글 라이더	14세 이상	해당종류 총 비행경력 180시간 ※ 지도조종자와 동승 20회 이상 포함	- 해당사항 없음	- 지정된 곳 없음
낙하산류	14세 이상	100회 이상의 교육강하 경력 (사각 낙하산의 경우 200회) ※ 최근 1년 내에 20회 이상의 낙하 경험 포함	- 해당사항 없음	- 지정된 곳 없음

3 기체 신고

① 신고대상

비사업용	최대이륙중량 **2kg** 초과 신고 필요(소유주)
사업용	무게와 무관하게 **모든 기체**는 신고 필요

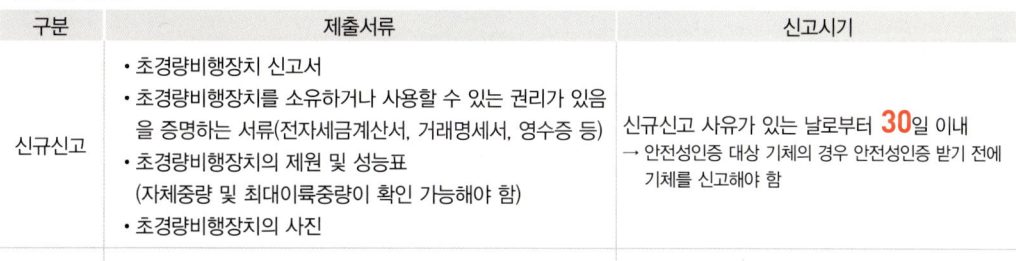

※ 미 이행 시 : 6개월 이하의 징역 또는 500만원 이하 벌금 부과

② 신고기관 : 한국교통안전공단
③ 신고접수 방법 : 드론원스탑 민원서비스 (**drone.onestop.go.kr**)
④ 제출서류 및 신고시기

구분	제출서류	신고시기
신규신고	• 초경량비행장치 신고서 • 초경량비행장치를 소유하거나 사용할 수 있는 권리가 있음을 증명하는 서류(전자세금계산서, 거래명세서, 영수증 등) • 초경량비행장치의 제원 및 성능표 (자체중량 및 최대이륙중량이 확인 가능해야 함) • 초경량비행장치의 사진	신규신고 사유가 있는 날로부터 **30**일 이내 → 안전성인증 대상 기체의 경우 안전성인증 받기 전에 기체를 신고해야 함
변경 및 이전신고	• 초경량비행장치 변경 · 이전 신고서 • 변경 · 이전 사유를 증명할 수 있는 서류 첨부	변경·이전 사유가 발생한 날로부터 **30**일 이내
말소신고	• 초경량비행장치 말소 신고서	말소 사유가 발생한 날로부터 **15**일 이내

⑤ 신고절차

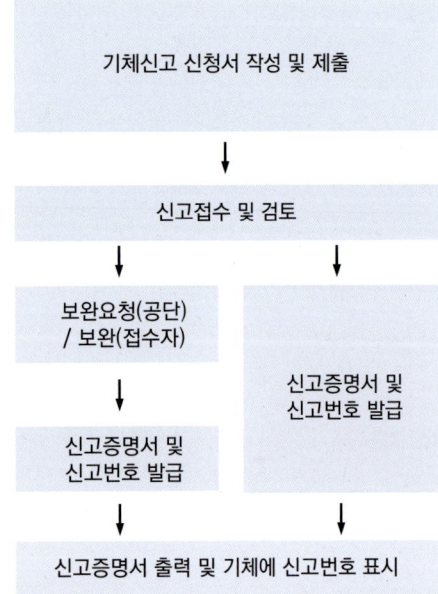

- 드론원스탑 홈페이지의 서식에 따라 작성
  (항공안전법 시행규칙 별지 제116호)
- 법정 제출서류 스캔, 사진 첨부 및 제출
※ FAX, e-Mail, 현장 접수 가능

- [공단 담당자] 기입정보 적정성 확인, 제출서류 누락 및 유효성 여부 등 확인

- [담당자] 보완 필요 시 : 보완사유 명시 후 민원인에게 보완 요청
- [민원인] 보완요청을 받은 후, 정보 재수정 또는 서류 추가 첨부 등
- [담당자] 신고내용이 이상 없을 경우 민원인에게 신고증명서 및 신고번호를 발급
※ 변경·이전 신고 시 기존 신고번호는 그대로 유지됨
※ 신고수리기간 : 신규/변경/이전 - 7일 이내
　　　　　　말소 - 신고서 도달 시점부터

- [민원인] 발급된 신고증명서를 출력한 후 비행 시 지참해야 하며, 신고번호는 출력한 후 기체에 부착할 것
※ 위 사항은 의무사항으로 미 이행 시 100만원 이하 과태료 부과

4 안전성 인증 (기존과 동일함)

① 안전성 인증 대상

기준	최대이륙중량 **25kg** 초과 인증 필요

※ 미 이행 시 : 500만원 이하 과태료 부과

② 인증 주기 : 매년마다
③ 인증기관 및 인증 홈페이지 : 항공안전기술원(www.kiast.or.kr)
　　　　　　　　　　　　　　032-743-5500

5 조종자격증명 취득 기준

조종자격 구분
사업용·비사업용 **구분없음**
무게기준 : **최대이륙중량**

4종	3종	2종	1종
완구형 모형비행장치	저위험 무인비행장치	저위험 무인비행장치	중위험 무인비행장치	고위험 무인비행장치
250g 이하	250g 초과~2kg	2g 초과~7kg	7kg 초과~25kg	25kg 초과

- 4종 기체 조종 가능
- 3, 4종 기체 조종 가능
- 모든 기체 조종 가능

| 신고 불필요 | 신고 불필요 | 소유자 신고 | 소유자 신고 | 소유자 신고 |

(단, 사업용 기체의 경우 무게와 관계없이 신고하여야 함)

- 온라인 교육
- 학과시험
- 실기시험

※ 하위 자격소유자가 상위 기체 비행 시 300만원 이하 과태료 부과

구분		온라인 교육	비행경력	학과	실기
	250g 이하		필요 없음		
4종	250g 초과~2kg	○	필요 없음 (온라인 교육과정 이수) – 10세 이상		
3종	2kg 초과~7kg	필요 없음	1종 또는 2종 또는 3종 기체 조종시간 **6**시간	○ (과목, 범위 및 난이도 동일)	필요 없음
2종	7kg 초과~25kg		1종 또는 2종 기체의 조종시간 **10**시간 • 3종 자격취득자의 경우 3시간 인정 – 7시간 조종시간 필요		○ (약식)
1종	25kg 초과		1종 기체의 조종시간 **20**시간 • 2종 자격취득자의 경우 5시간 인정 – 15시간 조종시간 필요 • 3종 자격취득자의 경우 3시간 인정 – 17시간 조종시간 필요		○

※ kg은 최대이륙중량을 표기함

초경량비행장치 조종자 자격시험 시행절차

※ 비행경력 등 자격여건이 충족되면 학과시험 합격여부와 상관없이 실기시험 접수 전에 응시자격 신청은 미리 신청 가능

2 응시자격 신청
- 방문 또는 한국교통안전공단 홈페이지 신청
- 인터넷 신청 시 증빙서류 스캔 및 업로드(jpg 파일)

↓

응시자격 심사
- 법적조건 충족여부 심사
- 3일 이상 소요

↓

응시자격 부여
- 서류확인 후 자격부여

3 학과시험 접수
- 방문 및 홈페이지 접수, 수수료결제
- 시험장소/일자/시간 선택

↓

학과시험 응시
- CBT컴퓨터 시험 시행
- 전국시험장 동시 실시(서울, 부산, 광주, 대전)
- 드론센터(주2~3일) : 화성

↓

합격자 발표
- 시험종료 즉시 결과발표 (공식결과는 홈페이지 18:00 이후)
- 과목합격제 – 유효기간 : 2년

↓

4 실기시험 접수
- 방문 및 홈페이지 접수, 수수료결제
- 시험일자 선택

↓

실기시험 응시
- 초경량 : 사용사업체, 전문교육기관 등 (응시자가 사용할 비행장치 준비와 기체에 따른 비행허가 등 관련사항 준비)

↓

5 합격자 발표
- 시험당일 18:00 결과발표
- 실기채점표 결과 홈페이지 확인가능

↓

6 자격발급 신청 및 수령
- 방문 및 홈페이지 신청, 수수료결제
- 사진(필수), 신체검사증명서 등록
- 직접 수령 또는 홈페이지 신청(등기우편 발송 수령)

1 초경량비행장치 조종자의 조종 가능 기체 및 등록 등

① 기체 종류(자체 중량 115kg 이하) : 동력비행장치, 회전익비행장치, 유인자유기구(자가용/사업용), 동력패러글라이더, 무인비행기, 무인비행선, 무인멀티콥터, 무인헬리콥터, 행글라이더, 패러글라이더, 낙하산류
　　※ 2021년 3월 1일부터 무인비행기, 무인멀티콥터, 무인헬리콥터는 4종으로 분류됨
② 등록 : 한국교통안전공단
③ 검사 : 항공안전기술원(032-743-5000)
④ 조종교육 : 공단에 등록된 지도조종자

2 초경량비행장치 조종자의 응시자격 및 응시자격 신청

1) 응시자격
① 14세 이상
② 비행경력 : 안정성 인증검사, 비행승인 등의 적법한 기준 및 절차를 따른 경력
③ 보통2종 이상 운전면허 신체검사 증명서 또는 항공신체검사증명서를 소지
④ 해당 종류 총 비행경력 20시간 (무인헬리콥터 또는 무인멀티콥터 자격소지자는 10시간)
　　※ 초경량비행장치 사용사업으로 등록된 12kg 초과 무인비행장치의 비행 경력

2) 응시자격 제출서류
① (필수) 비행경력증명서 1부
② (필수) 유효한 보통2종 이상 운전면허 사본 1부
　　※ 유효한 보통2종 이상 운전면허 신체검사 증명서 또는 항공신체검사증명서도 가능
③ (추가) 전문교육기관 이수증명서 1부 (전문교육기관 이수자에 한함)

3) 응시자격 신청방법
① 시기 : 학과시험 접수 전부터(학과시험 합격 무관) ~ 실기시험 접수 전까지
② 기간 : 신청일 기준 3~4일 정도 소요 (실기시험 접수전까지 미리 신청)
③ 장소 : 홈페이지 [응시자격신청] 메뉴 이용(아래 신청매뉴얼 참고)
④ 대상 : 자격 종류/기체 종류가 다를 때마다 신청
　　※ 대상이 같은 경우 한번만 신청 가능하며 한번 신청된 것은 취소 불가
⑤ 효력 : 최종합격 전까지 한번만 신청하면 유효
　　※ 학과시험 유효기간 2년이 지난 경우 제출서류가 미비하면 다시 제출
　　※ 제출서류에 문제가 있는 경우 합격했더라도 취소 및 민·형사상 처벌 가능
⑥ 절차 : (응시자) 제출서류 스캔파일 등록 → (응시자) 해당자격 신청 → (공단) 응시조건/면제조건 확인/검토 → (공단) 응시자격처리(부여/기각) → (공단) 처리결과 통보(SMS) → (응시자) 처리결과 홈페이지 확인

3 학과시험

1) 학과시험 원서 접수 (접수문의 : 031-645-2103, 2104)
① 접수일자 : 해당연도 시험일정 참조
② 접수마감일자 : 시험일자 2일 전
③ 접수시작/마감시간 : 시험일로부터 3개월 이전 일자의 20:00부터 ~ 접수 마감일 23:59
④ 접수변경 : 시험일자·장소를 변경하고자 하는 경우 환불 후 재접수
⑤ 접수제한 : 정원제 접수에 따른 접수인원 제한 (서울 50, 부산/광주/대전 각 10석)
⑥ 응시제한 : 이미 접수한 시험의 결과가 발표된 이후 다음 시험 접수 가능

2) 학과시험 접수방법
① 인터넷 : 공단 홈페이지 항공종사자 자격시험 페이지
② 결제수단 : 인터넷(신용카드, 계좌이체), 방문(신용카드, 현금)

3) 학과시험 세목

과목명	상세 범위	과목명	상세 범위
❶ 항공법규	1. 목적 및 용어 정의 2. 초경량비행장치의 범위 및 종류 3. 신고가 필요한 초경량비행장치 및 신고가 필요하지 않는 초경량비행장치 4. 초경량비행장치의 신고 및 안전성 인증 5. 초경량비행장치의 변경·이전·말소 6. 초경량비행장치의 비행자격 등 7. 초경량비행장치 조종자 준수사항 8. 초경량비행장치 사고·조사, 벌칙 9. 공역 및 비행제한 10. 비행계획승인 등	❸ 항공역학	1. 기초비행이론 및 특성 2. 비행장치에 미치는 힘 3. 공기흐름의 성질 4. 프로펠러의 명칭 및 이해 5. 날개의 명칭, 형태 및 특성 6. 지면효과, 후류 등 7. 헬리콥터의 기초 이론 8. 무게중심 등
❷ 무인멀티콥터의 운용	1. 비행준비 및 비행 전·후 점검 2. 비행절차 3. 기체의 각 부의 명칭 및 이해 4. 송수신 장비의 관리 및 점검 5. 배터리의 관리 및 점검 6. 엔진의 종류 및 특성 7. 공중조작 및 비상 절차 8. 비행장치의 안전 및 조종 9. 안전관리에 관한 지식 10. 비행관련 정보(AIP, NOTAM 등)	❹ 항공기상	1. 대기의 구조 및 특성 2. 기온과 기압(고기압과 저기압) 3. 구름 4. 뇌우 및 난기류 5. 착빙 6. 바람과 지형 7. 시정 및 시정장애현상 8. 기단과 전선 9. 항공에 활용되는 일상 기상의 이해 등

4) 학과시험 장소
- 서울시험장(50석) : 항공시험처 (서울 마포구 구룡길 15)
- 부산시험장(10석/15석) : 부산본부 (부산 사상구 학장로 256)
- 광주시험장(10석/17석) : 광주전남본부 (광주 남구 송암로 96)
- 대전시험장(10석/20석) : 대전충남본부 (대전 대덕구 대덕대로 1417번길 31)
- 화성시험장(26석) : 드론자격시험센터(경기 화성시 송산면 삼존로 200)
- 춘천시험장(10석) : 강원본부(강원 춘천시 춘천순환로 70 만호빌딩3층)
- 대구시험장(20석) : 대구경북본부(대구 수성구 노변로 33)
- 전주시험장(6석) : 전북본부(전북 전주시 덕진구 신행로 44)
- 제주시험장(12석) : 제주본부(제주 제주시 삼봉로 79)
- ※ 시험장소 및 좌석수는 변동될 수 있으므로 접수 전에 홈페이지 참조할 것

※ 학과시험 환불기준
- 환불기준 : 수수료를 과오납한 경우, 공단의 귀책사유 등으로 시험을 시행하지 못한 경우, 학과시험 시행일자 기준 2일전날 23:59까지 또는 접수가능 기간까지 취소하는 경우
  예) : 시험일(1월10일), 환불마감일(1월8일 23:59까지)
- 환불금액 : 100% 전액
- 환불시기 : 신청즉시 (실제 환불확인은 카드사나 은행에 따라 5~6일 소요)

5) 기타 사항 및 궁금한 점은 다음 연락처에 문의할 것
- 초경량비행장치조종자 담당 : 031-645-2113, 2104
- 초경량비행장치 조종교육교관 담당 : 031-645-2107, 2108
- 초경량비행장치 실기평가조종자과정 담당 : 031-645-2101

6) 학과시험 응시수수료
- 초경량비행장치조종자 : 48,400원 (실기시험 : 72,600원)

7) 학과시험 시행방법
- 문항수 : 총 40문제
- 시험시간 : 50분
- 시행방법 : CBT(컴퓨터 화면의 문제를 읽고 마우스로 보기 또는 답란에 답을 표기)

8) 시작 시간
- 평일(10:00, 14:00, 17:00)
- 주말(10:00, 11:00, 14:00)
 ※ 시작시간은 시험일자에 따라 달라질 수 있음

9) 응시제한 및 부정행위 처리
- 시험 시작시간 이후에 시험장에 도착한 사람은 응시 불가
- 시험 도중 무단으로 퇴장한 사람은 재입장 할 수 없으며 해당 시험 종료처리
- 부정행위 또는 주의사항이나 시험감독의 지시에 따르지 아니하는 사람은 즉각 퇴장조치 및 무효처리하며, 향후 2년간 공단에서 시행하는 자격시험의 응시자격 정지

10) 학과시험 합격발표
- 발표방법 : 시험종료 즉시 시험 컴퓨터에서 확인
- 발표시간 : 시험종료 즉시 결과확인 (공식적인 결과 발표는 홈페이지로 18:00 발표)
- 합격기준 : 70% 이상 합격 (과목당 합격 유효)
- 합격취소 : 응시자격 미달 또는 부정한 방법으로 시험에 합격한 경우 합격 취소
- 유효기간 : 해당 과목 합격일로부터 2년간 유효
  - 학과합격 유효기간 : 최종과목 합격일로부터 2년간 합격 유효
  - 실기접수 유효기간 : 최종과목 합격일로부터 2년간 접수 가능

참고) 학과시험 면제기준

구분	응시하고자 하는 자격	해당 사항		면제과목
다른 종류의 자격을 보유한 경우	초경량비행장치조종자 (동력비행장치 또는 회전익비행장치에 한함)	운송용조종사 보유		전과목
		사업용조종사 보유		전과목
		자가용조종사 보유		전과목
	초경량비행장치조종자 (동력비행장치, 회전익비행장치, 동력패러슈트에 한함)	경량항공기조종사	타면조종형비행기 소지자	동력비행장치 학과시험
			경량헬리콥터 소지자	회전익비행장치 학과시험
			동력패러슈트 소지자	동력패러글라이더 학과시험
	초경량비행장치조종자 (무인헬리콥터, 무인멀티콥터)	초경량비행장치조종자	무인헬리콥터	무인멀티콥터 학과시험
			무인멀티콥터	무인헬리콥터 학과시험
전문교육기관을 이수한 경우	초경량비행장치조종자	초경량비행장치조종자/종류 과정 이수		전과목

④ 실기시험

① 접수담당 : 031-645-2103, 2104(초경량 실비행시험)
② 접수일자 : 해당연도 시험일정 참조
③ 접수시작시간 : 접수 시작일 20:00
④ 접수마감시간 : 접수 마감일 23:59
⑤ 접수변경 : 시험일자를 변경하고자 하는 경우 환불 후 재접수
⑥ 접수제한 : 정원제 접수에 따른 접수인원 제한(1~2월 접수는 제외)
⑦ 응시제한 : 같은 접수기간동안 같은 자격으로 접수기회 1회로 제한
⑧ 시험일자 : 공단 홈페이지 참조
⑨ 실기시험 장소 : 응시자 요청에 따라 별도 협의 후 시행
⑩ 실기시험 시행방법 : 구술시험 및 실비행시험
⑪ 시작시간 : 공단에서 확정 통보된 시작시간(시험접수 후 별도 SMS 통보)
⑫ 응시제한 및 부정행위 처리
 - 사전 허락없이 시험 시작시간 이후에 시험장에 도착한 사람은 응시 불가
 - 시험위원 허락없이 시험 도중 무단으로 퇴장한 사람은 해당 시험 종료처리
 - 부정행위 또는 주의사항이나 시험감독의 지시에 따르지 아니하는 사람은 즉각 퇴장조치 및 무효처리하며, 향후 2년간 공단에서 시행하는 자격시험의 응시자격 정지

참고)
- 드론자격시험센터(화성)는 상설실기시험장 및 전문교육기관의 모든 시험일자 시행
- 시험장소/일자별로 응시가능인원에 따라 응시인원 제한
- 접수 인원이 5명 미만인 경우 마감일 이후, 시험장소 및 일정 변경

⑤ 실기시험 합격발표

① 발표방법 : 시험종료 후 인터넷 홈페이지에서 확인(아래 사용매뉴얼 참고)
② 발표시간 : 시험당일 18:00시
③ 합격기준 : 채점항목의 모든 항목에서 "S"등급이어야 합격
④ 합격취소 : 응시자격 미달 또는 부정한 방법으로 시험에 합격한 경우 합격 취소
⑤ 유효기간 : 해당 과목 합격일로부터 2년간 유효
 - 학과합격 유효기간 : 최종과목 합격일로부터 2년간 합격 유효
 - 실기접수 유효기간 : 최종과목 합격일로부터 2년간 접수 가능

⑥ 자격증 발급

① 한국교통안전공단 홈페이지에 신청
② 필요 서류 : 명함사진 1부, 보통2종 이상 운전면허 사본 1부
③ 발급비용 : 11,000원

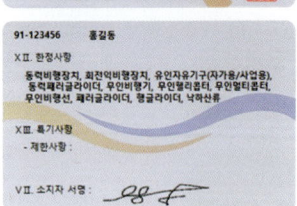

필기시험 접수요령

1. 한국교통안전공단 홈페이지의 방문한 후 회원가입을 하고 로그인을 합니다.

2. 한국교통안전공단 홈페이지의 메인화면에서 '자주 찾는 메뉴'의 '초경량(드론) 자격시험'을 클릭합니다.

3. 메인 화면에서 '학과(필기) 시험접수'를 클릭하여 '개인정보등록/확인' 페이지에서 '개인정보입력'란에 본인에 해당하는 사항을 선택합니다. 개인 자격이면 소속에 '기타'를 선택하고, 최초교육기관이 없으면 '기타'를 선택합니다. '다음(저장 후 진행)' 버튼을 누릅니다.

4. '원서접수 자격선택' 페이지에서 자격종류 – '초경량비행장치'로 선택하고, 항공기종류 – '무인멀티콥터'를 선택한 후 '다음' 버튼을 누릅니다.

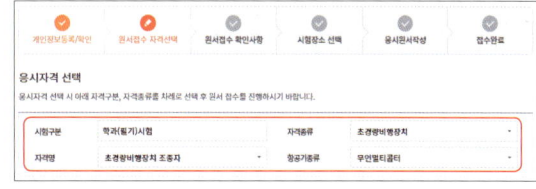

5. '원서접수 확인사항' 화면에서 동의 버튼을 선택합니다. '시험장소 선택' 화면에서 원하는 지역을 선택하고 '조회'를 클릭합니다.

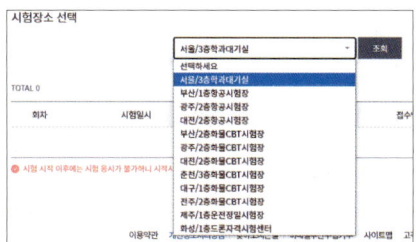

※ 다음 접수과정이 실제와 다르니 양해바랍니다.(기존 화면으로 대체합니다)

6 '응시를 원하는 일자를 클릭합니다. 이때 정원 및 접수인원에 따라 원하는 날짜에 '접수 완료' 표시에 있으면 접수가 불가능하며 접수가 완료된 날짜의 다음 빈 날짜에 접수할 수 있습니다. 접수는 오후 8시 이후에 접수할 수 있으며 지원자가 많을 경우 접수가 어려울 수 있으니 유의하시기 바랍니다.

7 응시원서 결제창에서 결제방법을 선택한 후 결제합니다.

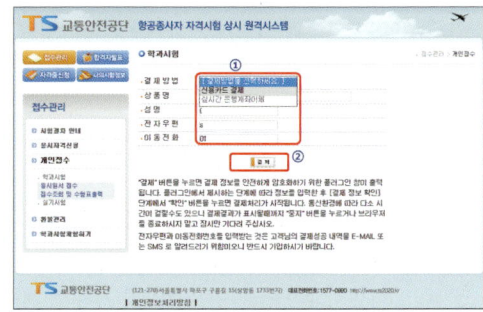

8 응시자격명, 시험장소 및 시간, 성명 등을 다시 확인합니다. (마지막으로 필기시험 응시장소를 확인하고 교통편을 미리 확인하여 시험 당일 지각하지 않도록 합니다.)

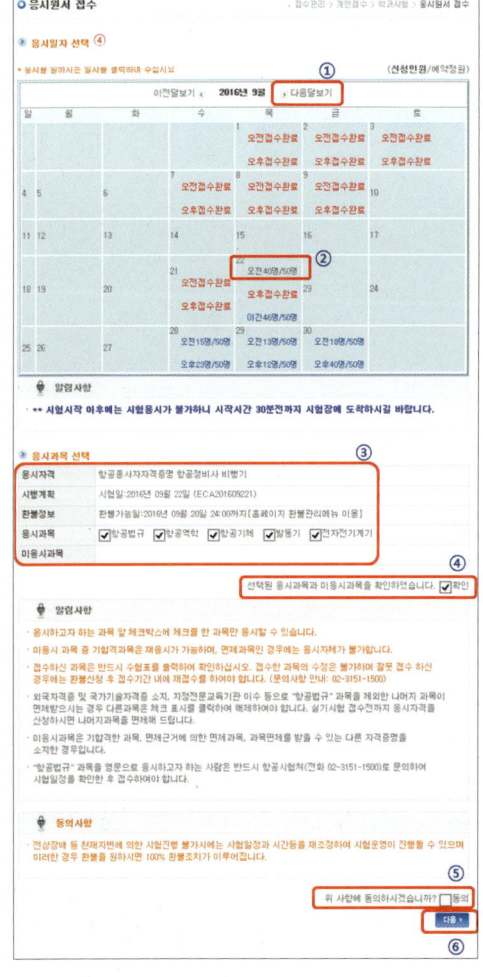

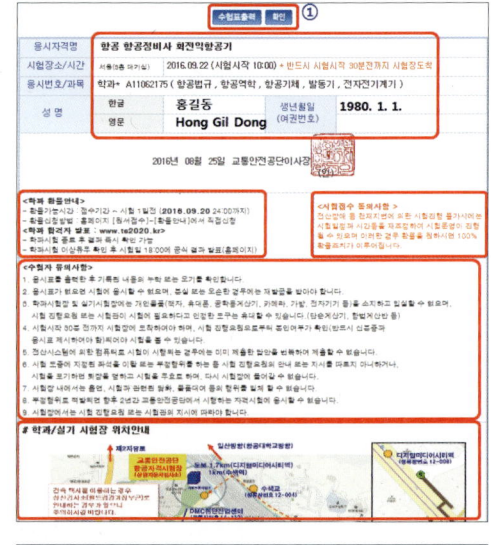

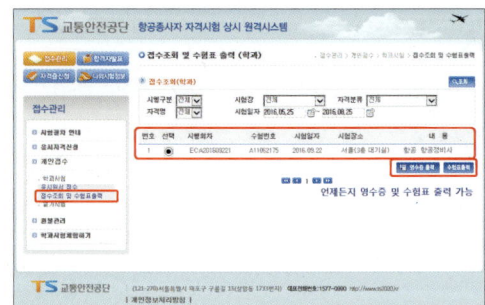

CBT 필기시험 수검요령

수시로 현재 [안 푼 문제 수]와 [남은 시간]를 확인하여 시간 분배합니다.
또한 답안 제출 전에 [수험번호], [수험자명], [안 푼 문제 수]를 확인합니다.

문제의 번호에 정답을 클릭하거나 '답안 표기란'의 번호에 정답을 클릭합니다.

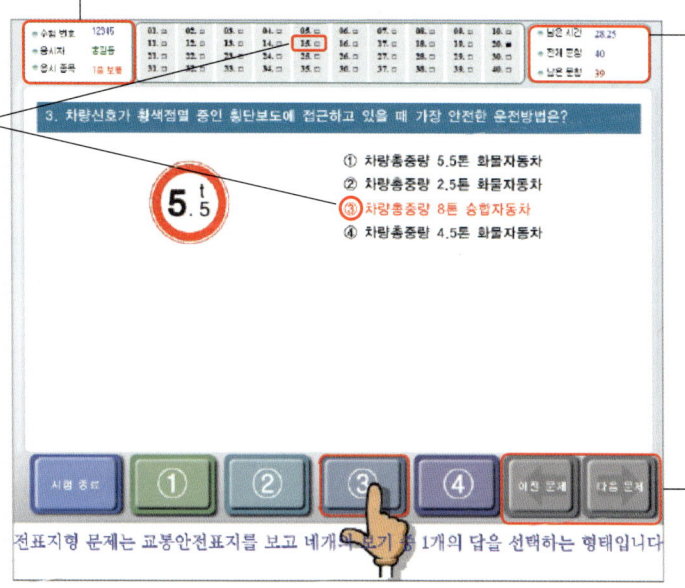

답을 선택하지 않은 문제가 있으면 그림과 같이 우측 상단에 '남은 문항'에 숫자가 표기되므로 종료 버튼을 누르기 전에 남은 문항수가 '0'으로 되어 있는지 확인한다. 또한 남은 시간을 수시로 확인하여 시간 배분을 잘 해야 한다.

답을 표기한 후 문제를 이동하려면 우측 하단에 위치한 [이전 문제] 또는 [다음 문제] 버튼을 클릭합니다.

모든 문제에 답을 표기하고 시험을 종료하려면 ❶ 좌측 하단의 [시험 종료] 버튼을 클릭합니다.
❷ 우측 그림과 같이 나타난 경고창에서 [시험 종료] 버튼을 클릭한다. ❸ 그러면 자동으로 합격, 불합격 여부를 확인할 수 있습니다.

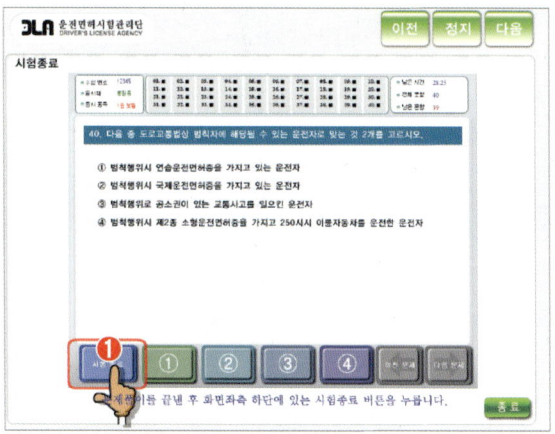
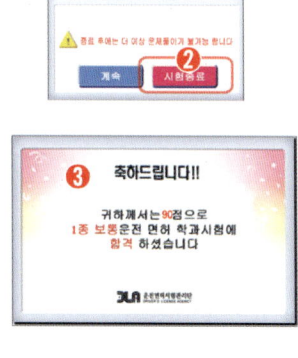

※ 위 자료는 운전면허학과시험 CBT 시험 요령을 근거로 하였으며, 초경량비행장치 필기시험도 유사한 형태로 시행합니다.

드론조종 자격시험
CONTENTS

- 2021년부터 변경된 초경량비행장치의 기체 신고·안전성 인증 및 자격증명 취득 기준 / 06
- 초경량비행장치 조종자 자격시험 시행 절차 / 10
- 필기시험 접수요령·CBT 수검요령 / 15

제1장 무인멀티콥터의 운용

Section 01 | 무인항공기 일반 / 22
드론의 각종 용어 / 비행체의 분류 / 기타 구분에 따른 분류 / 무인항공기 시스템

Section 02 | 무인멀티콥터의 구조 / 25
동력장치 / 비행 제어장치와 각종 센서 / 송·수신기 / 공중항법

Section 03 | 무인멀티콥터의 조종 및 비행점검 / 35
무인멀티콥터의 조종 / 비행 전 점검 / 이륙 및 비행 시 주의사항 /
초경량비행장치의 위기대처 및 사고 / 항공정보 출판물

Section 04 | 비행안전을 위한 인적요인 / 41
인적요인 개요 / 비행안전에 영향을 미치는 인적요인

● 출제예상문제 / 45

제2장 항공역학 (비행원리)

Section 01 | 비행이론의 기초 / 56
비행 기초이론 / 공기흐름의 성질과 법칙 / 비행의 기초원리 / 날개 이론 / 프로펠러

Section 02 | 헬리콥터의 비행원리 / 67
헬리콥터의 공기역학 / 헬리콥터의 비행 특성

Section 03 | 항공기의 안정성 / 72
항공기 운동의 기준축 / 평형과 안정성

● 출제예상문제 / 75

제3장 항공기상

Section 01 | 대기권의 구조 / 90
대기권의 구조 / 대기의 성분 / 고도

Section 02 | 대류권의 기상현상 / 93
대기의 기온과 습도 / 대기의 안정 / 구름 / 기압 일반 / 공기의 흐름에 영향을 주는 요소 / 고기압과 저기압 / 지상마찰에 의한 바람 / 기단 / 전선

Section 03 | 비행안전에 관련된 기상현상 / 108
난류 / 안개 / 산악파 / 뇌우 / 우박 / 번개와 천둥 / 윈드시어와 마이크로버스트 / 착빙 / 시정 / 기상보고

◉ 출제예상문제 / 117

제4장 초경량비행장치 항공법규

Section 01 | 초경량비행장치의 기준 / 136

Section 02 | 항공안전법 / 137
항공관련법령 및 용어 / 초경량비행장치의 신고 / 초경량비행장치의 시험비행허가 / 초경량비행장치의 안전성 인증 / 초경량비행장치의 조종자 증명 / 초경량비행장치 전문교육기관 / 초경량비행장치의 비행승인 / 공역 / 구조지원 장비 장착 의무 / 초경량비행장치 조종자의 준수사항 / 초경량비행장치 사고의 보고 / 무인비행장치의 특별비행승인 / 초경량비행장치사용사업자에 대한 안전개선명령 / 국가기관등 무인비행장치의 긴급비행 / 벌칙(벌금 및 과태료)

Section 03 | 초경량비행장치 항공사업법 / 152
관련 용어 / 초경량비행장치사용사업 / 사업자 등록과 보험

◉ 출제예상문제 / 154

CONTENTS

제5장 무인동력비행장치 필기 **실전모의고사**

- 제01회 실전모의고사 / 170
- 제02회 실전모의고사 / 177
- 제03회 실전모의고사 / 184
- 제04회 실전모의고사 / 192
- 제05회 실전모의고사 / 200
- 제06회 실전모의고사 / 208
- 제07회 실전모의고사 / 215
- 제08회 실전모의고사 / 223

제6장 무인멀티콥터 **실기(구술예상문제+실기시험요령)**

01 무인멀티콥터 구술예상문제 / 232

02 무인멀티콥터 실기시험 / 238
 평가기준 / 실기시험장 표준규격 / 실기시험요령 / 실기시험 채점표

CHAPTER 01

Ultra Light Vehicle - Drone Pilot

무인멀티콥터의 운용

Section 01 무인항공기 일반
Section 02 무인멀티콥터의 구조
Section 03 무인멀티콥터의 조종 및 비행점검
Section 04 비행안전을 위한 인적요인

SECTION 01

Ultra Light Vehicle - Drone Pilot

무인항공기일반

- 드론의 명칭(UAV, UAS, RPAS)
- 무인항공기의 분류
- 데이터링크

01 ▶ 드론의 각종 용어

▶ 용어 해설
- Remote : 원격
- Pilot : 조종
- Vehicle : 기체, 차량
- Unmanned/Uninhabited/ Unhumanized : 무인
- Aircraft : 항공기
- Air/Aerial : 공중의

① 무인항공기 시스템 : 조종사가 비행체에 직접 탑승하지 않고 지상에서 원격조종하거나, 사전 프로그램된 경로에 따라 자동 또는 반자동 형식으로 자율비행하거나 인공지능을 탑재하여 자체 환경판단에 따라 임무를 수행하는 비행체와 지상통제장비(GCS, Ground Control Station/System) 및 통신장비 지원장비 등의 전체 시스템을 통칭한다.

② Drone : 초기에 이륙 또는 발사시킨 후 사전 입력된 프로그램에 따라 정찰 지역까지 비행한 후 복귀된 비행체에서 촬영된 필름 등을 회수하는 방식의 무인비행체 (국내에서는 무인 멀티콥터가 드론으로 불리움)

③ RPV(Remote Piloted Vehicle) : 원격 조종에 중점을 두며, 자율적 비행 능력이 거의 없거나 제한적임

④ UAV(Unmanned/Uninhabited Aerial Vehicle System, Unhumanized Aerial System) : RPV보다 자율성이 높을 수 있으며, 단순 원격 조종을 넘어 사전 프로그래밍된 비행도 가능하다. 자율 비행 시스템(예: GPS 기반 경로 설정)을 포함할 수 있으며 군사, 촬영, 농업 등 용도로 다양하게 사용됨

⑤ UAS(Unmanned Aircraft System) : UAV(무인항공기)와 이를 운용하는 전체시스템(지상 통제소, 통신 장비, 소프트웨어 등)을 포괄하는 개념이다.

⑥ RPAV(Remote Piloted Air/Aerial Vehicle) : 유럽을 중심으로 쓰이기 시작한 용어

⑦ RPAS(Remote Piloted Aircraft System) : 국제민간항공기구(ICAO)에서 공식 용어로 채택하여 사용하고 있는 용어
- 비행체만을 칭할 때 : RPA(Remote Piloted Aircraft / Aerial vehicle)
- 통제시스템을 지칭할 때 : RPS(Remote Piloting Station)

02 비행체의 분류

1 고정익 무인항공기

① 일반적인 항공기와 같이 날개가 고정된 형태
② 장점 : 중·고 고도 비행이 가능하며, 양력을 이용하기 때문에 동력 소모가 적어 장거리·장시간 체공이 가능하다.
③ 단점 : 활주로나 넓은 개활지가 필요하고, 기상현상에 제약이 많으며, 정지비행이 불가능하다.
④ 주 용도 : 지형측량용, 촬영용, 정찰·군사용 등

2 회전익 무인항공기

비행체가 헬리콥터형인 무인 항공기로, 수직 이착륙이 자유롭고 저고도 비행 및 정지비행이 가능하나, 연료효율이 낮아 장거리·장시간 체공은 제한된다.

3 틸트로터형(tilt rotor)

① 로터/프로펠러의 가변형으로 이·착륙 시 동력부를 수직으로 세워 로터로서 수직 양력을 얻으며, **전이단계**(Transition)를 거쳐 이륙 후 상공에서 고정익항공기와 같이 수평으로 눕혀 프로펠러로 추진력을 얻는다.
② 단점 : 구조가 복잡하고 이륙 시, 조종·제어가 어렵다.

4 동축반전형(Co-axial)

일반 헬리콥터와 달리 하나의 축에 2개의 로터를 달아 테일로터를 없앤 구조로 탑재용량이 많고 체공시간이 길며, 기체가 안정적이다.

5 무인 멀티콥터(다중 로터형 무인항공기)

3개 이상의 다중 로터를 이용한 무인항공기로, 드론이 속한다. 항공촬영용, 측량용, 농업용, 재난안전용, 군사용, 취미/레포츠용 등으로 사용된다.

03 기타 구분에 따른 분류

1 비행반경에 따른 분류

① 근거리 무인항공기(CR, Close Range) : 약 50km 이내
② 단거리 무인항공기(SR, Short Range) : 약 200km 이내

③ 중거리 무인항공기(MR : Middle Range) : 약 650km 이내
④ 장거리 체공형 무인항공기(LR, Long Range) : 약 3,000km 이내

2 비행고도에 따른 분류
① 저고도 무인항공기(Low Altitude UAV) : 20,000ft 이상 저고도
② 중고도 무인항공기(Middle Altitude UAS) : 45,000ft 이하 대류권
③ 고고도 무인항공기(HAE : High Altitude Endurance) : 45,000ft 이상 성층권

3 이·착륙 방식별 분류
1) 이륙 방식에 따른 종류
   ① 지상활주 이륙
   ② 발사대/발사 로켓 이륙 : 활주로가 없거나 주변 장애물로 인해 활주 이륙이 불가능할 경우 사용
   ③ 공중 투하방식 : 다른 수송항공기를 이용하여 일정지역에 운송된 후 공중에서 투하하는 방식
2) 착륙 방식 : 지상활주 착륙, 낙하산 전개 착륙, 그물망 착륙
3) 자동 이착륙 : 무인항공기에 자동 이착륙장치를 장착하여 외부 조종사 없이 자동으로 회수하는 방식

04 ▶ 무인항공기 시스템

무인항공기의 사용목적에 따라 대규모 임무나 특수 임무 등에는 임무의 요구조건에 맞는 운용개념(운용계획, 절차, 시나리오 등)을 설정하여 필수 및 보조 장비 및 운용 인력을 구성·편성하여 효율을 최대화하는 과정이 필요하다.

▶ 통신 데이터 링크
 • 임무용 : 임무 관련 수집정보의 송·수신
 • 비행제어용 : 무인기의 비행제어 및 기체상태 모니터링 등

종류	설명
시스템 요소	운용 개념, 운용시나리오 및 절차, 장비 편성, 운용 인력 편제, 부수장비 구성 등
장비 구성 요소	• 무인비행체(UAV) • 지상통제시스템(통제소) • 통신 데이터링크 • 이착륙 보조장비(탑재임무장비) • 후속군수지원(교육훈련, 정비체계/장비, 지원장비, 교범, 기타 선택 장비 (이착륙 보조장비, 원격 영상수신장비) 등)

SECTION 02

Ultra Light Vehicle - Drone Pilot

무인멀티콥터의 구조

Pass **Key** Point

- BLDC 모터, 전자변속기(ESC), 비행제어기(FC)
- 배터리의 종류 및 특징
- 배터리의 관리 및 취급
- 센서의 종류 및 역할
- 무인비행장치의 신호전달
- 무인비행장치의 거리 테스트
- 공중항법(지문, 추측, 천문, 무선, 자립, 위성)

[멀티콥터의 구조]

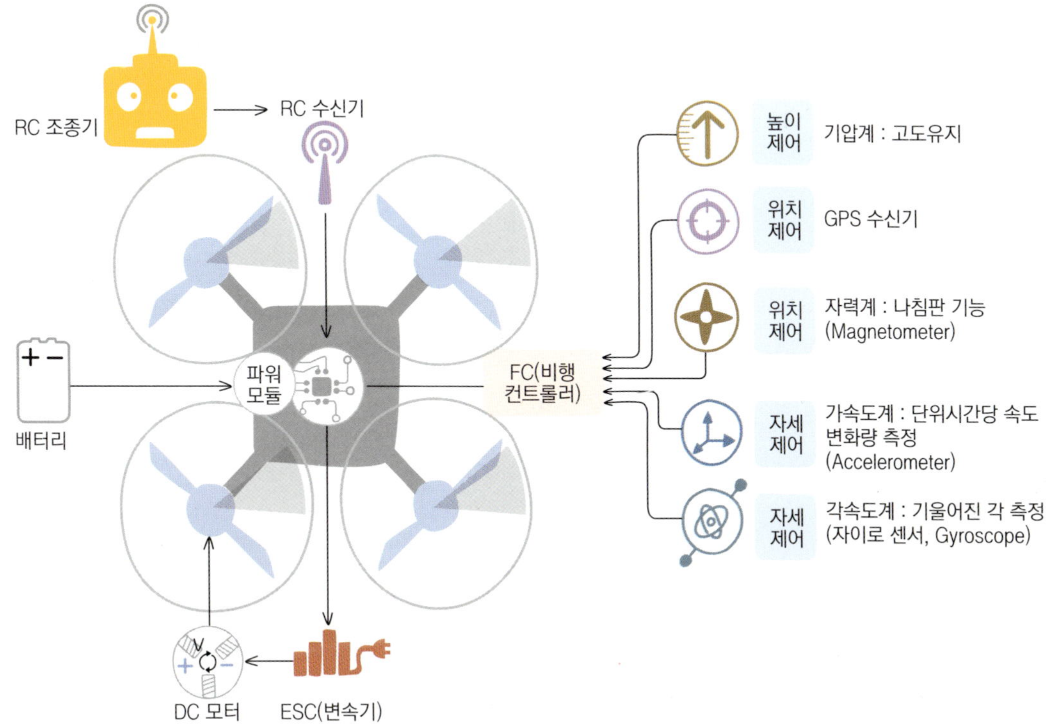

- RC 조종기 → RC 수신기
- 배터리 → 파워모듈 → FC(비행 컨트롤러)
- 높이제어 — 기압계 : 고도유지
- 위치제어 — GPS 수신기
- 위치제어 — 자력계 : 나침판 기능 (Magnetometer)
- 자세제어 — 가속도계 : 단위시간당 속도 변화량 측정 (Accelerometer)
- 자세제어 — 각속도계 : 기울어진 각 측정 (자이로 센서, Gyroscope)
- DC 모터 ← ESC(변속기)

기본분류

통신부
- RC 수신기 : 지상의 원격조정기(RC, Remote Controller)로부터 비행명령을 수신
- 비디오 송신기 : 촬영 데이터를 지상으로 송신
- 텔레메이트 송신기 : 비행정보 및 기체의 상태(속도, 고도, 위치, 배터리 잔량 등)를 지상으로 송신

제어부
- FC(Flight Controller), PCU(전원제어부)
- GPS센서, 자이로센서, 가속도센서, 지자기센서, 기압센서

구동부
- 리튬폴리머 배터리
- BLDC모터 및 프로펠러
- 전자변속기(ESC) – FC로부터 PWM 신호를 받아 모터 구동

임무장비 (페이로드)
- 사용목적에 따른 장비 탑재
  - 비디오 카메라, 적외선 카메라, 광학센서(초음파 센서, LiDAR, SAR 등)
  - 짐벌(Gimbal), 포자 수집기, 가스 분석기, 약제 살포장치, 로봇 암 등

01 ▶ 동력장치

1 모터

① 개요 : 추력을 발생하는 역할로, 브러시·브러시리스 모터가 있다.
② 모터의 기본 원리 : 플레밍의 왼손 법칙*

종류	설명
DC 모터	• 브러시(brush)가 있는 모터로 일반적인 모터 타입이다. • 전원이 브러시를 통해 모터 내부의 회전자를 회전시킨다. • 고정된 브러시를 통해 회전자에 전원이 공급되므로 장기간 사용 시 브러시가 마모되는 단점이 있다.
BLDC 모터	• 3상 전류의 브러시가 없는 타입(brushless DC) • 구조상 브러시드 타입과 차이점 : 영구자석으로 된 중심부의 회전자(Rotor)와 권선으로 되어 있는 극과 고정자(Stator) • 브러시가 없으므로 전기적·기계적 잡음이 적고, 고속회전·반영구적이며 가볍고, 소비전력이 작다. • 회전수 제어를 위해 별도의 전자변속기(ESC)가 필요하다. • 홀센서를 이용하여 회전수를 정밀하게 제어할 수 있다. • 모터 온도가 올라가면 자기력이 떨어져 효율성이 저하된다.

▶ **플레밍의 왼손 법칙**
자장 안에 놓인 도선에 전류가 흐를 때 도선이 받는 힘의 방향을 알 수 있는 법칙

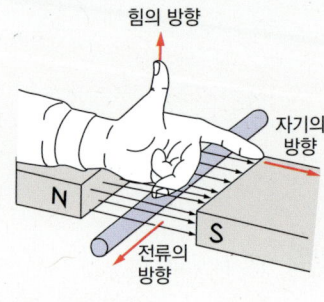

▶ **DC모터와 BLDC모터의 차이**
- 브러시의 유무에 따라 구분
- DC모터 : 브러시를 통해 기계적으로 정류
- BLDC모터 : 홀센서를 이용하여 전자적으로 정류

▶ **참고) 홀센서란**
모터 내에 위치한 영구자석의 위치를 감지하여 모터의 속도 및 회전방향을 감지하는 센서이다.

▶ **정류** : 모터가 일정한 방향으로 회전할 수 있도록 전류의 방향을 바꾸어 극을 바꾸는 주는 것을 말한다.

▶ **출력단위 (마력)**
1 PS = 75 kgf·m/sec
→ 말이 1초동안 75kgf의 무게를 1m 이동하는데 필요한 힘

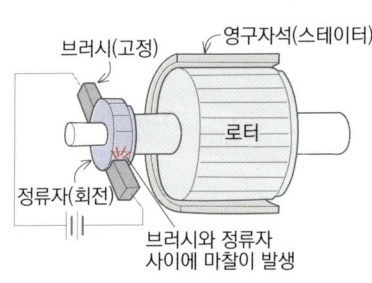
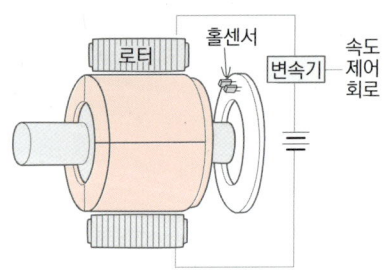

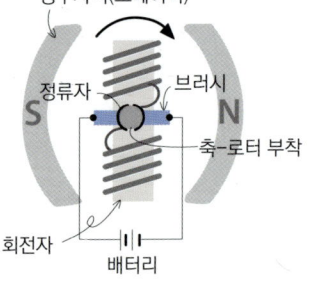
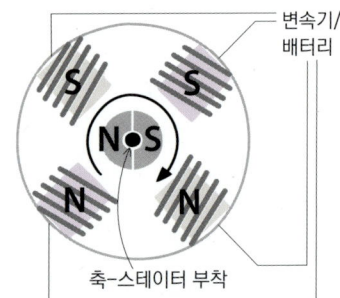

기본 원리) 배터리 전원이 브러시를 통해 회전자의 정류자 및 코일로 흐름 → 코일이 자화되어 전자석이 되면 영구자석과의 반발력(같은 극끼리 반발) 및 인력(다른 극끼리 붙으려는 성질)을 통해 회전

기본 원리) 본체에 설치된 정류자에 입력되는 전류를 변경시켜 S, N극을 계속 바꾸어 내부 회전자(영구자석)가 반발력 및 인력이 작용하여 회전시킴

【브러시형 DC모터】　　　　　【브러시리스형 DC모터】

③ 속도 상수(Kv) : 모터의 규격을 나타내는 것으로, 속도 상수(Constant of Velocity)를 의미한다. 1V당 1분간 회전하는 수(rpm)을 표현한다.
독일어 Konstante
→ 만약, 2000 Kv의 모터를 12V에 연결하면 2000×12 = 24000 rpm 즉, 1분당 24000번 회전한다는 의미이다.

④ 속도 상수가 작을수록 회전수는 줄어드나 토크(구동력)가 커지고, 속도 상수가 높을수록 회전수는 커지나 토크가 작아진다. (회전수는 토크와 반비례 관계이다.)

▶ 모터의 성능(Kv, 속도상수)
- 1V(전압)를 적용했을 때 분당 회전수(RPM ; Revolution Per Minute)를 말한다.
- RPM = 속도상수(Kv)×전압(V)
- 모터의 성능은 전압 및 프로펠러 크기(길이, 무게)에 따라 효율이 달라지므로 적정 범위 내의 것을 사용해야 한다.

2 전자변속기(ESC, Electronic Speed Controller)

① 각각의 모터마다 ESC 모듈이 달려 있어 FC에 의해 모터에 인가하는 전압을 조절하여 모터의 속도를 개별적으로 제어한다.

② 브러시리스 모터(BLDC 모터)는 변속기가 없으면 모터가 일정한 속도로만 회전하므로 **모터의 속도 조절을 위해 전자변속기(ESC)가 필요**하다.

③ 변속기에서 모터까지 3개의 케이블로 교류(AC)를 전달한다. 3개의 케이블 중 2개가 교대로 전류 방향을 바꿔 모터를 회전시킨다.

▶ ESC의 작동 원리
사용자가 조종기로 드론의 위치나 속도 등을 변경하면 수신기를 통해 그 명령를 인식하고 FC(Flight Controller)는 변속기로 신호(펄스 신호)를 보내 배터리 전압을 조정하여 회전속도를 변경한다.

▶ 모터의 역회전
3개(R선, S선, T선)의 케이블 중 2개를 교체시킨다.

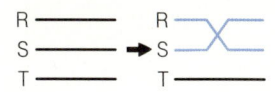

3 배터리

주로 리튬 폴리머(Li-Po) 배터리가 사용된다. 조종기와 비행장치 내부에 탑재된 배터리가 부족할 경우 조종거리가 짧아지며 성능이 저하된다.

1) 배터리 종류

종류	설명
니켈 카드뮴 (Ni-Cd)	• 니켈과 카드뮴 사용, 셀 당 전압 : 1.2V • 저항이 작아서 큰 전류를 필요로 하는 제품에 사용 • 단점 : 메모리 효과*가 있어서 충분히 방전하지 않고 충전을 반복하면 전체 용량이 감소
니켈 수소 (Ni-MH)	• 니켈 카드뮴보다 가볍고 에너지 밀도가 크고 많은 용량의 저장이 가능해 효율적 • 친환경적(중금속 오염 문제를 일으키지 않음) • 메모리 효과가 거의 없어 수시로 충전해도 무방
리튬 이온 (Li-Ion)	• 높은 에너지 저장 밀도, 셀 당 전압 : 3.7V • 고용량, 고효율 • 완전 방전 시 배터리가 손상됨 • 전해질이 액체로 누설 위험 및 폭발 위험성 • 과부하 제어, 충방전 전압 제어 및 온도 제어 등 충·방전 특성에 민감(열관리 및 전압관리가 필요)

▶ 배터리의 종류정리
- 1차 전지(1회용)
  - 망간 전지, 알칼라인 전지 등
- 2차 전지(충전 가능)
  - 납산 : Pb
  - 니켈 카드뮴 : Ni-Cd
  - 니켈 수소 : Ni-MH
  - 리튬 이온 : Li-Ion
  - 리튬 폴리머 : Li-Po
- 연료 전지 : 수소 연료전지 등

▶ 메모리 효과
니켈 카드뮴 배터리의 경우 완전 방전하지 않고 충전할 때 전체 배터리의 용량이 줄어드는 것을 말한다.
예를 들어, 배터리 용량이 10이라고 할 때 8만큼 방전하고 다시 10으로 충전시키는 것을 반복하면 배터리는 자신의 용량이 8라고 기억한다는 의미이다.

리튬 폴리머 (Li-Po)	• 대부분의 무인멀티콥터(드론)에 사용된다. • 높은 에너지 저장 밀도, 셀 당 전압 : 3.7V • 액체 전해질 대신 젤 형태로 리튬 이온보다 폭발 위험성이 적음 • 다양한 형태로 설계가 가능(태블릿, 스마트폰 등에 사용) • 중금속을 사용하지 않아 친환경적 • 단점 : 전해액이 젤 형태이므로 이온 전도율이 감소, 저온에서 출력이 저하

2) 배터리 스팩 표시

리튬 폴리머 배터리에는 정격용량, 방전율, 전압, 셀 연결 갯수 등이 표기되어 있다.

방전율(출력률)
- 방전 전류의 크기를 나타낸다.
- 1C는 배터리의 용량을 1시간에 방전하는 배터리 전류량을 말한다. 즉, 배터리 용량이 2200mAh의 경우 1시간 동안 2.2A 전류를 사용할 수 있다는 것을 말하므로 2.2A×30C = 66A으로 순간 전류가 66A로 흐른다는 의미이다.
이럴 경우 1시간의 1/30 시간인 2분만 사용할 수 있다.

▶ 셀의 연결상태에 따른 표기
- S : Serial, 직렬연결
- P : Parallel, 병렬연결

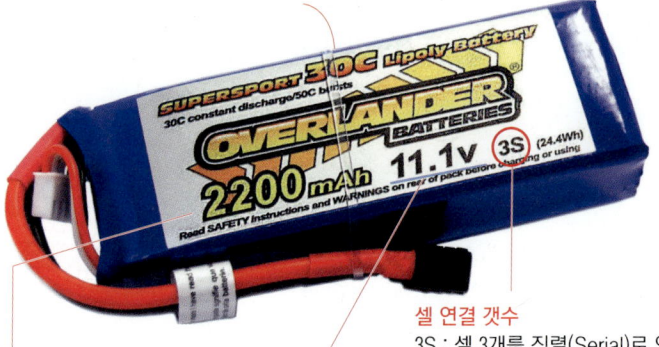

셀 연결 갯수
3S : 셀 3개를 직렬(Serial)로 연결

배터리 전압
리튬 폴리머 전지는 1셀당 3.7V이며,
셀 3개를 직렬로 연결되었으므로 3.7×3 = 11.1V이다.

배터리의 정격용량
2200mAh은 1시간(h)동안 2200mA(2.2A)의 방전할 수 있음
(전류를 보낼 수 있음)

3) 배터리의 관리
　① 배터리 사용 시 주의사항
　　• 비행 전에 배터리를 완전 충전시킨다.
　　• 완전 방전 때까지 사용하지 않도록 하며, 비행 중 경고음이 울리거나 약 35% 미만일 경우 배터리를 교환한다.
　　• 배터리의 적정 사용온도 : -10~40°C
　　• 정격 용량 및 장비별 지정된 정품 배터리를 사용한다.
　　　(다른 장비와 혼용하지 말 것)
　　• 회로의 오작동이 발생하지 않도록 눈, 비 등에 노출되지 않도록 주의하여야 하며, 습도가 높은 장소에서 사용하지 말아야 한다.
　　• 충전시간과 사용시간은 사용 환경에 따라 차이가 있을 수 있다.
　② 배터리 충전 시 주의사항
　　• 완전 충전 시 셀 당 4.2V이며, **보관 시 셀당 3.7V가** 적정하다.
　　• 충전 시 충전상태를 모니터링 한다.(자리를 떠나지 않는다)
　　• 장시간 충전을 하지 말아야 한다. 과충전시 충전 배터리의 과열, 파열 등의 위험을 초래할 수 있다.
　③ 배터리 보관 시 주의사항
　　• 10일 이상 장기간 사용하지 않을 경우 충전량을 40~65% 수준까지 유지시킨 후 배터리를 분리하여 보관한다.
　　• 화로나 전열기 등 열원 주변과 같은 뜨거운 장소에 보관하지 않는다.
　　• 충전 시 무인비행장치로부터 배터리를 분리하여 건조하고 통풍이 잘되는 곳에서 충전시켜야 한다.
　　• 방전되거나 오래된 배터리는 부풀어 오를 수 있다.
　　• 배터리는 18~25°C의 건조하고 환기가 잘되는 곳에 보관한다.

【드론의 구성품 및 작동원리】

▶ 배터리 폐기 시 주의사항
소금물에 담궈 완전 방전 후 폐기시킨다.

4 프로펠러(프롭)

　① 항공기의 프로펠러는 앞쪽에 있는 공기를 뒤쪽으로 밀어내어 밀어낸 거리만큼 전진하게 한다.
　② 프로펠러의 **규격**(원의 지름×피치) : 10×4.5(단위 : inch)라고 할 때
　　• 10 : 프로펠러가 회전할 때 그려지는 가상의 **원의 지름**을 의미
　　• 4.5 : 프로펠러가 한 바퀴 회전하여 앞으로 이동한 거리(**피치**)를 의미
　③ 프로펠러 길이는 모터 최대출력을 넘지 않도록 해야 한다.
　④ 프로펠러는 드론의 양력 발생과 호버링 등 비행안정성을 결정한다.
　⑤ 프로펠러의 재질 : 무게 감소 및 충돌에 따른 안정성 등을 고려하여 **목재나 플라스틱 재질, 강화섬유** 등을 사용한다.

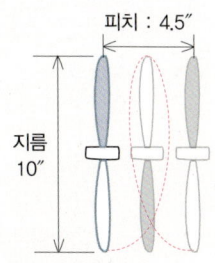

【프로펠러의 규격】

▶ 프로펠러 갯수에 따른 멀티콥터의 명칭
• 3개 : 트라이콥터(tri-copter)
• 4개 : 쿼드콥터(quad-copter)
• 6개 : 헥사콥터(hex-copter)
• 8개 : 옥토콥터(octo-copter)
• 10개 : 데카콥터(deca-copter)
• 12개 : 도데카콥터(dodeca-copter)

02 ▶ 비행 제어장치와 각종 센서

1 FC (Flight Controller, 비행제어기, 비행컨트롤러)

① 드론의 CPU(두뇌) 역할을 한다. 무선조종기의 수신기(RX module)에서 받은 조종 신호 및 비행 모드에 따라 입력된 각종 센서류(자이로센서, 가속도계, GPS 등)의 신호를 연산하여 변속기(ESC)에 모터 제어 신호를 보내 모터가 구동되도록 하는 비행제어장치이다.

② FC의 기능
- 비행정보 수집
- 센서값을 바탕으로 기체 자세 측정
- 자세 보정을 위한 모터 제어
- GPS를 이용한 위치 측정 및 임무 수행
- 시스템 상태 모니터링

▶ 각속도와 가속도
 • 각속도 : 회전운동을 하는 물체의 회전속도 변화량(초당 각도변화량)을 말하며, 드론에서는 회전량을 통해 기울기(자세)를 측정한다.
 • 가속도 : 직선운동을 하는 물체의 시간당 속도 변화량을 말한다.

▶ 자이로 센서와 가속도 센서는 오차 발생 및 누적을 보완하기 위해 함께 사용된다.
 → IMU(관성력 측정 센서)

▶ 자세제어(방향, 움직임, 수평제어)
 • 자력계
 • 가속도계
 • 자이로스코프

2 전원분배보드

배터리의 전력을 통해 변속기, 수신기, 비행 컨트롤러(FC)에 적절한 전류를 분배하는 역할을 한다

3 센서(sensor)

1) 주요 센서

▶ 참고) 자이로 센서는 yaw값을 알 수 있지만 yaw축은 중력의 영향을 받지 않으므로 정확한 값을 얻기 위해 지자기 센서를 이용한다.

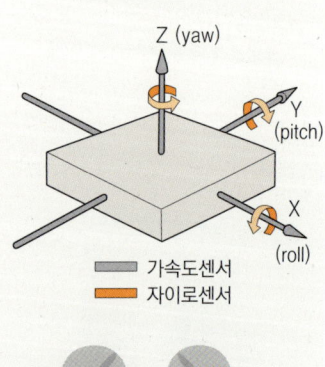

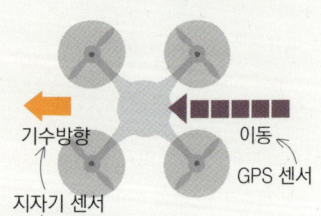

종류	설명
자이로 센서 (자세 제어)	• X축(롤), Y축(피치), Z축(요잉)의 3축 운동에 대해 기울어진 정도를 감지한다. • 기체의 회전하는 각속도*를 측정한다.
가속도 센서 (자세 제어)	• 중력가속도의 값을 X, Y, Z값으로 표현한 것 • 운동에 대해 속도 변화량을 감지(기체의 기울기 속도)하여 드론의 수평을 잡아주는 역할을 한다. • 기체가 움직일 때 정확도가 떨어지므로 자이로센서와 함께 사용한다. • Z축을 보정하는 역할을 한다.
지자기 센서 (자세 제어)	• 나침판 기능을 하는 센서(Magnetometer)로, 지구의 자기(자북방향)를 측정하여 드론의 기수(head) 방향 정보를 비행 컨트롤러에 보낸다. • 강한 자력이나 고전압 전선에 영향을 받는다. • 자기장은 5 이상이면 전파에 방해를 받으므로 비행을 자제한다. • 경우에 따라 비행 전 점검 시 캘리브레이션(오차 보정작업)이 필요하다.

▶ 참고) 드론 실기시험을 볼 때는 주로 GPS 모드를 사용하며, 일부 구간은 자세제어(ATTI)모드로 전환하여 진행한다.

GPS 센서 (위치 제어)	• 인공위성에서 수신된 신호를 통해 드론의 위치 및 고도를 파악한다. • 최소 **4개 이상**의 인공위성 신호를 받는다. → 위치정보(최소 3개) + 고도정보(1개)
압력 센서 (고도 제어)	• 고도는 기압과 반비례 관계가 있으며, 드론의 상승/하강에 따라 센서에 입력된 기압값을 통해 고도를 알 수 있다.

▶ **자동항법 비행 기능**
- 자동항법 : 기체가 통제범위를 벗어났을 때 이륙한 곳으로 자동으로 돌아오게 하는 등의 역할을 한다.
- 자동항법 비행 기능의 요소 : 데이터 링크, 관성측정장치
- ※ 데이터 링크 : 지상의 제어컴퓨터와 드론을 연결해주는 역할

▶ **참고) 고도 측정**
GPS의 고도 정보는 절대값이라면, 기압계 센서는 지표면에 대한 상대값을 측정하며, GPS의 오차를 보정한다.

2) IMU(관성 측정장치, Inertial Measurement Unit)
① 자이로스코프, 가속도 센서, 지자기계 등 각 센서를 통합한 장치로, 드론의 자세·방향·가속도 등을 측정한다.
② 통제범위를 벗어났을 때 이륙지점으로 자동 복귀하는 역할을 한다.

3) 기타 센서
① 비전 포지셔닝(Vision Positioning) : 저고도 비행 시 광학(optical flow) 센서를 이용하여 지형에 따라 위치를 보정하거나 원위치로 복귀하는 역할을 하는 거리계 센서이다.(실내 호버링이 가능함)
② 라이다(LiDAR, Light Detection And Ranging) 센서 : 초음파 또는 자외선, 레이저를 목표물(대상체)에 투사하고 대상체에서 반사되어 되돌아오는 시간을 측정함으로써 대상체까지의 **거리를 감지**하여 거리를 계산하여 **장애물에 대한 회피(충돌방지)** 역할을 한다.
③ 대기속도계(Airspeed Sensor) : 고정익 드론에 주로 사용되는 센서로, 비행 중 드론을 스쳐 지나가는 공기의 흐름속도를 측정한다.

▶ **기타 장치**
- FPV(First Person View)는 조종사가 실시간으로 비행체에 장착된 카메라를 통하여 수신되는 영상을 보며 원하는 위치에서 사진이나 동영상을 촬영할 수 있는 시스템이다.
- FPV시스템을 구축하기 위해서는 비행체, 카메라, 영상송신기, 영상수신기, 모니터 또는 안경형 모니터, OSD(On-Screen Display)가 필요하다.

03 송·수신기

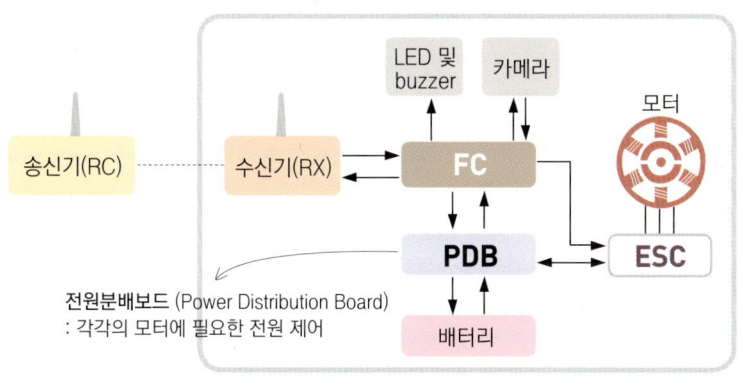

【드론장치의 기본 개념】

1 무인항공기 시스템 조종장치의 분류

1) 원격조종실(Remote Control Station)
    ① 복잡한 시스템에 적용되는 원격조종실(Remote Pilot Station)은 단일 시스템으로 구성되거나 이·착륙통제 기능과 임무통제 기능으로 분리되어 운영되기도 한다.
    ② 단일 시스템 : 지상통제시스템(GCS)
    ③ 분리 시스템 : 이착륙통제소(LRE)/임무통제소(MCE)

2) 조종 모드
    ① 단순한 시스템에 적용되는 원격 조종장치(Remote Control)는 스틱 조작 방식에 따라 일반적으로 두 가지 모드(Mode)가 사용된다.
    ② Mode 1 : 우측 스틱이 스로틀(Throttle)과 에일러론(Aileron)을, 좌측 스틱이 엘리베이터(Elevator)와 러더(Rudder)를 담당한다.
    ③ Mode 2 : 좌측 스틱이 스로틀(Throttle)과 러더(Rudder)를, 우측 스틱이 엘리베이터(Elevator)와 에일러론(Aileron)를 담당한다.

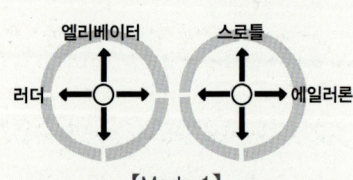

【Mode 1】

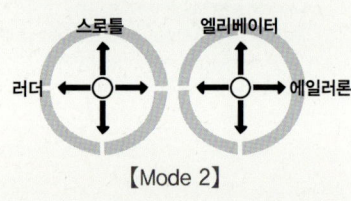

【Mode 2】

2 바인딩(binding), 페어링(faring), 데이터링크(data link)

① 조종기와 드론의 신호를 연결해주는 역할
② 상향링크 : 조종기 → 드론으로 비행 명령 전달
③ 하향링크 : 드론 → 조종기로 비행정보나 영상 데이터 등을 전달

3 신호 전달 기본 원리

송신기의 스로틀, 엘리베이터, 에일러론, 러더 등을 제어신호 주파수는 수신기로 전달되며, 수신기의 신호는 FC(Flight Controller)로 보내지며, FC에서는 조종기에서 보낸 조종값에 따라 변속기로 전압과 전류를 보내줌으로써 각 모터의 회전수를 조절하여 자세와 방향을 제어한다.

4 드론에 사용하는 신호전달 방식

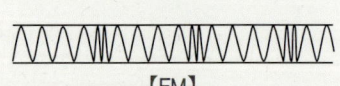

【AM】

【FM】

종류	설명

아날로그 방식	• 아날로그 신호를 아날로그 파형으로 수신
	   - AM(Amplitude Modulation)
	   - FM(Frequency Modulation)

디지털 방식	• 아날로그 신호를 디지털 파형으로 변환하여 수신 • 디지털 신호를 디지털 파형으로 수신 • 송수신 거리가 **짧지만**(500m~2km) 신호가 **빠르다**. 　- **PPM** 방식(Pulse Position Modulation, 펄스 위치 변조) : 신호파의 진폭에 따라 펄스의 위치를 변화시키는 방식 　- **PWM** 방식(Pulse Width Modulation, 펄스 폭 변조) : 신호의 크기에 따라 펄스의 폭을 변조하는 방식 (주로 사용) 　- **PCM** 방식(Pulse Code Modulation, 펄스 부호 변조) - 아날로그 데이터를 코드화하여 디지털(이진수) 신호로 변환하는 방식으로, 신호 식별이 좋으나 변조과정에 연산이 필요하고 반응이 느린 단점이 있다.

【PPM과 PWM】

【PCM】

5 주파수 대역별 구분

종류	설명
2.4GHz	• 비교적 **장거리**(5~7km) 송수신이 가능하나, 송수신 신호가 느리다. • 주파수 대역이 다양하여 신호가 겹치는 경우가 있어 **도심과 같이 전파간섭이 많은 지역**에서 다른 전자기기와 혼선이 있을 수 있다. • **개활지와 같은 넓은 지역의 장애물이 없는 지역**에서 유용하다.
5.8GHz	• 송수신 거리가 **짧지만**(500m~2km) 신호가 **빠르다**. • 도심지와 같이 장애물이 많고 전파간섭이 많은 지역에서 유용하다.

6 무인비행장치의 거리 테스트

① 비행 전 송수신기의 신호 여부를 확인하기 위해 송신기의 거리 테스트 전용 레인지 체크모드가 탑재되어 있다. 이는 송신출력을 저하시켜 근거리에서 테스트하기 위한 기능이다.
② 테스트 방법 : 비행 전 지상에서 드론의 모터는 정지시키고 수신기 전원을 켜고 **약 30m 떨어진 위치**에서 조종기에서 레인지 체크 모드에서 정상 작동여부를 확인한다.

▶ 무인비행기 시스템의 구성

1) 자동비행시스템 미탑재
　• 수동조종만 가능
　• 통신장비와 카메라와 같은 탑재 장비만을 이용한 비행 수행
　• FPV 모드를 통한 조종가능

2) IMU+FC(+Barometer) 탑재
　• 자세유지/제어 모드 활용가능
　• 수평/직선 비행이 용이하나 바람에 대해 밀림 발생
　• FPV 모드를 용이하게 수행하거나 원거리 비행 용이

3) IMU+GNSS(위성항법시스템) +FC+Barometer 탑재
　• 고도/속도 유지/제어 모드 활용 가능
　• 수평/직선/선회 비행이 용이하며 바람에 대해 밀림 보상 가능
　• 지상통제시스템을 통해 원거리 및 비가시권 비행 가능
　• 경로점 비행, 자동이착륙, 자동복귀 등이 가능

04 공중항법 (Air Navigation)

1 지문항법 (Pilotage)
① 지상의 해안선이나 철도노선, 도로, 하천 등 지표물을 육안으로 식별하며 위치를 파악하여 비행하는 항법 방식
② 기상이 나쁘거나 지형지물을 분간할 수 없을 경우 사용할 수 없다.

2 추측항법 (Dead Reckoning Naviation)
① 해상이나 구름 속 비행, 터널 등 시계가 불량할 때 사용되는 항법
② 이미 알고 있는 지점으로부터 방위와 거리를 계산한 다음 풍향과 풍속을 알면 비행경로를 유지할 수 있는 기수방위를 구할 수 있는데, 여기에 대지속도와 소요시간에 따른 위치를 추측하여 정확한 진로로 비행하는 방법

3 천문항법 (Celestial Navigation)
① 무선항법이 불가능한 해상이나 양극지방에서 사용하는 항법
② 관측자가 육분의로 별, 태양, 달 등의 천체고도를 측정하여 항공기 위치를 파악하며 비행하는 방법

4 무선항법 (Radio Navigation)
① 대부분의 항공기에서 이용하는 방법으로 지상무선국으로부터의 전파방향을 측정하거나 전파특성으로 발생하는 위치선을 맞추어서 위치를 확인하는 방법
② 대표적으로 무지향성 전파*를 이용한 방법과 초단파의 전파*를 이용한 방법이 있다.

5 자립항법 (Self-contained Navigation)
① 악천후 시 적용할 수 없고 무선항법 역시 지상국이 고장나거나 파괴될 수 있기 때문에 항공기 자체만으로 위치를 측정할 수 있는 방법
② 도플러항법*과 관성항법*이 있다.

6 위성항법 (GNSS, Global Navigation Satellite System, 글로벌 위성항법 시스템)
① 인공위성을 이용하는 항법으로, 미 국방성의 **최소 24개 이상**의 GPS 전용위성(Navstar)을 이용하여 범지구적 표면에서의 위치를 측정할 수 있다.
② **GPS 수신기는 4개 이상**의 GPS 위성으로부터 송신된 신호를 수신하여 위성과 수신기의 위치를 결정한다.

▶ 용어해설
- 지문(地文) : 지형의 형상(무늬)
- Pilotage : 항공기 조종술
- Reckoning : 추측, 추정

▶ 무지향성 전파 이용 : 지상무선국에서 360° 사방으로 무지향성 전파를 발사시키면 항공기에서 자동방향탐지기로 수신하여 전파가 오는 방향으로 알 수 있다.

▶ 초단파 이용 : 초단파 전파를 사용한 2가지 신호를 발사하여 방위에 따른 두 신호의 위상차를 검출하여 방위각을 알 수 있다.

▶ 도플러 항법 : 소리나 전파가 발신자와 수신자 사이의 상대운동에 따라 주파수가 다르게 관측되는 도플러 효과를 이용

▶ 관성 항법(Inertial Navigation) : 가속도를 측정하는 가속도계와 가속도계의 자세를 유지시켜주는 자이로스코프로 속도와 거리 등을 구함

SECTION 03

Ultra Light Vehicle - Drone Pilot

무인멀티콥터의 조종 및 비행점검

- 비행조종 모드 및 각 레버의 역할
- 비행 전 점검
- 비행모드, 이륙 및 비행 시 주의사항
- 무인항공기의 위치대처 및 사고
- 항공정보 출판물(AIP, NOTAM, AIC, AIRAC)

01 ▶ 무인멀티콥터의 조종

1 개요

무인멀티콥터는 동체를 중심으로 대칭하는 프로펠러가 있어 균형을 맞추어 아랫방향으로 바람을 일으켜 양력을 발생시킨다. 이때 쿼드로터의 경우 마주보는 2쌍의 프로펠러는 같은 방향으로 회전한다.

기체에는 프로펠러의 회전방향과 반대방향으로 회전하려는 토크(Torque)가 발생하며, 다른 프로펠러에서 반토크(Anti-torque)가 발생되도록 하여 토크를 상쇄시켜 기체의 균형을 이룬다. (작용과 반작용)

전·후·좌·우 비행을 위해 진행 방향쪽 프로펠러는 회전수를 감소, 반대 방향쪽 프로펠러는 증가시켜 양력의 합이 한쪽으로 기울어지게 함으로써, 멀티콥터 본체가 기울어져 비행 방향으로 추력을 발생하게 된다.

▶ 3축은 서로 90도의 각으로 교차하며, 무게중심을 통과하고, 항공기 앞·뒤를 연결하는 세로축, 날개 끝을 연결하는 가로축, 그리고 그 선들과 수직으로 이루어진 수직축으로 되어 있다.

만약 프로펠러가 반시계방향으로 회전할 때 반작용으로 동체는 시계방향으로 힘이 발생한다.

동체 반대편에 회전방향이 같은 프로펠러를 달아주면 두 프로펠러에 의한 반작용이 서로 반대가 되므로 회전력이 상쇄되므로 동체는 균형을 이룬다.

2 비행조종 모드

스로틀(Throttle), 상승/하강 이동	조종기의 스로틀(Throttle) 스틱
피치(Pitch), 전/후진 이동	조종기의 엘리베이터 스틱
롤(Roll), 좌/우 이동	조종기의 에일러론 스틱
요(Yaw), 제자리 회전	조종기의 러더 스틱

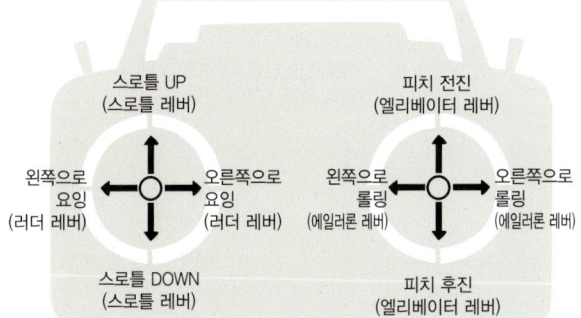

【Mode 2의 조종기 예】

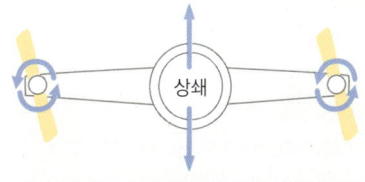

-피칭-   -롤링-   -요잉-

【회전익의 경우】

드론 기본 조종법

🟠 고속(고 RPM)　⚪ 저속(저 RPM)

제자리 비행(호버링) 시
[전체 로터의 속도는 동일함]

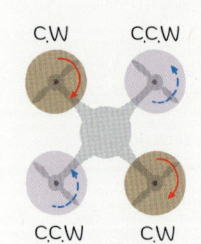

C.W : ClockWise
　　(시계방향회전)
C.C.W : Counter ClockWise
　　　(시계반대방향회전)

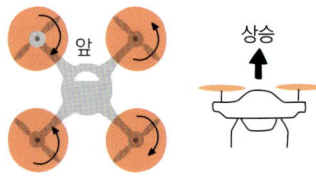

상승
모든 로터의 추력을 동시에 증가시킴

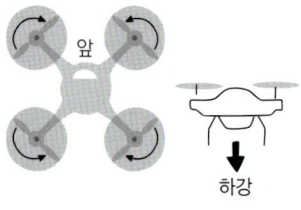

하강
모든 로터의 추력을 동시에 감소시킴

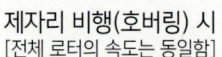

【드론에 작용하는 힘】

※ 스로틀은 상하이동이기도 하지만 기본 원리는 프로펠러 모터를 가속시키므로 Pitch나 Roll 조종을 할 때 드론 몸체가 기울어진 상태에서 스로틀 레버를 올리면 이동방향으로 가속되는 효과가 있다.

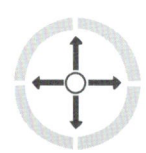

전진 (피치)
앞 로터의 추력 감소, 뒷 로터의 추력 증가

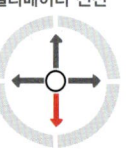

후진 (피치)
앞 로터의 추력 증가, 뒷 로터의 추력 감소

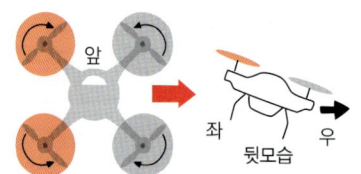

우측 (롤)
뒤에서 보았을 때 좌측 로터 추력 증가, 우측 로터 추력 감소

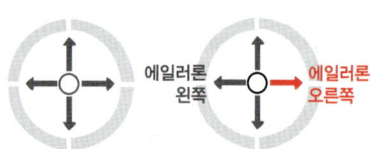

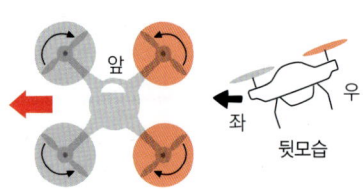

좌측 (롤)
뒤에서 보았을 때 좌측 로터 추력 감소, 우측 로터 추력 증가

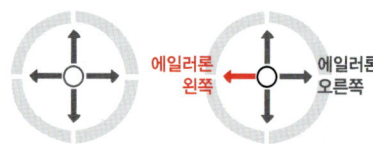

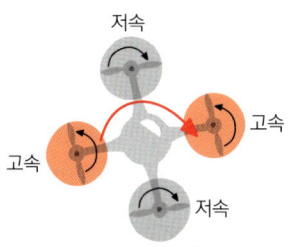 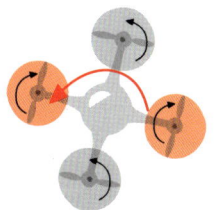

오른쪽 회전 (요잉)
시계방향으로 회전하는 프로펠러는 추력 감소
시계반대방향으로 회전하는 프로펠러는 추력 증가

왼쪽 회전 (요잉)
시계방향으로 회전하는 프로펠러는 추력 증가
시계반대방향으로 회전하는 프로펠러는 추력 감소

02 비행 전 점검

① 날씨 점검 : 비행 전 기상, 풍향, 풍속 등을 확인한다.
② 착빙 시 양력감소 및 항력증가의 원인이 되므로 비행 전 제거한다.
③ 조종기 점검 : 수신기 안테나 및 전원 상태, 조종간(스로틀, 러더, 엘리베이터, 에일러론)의 작동 상태
④ **장치의 ON/OFF 순서**

비행 전	조종기 ON → 기체 ON
비행 후	기체 OFF → 조종기 OFF

⑤ 기체 점검
- 각 모터 및 프로펠러 장착 상태
- 전기배선, 암대, 동체 상태
- 랜딩기어(착륙장치) 스트러트의 장착 상태 및 부식, 균열, 변형 등 이상 여부
- 로터 궤도(Track) 및 균형, 진동상태, 균열 및 손상 여부 점검
- 통신상태 및 수신기, 안테나 장착
- 배터리 충전 상태 : **배터리는 완충상태에서** 비행한다.
- 배터리의 원활한 작동을 위해 20~25℃가 적당하며, 겨울철에는 원활한 작동을 위해 배터리를 예열한 후 비행한다.
- **자이로센서나 지자기센서 등은 캘리브레이션*을** 한다.
  → 캘리브레이션을 하지 않을 경우 비행 전 위치에 따라 기체의 복귀 위치가 달라질 수 있다.
- 외부 장착장비의 상태

▶ 비행 자제 최대풍속
6m/s 이상

▶ 비행 전 기체를 먼저 ON하거나 비행 후 조종기를 먼저 OFF하면 외부 주파수에 의해 영향을 받아 비정상 작동을 한다.

▶ 캘리브레이션(calibration, 자기보정)
- 드론이 뒤집어지는 등 충격 또는 외부 자기의 영향에 의해 자이로센서나 지자기센서에 오차가 발생하므로 지구 자기장을 올바르게 인식하도록 보정해주는 것을 말한다.
- 비행 전마다 보정하는 것을 권장한다.

▶ 무인동력장치의 비행전 점검
- 연료관의 마찰, 마모, 누설, 고정상태
- 연료탱크 및 필터 상태는 양호한지 점검
- 연료 주입구 뚜껑(Cap)이 안전하게 잠기는지 점검
- 엔진 오일의 상태
- 점화 케이블의 상태
- 엔진(또는 모터) 장착 마운트와 부싱 등

03 이륙 및 비행 시 주의사항

1 이륙 시 주의사항

① 이·착륙지 선정 : 로터의 훼손방지 등을 위해 경사진 지형에서의 이착륙을 금지하며, 인명 및 물피사고에 대비하여 기체 주변에 사람이나 기타 장애물이 없고 경사가 없는 평평한 장소(개활지 등)를 선택한다.

▶ 경사진 곳은 프롭이 지면에 닿아 프롭 및 기체 손상 또는 안전사고 발생 우려가 있다.

② 안전거리 확보 : 안전 확보를 위해 기체와 조종자 간에 15m 이상의 이격을 유지한다.
③ 시동을 켠 후 20~30초 정도 워밍업 운전을 하며 배터리 상태, GPS 수신 상태, 송수신기의 신호상태 등을 점검한다.
④ 스로틀의 급조작 및 과조작을 피한다.

2 비행 시 주의사항

① 조종자와 드론 간의 최대 수평거리는 가시거리 이내이며, 지면으로부터 고도 150m 이내로 유지한다.(항공안전법상)
② 이상 기상 상태 및 풍속 5~6m/s 이상일 경우 비행을 자제한다.

▶ 이상 기상
눈, 비, 천둥, 번개, 안개, 우박, 강풍(돌풍)

③ 비행 중 기체의 이상상태가 발생하면 가장 먼저 큰 소리로 '비상'을 외치며 주변 사람들에게 알린다.
④ 0.02% 이상의 음주상태에서 비행을 해서는 안되며, 비행 중에도 음주 섭취를 해서는 안된다.
⑤ 비행 도중 배터리 부족 경고음이 들릴 경우 무리한 비행을 피한다.

3 비행모드

▶ 무인멀티콥터의 3가지 비행모드
GPS모드, 자세모드, 수동모드

▶ ATTI : Attitude(자세)의 약어

모드	설명
GPS모드	• 포지셔닝 모드 • GPS를 통해 드론의 고도와 위치를 지정할 수 있는 모드로 가장 안정적이며 조종이 용이하다.
자세모드	• 에티(ATTI) 모드 • 별도의 조종없어도 기압계센서에 의해 일정한 고도를 유지하는 모드이다. • GPS 센서와 지자기 센서가 작동하지 않는다. • 비상상황(GPS 신호가 끊기거나 교란 현상 등)에서 GPS 오차의 범위가 넓어지면 안정성이 떨어질 경우 사용한다.
수동모드	• 매뉴얼(manual) 모드 • 사용자가 수동으로 자세 및 위치 등을 제어하는 모드로 조종이 자유롭다.

4 착륙 시 주의사항

① 모터의 회전수가 0으로 떨어지기 전까지 기체 전원을 끄지 않도록 한다.
　→ 하드랜딩*에 따른 기체 충격이 있을 수 있음
② 기체 이상 또는 수신 불량 시 등 비상상태에서는 자동복귀모드보다 수동모드로 끝까지 조작하여 안전하게 착륙시킨다.
③ 착륙지의 수평상태를 확인하여 주변 장애물 여부를 확인한다.
④ 착륙 시 기체를 손으로 잡지 않도록 한다.
　→ 로터에 의한 안전사고 방지

▶ **하드랜딩**(hard landing)
지면 착륙 시 양력이 작용하지 않을 때 기체 하중으로 인해 빠른 속도로 지면과의 충격을 동반한 착륙을 말한다.

5 착륙 후 기체점검

비행 전 점검과 동일하며, 모터의 냄새·발열 상태를 확인하고, 배터리를 분리 하고 조종기 전원을 가장 나중에 OFF하도록 한다.

04 초경량비행장치의 위기대처 및 사고

1 비행 중 장치의 이상상황 시 대처

① 주위에 크게 '비상'이라고 외친다.(모든 비상상황 시 가장 우선적으로 실시)
② GPS 모드가 작동하지 않을 경우 : ATTI(자세제어) 모드로 빠르게 반복적으로 전환하여 키기 작동하는 지 확인한 후 바로 착륙시켜야 한다.
③ 시야에서 사라질 경우 : 장애물로 가시권에 보이지 않으면 Auto-Return 기능 사용하여 복귀시킬 수 있으나 라이다(LiDAR) 센서가 없는 경우 장애물을 회피하지 못하므로 고도를 충분히 높인 후 기체가 가시거리에 들어오면 직접 조종한다.
④ 모터나 프로펠러 불량 등으로 원활한 비행이 어렵다고 판단될 경우 : 최대한 빨리 안전한 장소에 신속히 착륙시킨다. 만약 주위에 사람이나 시설 등에 있어 적합한 착륙장소를 찾기 어려우면 나무 쪽이나 사람이 없는 위험하지 않은 장소에 불시착(또는 추락)시킨다.

▶ **비상상황 발생 시 절차순서**
① 큰소리로 주변에 비상상황 전파
② 자세모드 변경
③ 기체를 안전하게 착륙
④ 착륙이 어려울 시 인명 및 재산피해가 없도록 추락시킴
⑤ 만약 인명 또는 재산피해 발생 시 119 신고
⑥ 지방항공청(항공철도사고조사위원회)에 보고

2 항공안전법상 초경량비행장치사고의 의미

초경량비행장치가 이륙하는 순간부터 착륙에 이르는 동안 발생한 인명사고(사망, 중상, 행방불명), 장치의 추락·충돌·화재 발생, 장치의 유실(위치 파악 불가) 또는 장치에 접근이 불가능할 경우이다.

3 사고발생 시 조치사항

① 인명사고 시 119구조대 및 인근 경찰서에 신고하고, 기체 착륙 후 즉시 인명구호 조치를 취할 것
② 관할 지방항공청에 72시간 내에 조종자 또는 소유자가 신고할 것
③ 사고조사에 도움이 될 수 있는 정황 및 장비상태에 대해 사진 또는 동영상을 촬영할 것

05 항공정보 출판물

▶ AIP : Aeronautical Information Publication

1 AIP (항공정보간행물)

비행장 및 지상시설, 항공통신, 항로, 일반사항, 수색구조 업무 등의 종합적인 비행 정보를 수록한 정기간행물로, **필수·영구**적인 특징이 있다.

▶ NOTAM : Notice To Airman
▶ 노탐의 이해 : 비행 안전에 관한 주요 사항이 변경되었을 때 이 정보를 배포하는 공고문

2 NOTAM (항공고시보)

① 비행운항 종사자들에게 비행에 관해 인지해야 할 항공시설, 업무, 절차 또는 위험에 대한 신설, 운영상태 또는 그 변경에 관한 정보를 전기통신 수단에 의하여 배포되는 공고문을 말한다.
② 유효기간 : **3개월** (만일 공고기간이 3개월을 초과할 것으로 예상되면, 반드시 항공정보간행물 보충판으로 발간되어야 한다.)

▶ AIC : Aeronautical Information Circular

3 AIC (항공정보회람)

AIP(항공정보간행물)나 NOTAM(항공고시보)에 포함되지 않는 비행안전, 항행, 행정사항, 규정제정 등 주로 행정사항에 관한 항공정보(법령, 규정, 절차 및 시설 등의 변경)를 수록한 공고문으로 장기간 예상되는 설명과 조언 정보에 대한 통지를 말한다.

▶ AIRAC : Aeronautical Information Regulation & Control

4 AIRAC (항공정보관리절차)

통제 및 관리를 통하여 사용자들이 수많은 항공정보를 용이하게 습득할 수 있도록 사전에 조정하는 절차를 의미한다.

SECTION 04 비행안전을 위한 인적요인

Ultra Light Vehicle - Drone Pilot

Pass Key Point
- 인적에러에 의한 사고비율이 낮은 이유
- 무인기의 사고 비율
- SHELL 모델
- 비행안전에 영향을 미치는 인적요인 : 시각, 피로, 수면, 약물
- 시각 : 주시안, 광수용기(추상체, 간상체), 푸르키네 현상
- 피로 : 급속피로, 만성피로
- 수면 : 렘수면, 비렘수면, 피로증상, 수면부족증상
- 약물의 종류 및 작용

01 인적요인 개요

1 인적요인(Human Factor)이란

1) 국제민간항공기구(ICAO)의 정의
   인적요인은 항공기 사고, 준사고, 사고방지와 관련된 인간관계 및 인간능력을 총칭

2) 인적요인의 목적
   ① 수행 증진 : 사용의 편리성, 인적에러 감소, 생산성 향상
   ② 인간가치의 증진 : 안전 향상, 피로와 스트레스 감소, 편안함, 직무만족, 삶의 질 향상

2 인적요인의 필요성

1) 비행안전문제
   ① 드론과 여객기의 충돌 위험
   ② 고장으로 인한 추락 시 인명피해 우려
   ③ 무인기를 이용한 테러 위험

2) 사생활 침해 : 촬영활동(취미)을 통한 의도적·의도하지 않은 사생활 침해

3 무인기의 사고

1) 무인기의 사고 비율
   ① 비행조종계통(28%) > 추진계통(28%) > 인적계통(22%) > 통신계통(11%) > 동력계통(8%) > 기타(7%)
   ② 인적에러에 의한 사고율이 기존 항공사, 항공교통관제, 도로교통 등에 의한 사고율에 비해 상대적으로 높다.

▶ 무인기의 인적에러에 의한 사고비율이 낮은 이유
- 무인기 자동화율이 높기 때문에 상대적으로 인간 개입의 필요성이 적음
- 설계 개념상 페일 세이프(Fail-safe) 개념의 시스템 이중 안전설계 적용이 미흡하기 때문에 기계적 신뢰성이 상대적으로 낮음
- 민간무인기의 개발 역사가 상대적으로 초창기이기 때문

※ 기존 사업과 마찬가지로 무인기 기술이 발전하면서 기계적 결함에 의한 사고는 크게 줄고 인적에러에 의한 사고가 증가할 것이라 예상

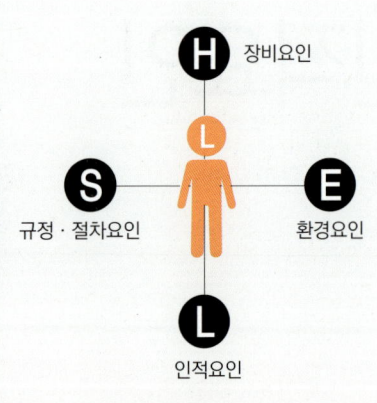

3) SHELL 모델(Hawkins)

① **L** Liveware(인간) : 성격, 의사소통, 리더십, 문화
② **H** Hardware(하드웨어) : 무인기, 장비, 연장, 시설(작업장, 건물)
③ **S** Software(소프트웨어) : 규정, 절차, 매뉴얼, 작업카드
④ **E** Environment(물리적 환경) : 온도, 습도, 조명, 기상 등

※ 각 요인 관계

요인 관계	의미 및 대책
L-H	• 인간의 특징에 맞는 조종기 설계, 감각 및 정보처리 • 특성에 부합하는 디스플레이 설계
L-S	• 인간과 절차, 매뉴얼 및 체크리스트 • 레이아웃 등과 같은 시스템의 비 물리적인 측면
L-E	• 인간에게 맞는 환경 조성
L-L	• 조종자와 관제사 혹은 조종자와 육안감시자 등의 사람 간의 관계작용을 의미

* 인적요인은 사람과 주변관련요소들 간의 상호작용에 초점을 둔다.

02 비행안전에 영향을 미치는 인적요인

비행안전에 영향을 미치는 인적요인 : 시각, 피로, 수면, 약물

1 시각

① 인적요인 분야는 인간이 받아들이는 감각, 지각, 기억 및 운동체계에 대한 지식을 바탕으로 연구가 진행된다. 이중 외부로부터 들어오는 정보를 받아들이고 해석하는 과정에서 시각이 가장 중요하다.
② 인간의 시각은 물체의 거리감을 판단하고 입체적으로 보며 색을 감지한다.
③ 인간의 양안은 평균적으로 6.5cm 정도 벌어져 있어 거리감 및 입체감 판단에 도움을 준다.
　대상을 바라볼 때 두 눈은 각기 다른 면을 보지만 두 눈이 안쪽으로 모이며, 이것을 뇌가 하나의 영상으로 합성하여 입체적으로 느낀다. 이때의 수렴각도를 뇌가 해석하여 거리감을 판단

1) 주시안과 부시안

① 양 눈 중에서 한 눈은 시각정보를 받아들일 때 주로 의존하는 눈을 주시안이라 하고, 나머지 눈을 부시안이라 하며, 주시안은 먼 거리의 사물을 인식하고, 부시안은 가까운 거리의 사물을 인식한다.

② 주시안과 부시안 사이의 시차(관측 위치에 따른 물체의 위치나 방향 차이)가 있고 사물의 정확한 위치정보를 얻기 위해서는 주시안이 사용된다.

▶ 수용기
각각에 맞는 특정한 신호를 받아들여 가지고 있는 신경섬유에 신경신호로 전환하여 보내는 것으로, 수용과 전환의 기능을 가지고 있다.

2) 광수용기(光受容器)
① 생물체가 빛을 받아들이는 기관으로, 빛의 광 신호를 신경 신호로 전환시키는 역할을 한다.
② 광수용기는 빛을 수용하여, 신경 신호로 전환시키는 것이다. 대표적인 광수용기로는 척추동물들 눈의 망막에 있는 시세포인 원추세포와 간상세포가 있다.

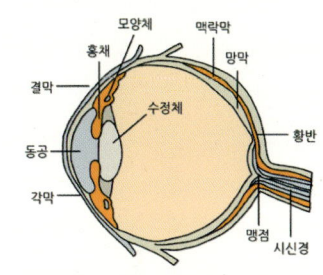

구분	추상체	간상체
색	컬러	흑백
활동 주시간대	주간	야간
망막의 분포	중심	주변
갯수	약 7백만 개	약 1억3천만 개
해상도	높음	낮음

2) 푸르키네 현상
추상체와 간상체가 서로 민감하게 반응하는 색이 다르기 때문에 나타나는 현상으로 **낮에는 빨강 계열이, 밤에는 파란 계열이** 잘 보인다.
→ 밝은 장소 : 빨강이 선명하게 먼 곳까지 보이고 파랑은 거무스름해져 보임
　어두운 장소 : 파랑이 선명하게 먼 곳까지 보이는데 비해, 빨강은 거무스름해져 보임

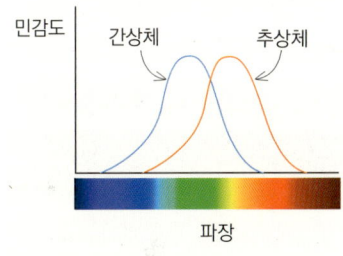

2 피로

1) 국제민간항공기구(ICAO)의 피로의 정의
수면부족, 긴 시간동안의 각성상태, 일주기 리듬 변동, 또는 업무 과부하 등으로부터 발생하는 정신적 혹은 신체적 수행능력이 저하된 생리적 상태

2) 피로는 인간이 실수를 하도록 만드는 요인
다양한 항공분야(조종사, 관제사, 정비사등)에서 피로관리의 중요성을 다루고 있음
→ 최근 ICAO에서 항공교통관제사 피로위험관리 내용 추가, 규정 및 요구사항 명시

3) 피로의 분류

특징	급성 피로	만성 피로
심각도	정상적	비정상(과도함)
발병	급격하게 나타남	서서히 나타남
지속시간	짧다	길다
회복	휴식, 수면, 식이, 운동 등으로 회복	일반적 휴식으로 회복 어려움
영향	거의 없음	매우 큼

3 수면

① 수면은 생체리듬 유지와 피로회복의 필수요소 성인의 경우 평균 7~9시간 정도의 수면이 필수 규칙적인 수면습관은 정상적인 뇌 기능을 위해 중요
② 피로에 따른 수면 특징 : 피로가 커지면 렘수면이 줄고, 비렘수면이 증가한다.
③ 피로 시 증상 : 시각, 단기 기억, 논리적 추론, 지속성 등의 저하
④ 수면부족 증상

증상	설명
경계에 대한 효과	지속적인 주의와 신속한 반응을 요하는 경계과제에 민감
상실	순간적이고 간헐적으로 나타나는 주의 상실과 외부 자극에 대한 반응 어려움
인지적 처리 지연	주로 정확성보다는 속도에 영향을 미침
과제지속시간에 대한 민감도	수면이 부족할 경우 과업수행 시간이 길어질수록 눈에 띄는 수행저하효과가 나타남

▶ 수면과정
뇌파에 따라 3단계로 구분하며, 1·2단계를 거쳐 깊은 수면으로 진행한다.

▶ 수면은 렘수면과 비렘수면으로 나뉨
• 얕은 수면 : 렘 수면(REM Sleep)
• 깊은 수면(비렘수면)이 반복된다.
※ Rapid Eye Movement : 렘수면에서 안구 운동이 빠르게 일어남

4 약물

① 진통제, 항생제, 항히스타민제, 소염제, 각성제 등의 약은 인간의 능력에 직간접적으로 영향을 주므로 항상 의사의 처방을 따르고 과용하지 않아야 한다.
② 약물의 종류 및 작용

증상	설명
진정제, 신경안정제 항히스타민제	신경계에 억제재로 작용
진통제(일반)	처방전 없이 구매할 수 있는 아스피린 등은 적정한 용량시에는 비행에 큰 영향이 없으므로 제한하지 않음
진통제(처방)	마약성 성분으로 어지러움, 구역, 정신착란, 두통, 시각장애 등을 유발할 수 있음
치과 사용 마취제	치과 치료에 사용되는 마취제는 치료 당시에만 사용되므로 단기간의 관찰정도 필요
암페타민계약물, 카페인 및 니코틴	식욕 억제, 피로감소 효과가 있지만 장기간 또는 과용량 복용 시 불안감 증상, 심한 감정기복 유발
항균제	일부 항균제는 비행에 영향을 줄 수 있으며, 약물 투여 후 몸의 균형감각 상실, 청력 저하, 구역 및 구토 등 부작용 유발 가능
환각성 약물 등	비허가 약물이나 환각 약물 복용 금지

제1장 | 무인멀티콥터의 운용
출제예상문제

1 초경량비행장치의 분류

01 무인비행장치의 명칭에 해당하지 않는 것은?

① ESC ② UAS
③ UAV ④ RPAS

- UAV : Unmanned Aerial System
- UAS : Unmanned Aircraft System
- RPAS : Remote Piloted Aircraft System
- ※ ESC : 자동변속기(컨트롤러의 신호를 받아 모터의 회전속도를 결정하여 구동시키는 장치

02 다음 중 드론의 명칭이 아닌 것은?

① UAV (Unmanned Aerial Vehicle)
② UAS (Unmanned Aircraft System)
③ RPAS (Remote Piloted Aircraft System)
④ ULP (Ultra Light Plane)

ULP는 초경량항공기를 의미한다.

03 국제민간공항기구(ICAO)에서 무인항공기의 용어에 해당하는 것은?

① Drone
② UAV (Unmanned Aerial Vehicle)
③ RPV (Remotely Piolted Vehicle)
④ PRAS (Remotely Piolted Aircraft System)

국제민간항공기구(ICAO)에서는 RPAS(Remotely Piloted Aircraft Systems)를 공식 용어로 채택하여 사용하고 있으며, 비행체만을 말할 때는 RPA(Remote Piloted Aircraft/Aerial vehicle)라 하고, 통제시스템을 의미할 때는 RPS(Remote Piloting Station)라고 한다.

2 무인멀티콥터 장치 구성품

01 비행기에 고정 피치 프로펠러를 장착하고 시험운전 중 진동이 느껴졌다. 다음 중 추정되는 원인으로 맞는 것은?

① 엔진 출력에 비해 큰 마력수에 적당한 프로펠러를 장착했다.
② 프로펠러의 표면이 거칠다.
③ 프로펠러 장착 볼트의 조임이 일정하지 않다.
④ 프로펠러의 장착과는 관계없다.

02 고정익 비행장치와 비교했을 때 무인회전익비행장치의 가장 큰 특성은?

① 회전비행 ② 정지비행
③ 좌우비행 ④ 전진비행

03 무인멀티콥터와 헬리콥터의 운동방향 제어방법으로 옳은 것은?

① 무인멀티콥터 : 고정피치, 헬리콥터 : 가변피치
② 무인멀티콥터 : 가변피치, 헬리콥터 : 가변피치
③ 무인멀티콥터 : 고정피치, 헬리콥터 : 고정피치
④ 무인멀티콥터 : 가변피치, 헬리콥터 : 고정피치

04 회전익 무인비행 장치의 동력장치로 가장 적합한 것은?

① 전기 모터 ② 가솔린 엔진
③ 로터리 엔진 ④ 터보 엔진

대부분 배터리로 구동하는 전기모터(BLDC모터)를 사용한다.

정답 | **1** 01 ① 02 ④ 03 ④ **2** 01 ③ 02 ② 03 ① 04 ①

05 무인멀티콥터에 사용하는 송수신기의 주파수 대역 중 7km까지 송수신이 가능하며, 전파간섭이 적고 개활지와 같은 넓은 장소에서 가장 일반적으로 사용하는 대역은?

① 900MHz　　② 1.3GHz
③ 2.4GHz　　④ 3.0GHz

- 2.4GHz : 비교적 장거리(5~7km) 송수신이 가능하나 송수신신호가 느리며, 도심과 같이 전파간섭이 많은 지역에서 사용이 어렵다.
- 900MHz : 장거리(40km) 비행에 사용하나 이동통신 주파수나 가정용 주파수 대역과 겹칠 수 있다.
- 5.8GHz : 송수신 거리가 짧지만(500m~2km) 신호가 빠른 장점이 있어 전파간섭이 많은 지역에도 사용되며, 또한 영상 송신신호로 많이 사용된다.

06 무인비행시스템에서 비행체와 지상통제시스템을 연결시켜 주어 지상에서 비행체를 통제 가능하도록 만들어 주는 장치는 무엇인가?

① 탑재 임무장비　　② 원격조종기
③ 비행제어기　　　④ 데이터링크

데이터링크(data link)는 데이터를 송·수신하는 두 장치를 연결하는 통신을 말하며, 지상-비행체 간의 통신, 비행체 간의 통신이 있다.

07 무인멀티콥터를 주요 4요소로 구분할 때 이에 해당하지 않는 것은?

① 통신부　　② 구동부
③ 제어부　　④ 착륙부

무인멀티콥터의 4요소
- 통신부 : 무인멀티콥터와 지상의 원격조정자가 각종 데이터를 주고받는 송수신기
- 구동부 : 모터, 프로펠러(로터), 모터 변속기, 배터리 등
- 제어부 : 무인멀티콥터의 비행을 조정(비행제어, 각종 센서)
- 페이로드부 : 비행목적에 따른 탑재물(카메라, 농약살포기, 약재 등)

08 드론의 구성품 중 구동부에 속하지 않는 것은?

① 배터리　　　　　② 전자변속기
③ 비행제어기(FC)　④ BLDC 모터

구동부에는 배터리, 전자변속기, 모터, 프로펠러가 있으며, 비행제어기(FC)는 제어부에 해당한다.

09 모터의 작동원리로 올바른 것은?

① 플레밍의 오른손 법칙
② 플레밍의 왼손 법칙
③ 렌츠의 법칙
④ 앙페르의 법칙

10 전동식 무인멀티콥터의 기체 구성품에 해당하지 않는 것은?

① 모터　　　② 프로펠러
③ 자동변속기　④ 프리휠링 클러치

프리휠링 클러치는 헬리콥터의 구성품으로 엔진구동축과 로터축의 연결을 해제하여 자동회전을 하게 한다.

11 무인 회전익비행장치인 멀티콥터에 사용되는 동력원으로 적합한 것은?

① 터보팬 엔진　　② 터보제트 엔진
③ 전기모터　　　④ 로터리 엔진

터보팬·터보제트 엔진은 일반 여객기나 전투기에 사용되며, 로터리 엔진은 고정익 드론에 사용된다.

12 모터의 설명 중 맞는 것은 어느 것인가?

① BLDC 모터는 브러시가 있는 모터이다.
② DC 모터는 BLDC 모터보다 수명이 길다.
③ DC 모터는 영구적으로 사용 할 수 없는 단점이 있다.
④ BLDC 모터는 변속기가 필요 없다.

- DC 모터는 브러시가 있는 모터로 사용기간이 길어질수록 브러시가 마모되므로 수명이 짧다.(브러시의 교체주기가 짧다)
- BLDC 모터는 Brushless DC 모터로 브러시가 없으며, 전자변속기(ESC)에 의해 속도가 조절된다.

정답 | 05 ③　06 ④　07 ④　08 ③　09 ②　10 ④　11 ③　12 ③

13 브러시리스 모터에 대한 설명으로 틀린 것은? ★★★

① 브러시가 없으므로 반영구적으로 사용된다.
② 일정한 회전속도를 변화시키기 위해 전자변속기가 필요하다.
③ 영구자석의 무게를 가볍게 할 수 있어 DC 모터에 비해 가볍다.
④ 전압을 조절하여 회전수를 조절하므로 변속기가 필요없다.

> 브러시리스(BLDC) 모터는 전압 조정이 아닌 전자변속기(ESC)에 의해 속도를 조절한다.

14 비행 전 모터에서 확인해야 할 것이 아닌 것은? ★★★

① 윤활 여부 점검
② 프로펠러 장착 점검
③ 모터 이물질 여부 점검
④ 모터의 회전방향 점검

> 모터의 원활한 작동을 위해 윤활상태를 확인하지만 보기에서 가장 거리가 먼 것에 해당된다.

15 멀티콥터에 사용하는 모터에 대한 설명 중 올바른 것은? ★★★

① BLDC 모터는 속도제어장치가 필요없다.
② BLDC 모터는 비교적 큰 멀티콥터에 적당하다.
③ DC모터는 영구적으로 사용할 수 없다.
④ 모터의 회전속도인 RPM(Revolution Per Minute)은 분당 회전수를 의미한다.

16 브러시리스 모터(BLDC motor)에 사용되는 전자변속기(ESC)에 대한 설명으로 옳은 것은? ★★★

① 모터의 회전수를 제어하기 위해 사용
② 모터의 온도를 제어하기 위해 사용
③ 모터를 냉각시키기 위해 사용
④ 기체의 비행 균형을 위해 사용

> ESC는 'Electronic Speed Control, 전자변속기'를 말하며, FC의 제어신호를 받아 BLDC 모터의 속도(회전수)를 제어한다.

17 드론의 프로펠러에 대한 설명으로 틀린 것은? ★★★

① 비행 중 기체의 진동이 느껴진다면 프로펠러의 이물질 부착 여부, 체결상태, 파손 등을 확인해야 한다.
② 진동 및 비틀림을 방지하기 위해 주로 금속재질을 사용한다.
③ 프로펠러의 피치란 1회전할 때 전진한 거리를 말한다.
④ 프로펠러의 규격은 '길이×피치'이며, 단위는 인치이다.

18 프로펠러 이상 시 가장 먼저 나타나는 현상은? ★★★

① 프로펠러의 진동이 느껴진다.
② 모터의 속도가 늦어진다.
③ 한 쪽으로 기운다.
④ 좌우로 흔들린다.

19 초경량비행장치 중 프로펠러가 4개인 멀티콥터를 무엇이라 부르는가? ★★★

① 헥사콥터
② 옥토콥터
③ 쿼드콥터
④ 트라이콥터

> **로터 갯수에 따른 무인 멀티콥터의 명칭**
> - 3개 : 트라이콥터(tri-copter)
> - 4개 : 쿼드콥터(quad-copter)
> - 6개 : 헥사콥터(hex-copter)
> - 8개 : 옥토콥터(octo-copter)
> - 10개 : 데카콥터(deca-copter)
> - 12개 : 도데카콥터(dodeca-copter)

20 멀티콥터에 사용하는 프로펠러 재질이 아닌 것은? ★★☆

① 카본 계열
② 나무 계열
③ 플라스틱 계열
④ 금속 계열

> 멀티콥터의 무게 감소 및 충돌 시 안전사고 방지를 위해 금속 재질은 사용하지 않는다.

정답 | 13 ④ 14 ① 15 ③ 16 ① 17 ② 18 ① 19 ③ 20 ④

21 무인멀티콥터의 배터리로 사용하지 않는 것인가?

① Li-Po ② Li-CH
③ Ni-MH ④ Ni-Cd

> 무인멀티콥터의 배터리 종류
> • 니켈 카드뮴(Ni-Cd) • 니켈 수소(Ni-MH)
> • 리튬 이온(Li-Ion)   • 리튬 폴리머(Li-Po)

22 다음 중 멀티콥터에 가장 많이 사용하는 배터리는?

① Li-Po ② Li-Ion
③ Ni-MH ④ Ni-Cd

> Li-Po는 에너지 저장 밀도가 높고 폭발 위험성이 적으며, 다양한 형태로 설계가 가능하여 가장 많이 사용되고 있다.

23 다음 중 2차 전지에 속하지 않는 배터리는?

① 리튬 폴리머(Li-Po) 배터리
② 니켈 수소(Ni-MH) 배터리
③ 니켈 카드뮴(Ni-Cd) 배터리
④ 알칼리 전지(alkaline) 배터리

> 재충전 없이 1회용 건전지를 1차 전지라고 하고, 망간 건전지와 알칼라인 건전지가 있다.

24 리튬폴리머 배터리 외부에 표기되지 않은 사항은?

① 배터리의 내부저항
② 방전율
③ 배터리 전압
④ 배터리의 전격용량

> 리튬 폴리머 배터리에는 전격용량, 방전율 및 최대방전율, 전압, 셀 연결 갯수 등이 표기되어 있다.

25 리튬폴리머 배터리에 대한 설명으로 틀린 것은?

① 배터리의 용량은 mAh로 표기한다.
② 3S은 셀 3개를 직렬로 연결한 것을 표기한 것이다.
③ 1 C는 배터리의 방전율을 의미한다.
④ 3000 mAh는 1분 동안 3000 mA의 전류를 방전할 수 있다는 의미한다.

> 배터리의 용량은 mAh로 표기하며, 1 mAh는 1시간 동안 1mA의 전류를 방전할 수 있다는 의미한다.

26 리튬폴리머 배터리의 보관 방법으로 가장 적절한 것은?

① 배터리 수명을 위해 뜨거운 곳이나 직사광선 등 열이 잘 발생하는 곳에 보관한다.
② 실내에 보관한다.
③ 직사광선을 피하고, 밀폐용기에 보관한다.
④ 아무 곳이나 보관해도 상관없다.

> 리튬폴리머 배터리 보관 시 폭발·화재 확산 방지를 위해 내화용 용기나 금속 용기에 보관한다.

27 배터리 보관법으로 올바르지 않은 것은?

① 4.2V로 보관한다.
② 장기간 사용하지 않을 경우 충전율을 40~65% 수준으로 방전시켜 보관한다.
③ 밀폐된 박스 내에 상온 15~26°C에서 보관한다.
④ 충격에 주의한다.

> 완전충전시 4.2V이며, 보관시에는 3.7V로 보관한다.

28 올바른 배터리 충전 설명으로 맞는 것은?

① 배터리의 효율을 향상시키기 위해 완전방전 후 충전시킨다.
② 여러 개의 셀로 이루어진 배터리는 셀 사이의 전압차가 있도록 충전한다.
③ 장기간 충전 시 100%로 충전하여 보관한다.
④ 충전 시 자리를 비우지 않는다.

> ① 완전방전시키면 수명 단축 및 성능 저하의 영향이 있다.
> ② 여러 개의 셀로 이루어진 경우 셀 간의 전압차가 없어야 한다.
> ③ 장기간 미사용 시 40~65% 수준으로 방전시켜 보관한다.
> ④ 과충전으로 인한 화재 발생 우려가 있으므로 충전 장소를 이탈하지 않도록 한다.

정답 | 21 ② 22 ① 23 ④ 24 ① 25 ④ 26 ③ 27 ① 28 ④

29 리튬폴리머(Li-Po) 배터리 취급·보관방법에 대한 설명으로 적절하지 않은 것은?

① 배터리가 부풀거나 누유 또는 손상된 상태일 경우에는 수리하여 사용한다.
② 빗속이나 습기가 많은 장소에 보관하지 말아야 한다.
③ 정격용량 및 장비별 지정된 정품 배터리를 사용해야 한다.
④ 배터리는 −10~40℃의 온도범위에서 사용한다.

30 다음 중 무인동력장치 Mode 2의 수직하강을 하기 위한 올바른 설명은?

① 왼쪽 조종간을 올린다.
② 왼쪽 조종간을 내린다.
③ 엘리베이터 조종간을 올린다.
④ 에일러론 조종간을 조정한다.

> 상승/하강 시 왼쪽 조종간을 올리거나 내린다.

31 위성항법시스템(GNSS)에 대한 설명으로 틀린 것은?

① 수평위치보다 수직위치의 오차가 상대적으로 크다.
② 무인비행장치의 위치와 속도를 제어하기 위해 활용한다.
③ 위성신호 교란, 다중경로 오차 등 측정값에 오차가 발생시키는 여러 요인이 존재한다.
④ 3개 이상의 위성신호가 수신되면 무행비행장치의 위치 측정이 가능하다.

> 위치정보를 얻기 위해서는 최저 4개 이상의 GPS 신호를 받아야 한다.

32 드론의 위치를 파악하기 위한 센서는?

① 지자계 센서   ② 기압계 센서
③ GPS 센서   ④ 광학 센서

33 멀티콥터의 자세 안정화에 관련된 장치가 아닌 것은?

① 지자기 센서   ② 자이로스코프
③ 가속도계   ④ FC

> 멀티콥터의 자세제어에 관련된 센서
> 자이로 센서, 가속도 센서, 지자기 센서

34 멀티콥터의 비행자세 제어를 확인하는 시스템은?

① 자이로 센서
② 기압계 센서
③ 위성시스템(GPS)
④ 라이다(Lidar) 센서

> • 자이로, 가속도 센서 : 기울어짐(X, Y, Z 회전) 측정
> • 지자기 센서 : 지구 자력을 검출하여 방향 측정
> • 기압계 센서 : 고도 유지
> • GPS : 비행위치 측정
> • 라이다 센서 : 고도 및 거리 유지(충돌 방지)

35 다음 중 드론의 가장 기본적인 방향과 움직임을 측정하는 데 사용되는 센서가 아닌 것은?

① 자력계(magnetometer)
② 자이로스코프(gyroscope)
③ GPS 센서
④ 가속도계(accelerator)

> 기본 방향 및 움직임을 측정하는 센서는 자력계, 자이로 센서, 가속도 센서이며, GPS는 위치와 고도를 측정한다.

36 비행기의 기수를 일정한 방향으로 잡아주는 센서는?

① 지자기 센서
② 기압계 센서
③ 자이로 센서
④ 광학 센서

> 지자기 센서는 지구의 자력을 검출하여 방위 정보를 알 수 있는 것으로, 비행기의 방향제어에 사용한다.

정답 | 29 ① 30 ② 31 ④ 32 ③ 33 ④ 34 ① 35 ③ 36 ①

37 센서 중 고도 유지와 관련된 것은?

① 가속도 센서　② 자이로 센서
③ 지자기 센서　④ 기압 센서

38 다음 중 멀티콥터의 기본 비행모드가 아닌 것은?

① GPS 모드
② 에티(ATTI) 모드
③ 자동 모드
④ 수동 모드

> 멀티콥터의 기본 비행모드 : GPS 모드, 자세제어(에티) 모드, 수동(매뉴얼) 모드

39 멀티콥터의 비행모드가 아닌 것은?

① GPS 모드
② 에티 모드
③ 고도제한 모드
④ 수동 모드(Manual mode)

40 무인비행장치 비행모드 중에서 자동복귀에 대한 설명으로 맞는 것은?

① 자동으로 자세를 잡아주면서 수평을 유지시켜 주는 비행모드이다.
② 비행 중 통신 두절 상태가 발생했을 때 이륙 위치나 이륙 전 설정한 위치로 자동 복귀한다.
③ 설정된 경로에 따라 자동으로 비행하는 비행모드이다.
④ 자세제어에 GPS를 이용한 위치제어가 포함되어 위치와 자세를 잡아준다.

41 터널 내부와 같이 GPS 신호가 수신하지 못할 경우 이용하는 항법은?

① 지문 항법　② 추측 항법
③ 관성 항법　④ 무선 항법

42 무인비행장치의 운행 시 목표지점에 도달하기 위해 고도, 속도, 거리, 시간 등을 파악해 비행하는 방법은?

① 무선 항법
② GPS 항법
③ 추측 항법
④ 지문 항법

> • 무선 항법 : 무선국에서 송신한 전파를 수신하여 항공기 위치를 확인하고 경로를 이용하는 항법
> • GPS 항법 : GPS(위성항법시스템)를 이용하여 경도, 위도, 고도를 파악하여 비행
> • 추측 항법 : 비행시정이 불량할 때 대기속도, 시간, 풍향, 풍속, 편류 등을 이용하여 예상되는 경로로 비행
> • 지문 항법 : 지상의 목표를 비행 중에 육안으로 확인하며 시계 비행

43 초경량 비행장치의 비행 중 기체에 이상이 생겼을 때 가장 먼저 조치해야 할 사항은?

① 주위 사람들에게 비상상황을 알린다.
② 에티모드로 전환하여 조종을 한다.
③ 가장 가까운 곳으로 비상 착륙을 한다.
④ 사람이 없는 안전한 곳에 착륙을 한다.

> 비행 중 기체에 이상이 있을 때는 주변 사람들에게 비상상황임을 알려 미연에 인명 사고를 방지한다.

44 비행 중인 초경량 비행장치에 이상이 생겼을 때 가장 먼저 취해야 할 행동은?

① 최대한 인명 및 시설 피해가 없는 장소로 불시 착시킨다.
② 주변에 크게 '비상' 구호를 외쳐 불시착에 대비하도록 한다.
③ 만일의 사고를 방지하기 위해 스로틀 키를 조작하여 빠르게 착륙시킨다.
④ 자세모드로 변환하여 안전하게 착륙시킨다.

> 센서 오류나 기체의 심한 진동, 배터리 불량 등 비상상황에서는 만약의 추락에 의한 인사사고를 방지하기 위해 주변에 비상임을 크게 외쳐 위험상황을 인지하도록 한다.

정답 | 37 ④　38 ③　39 ③　40 ②　41 ②　42 ③　43 ①　44 ②

45 멀티콥터의 착륙 위치로 적당하지 않은 곳은?

① 고압선이 없고 평평한 지역
② 바람에 날아가는 물체가 없는 평평한 지역
③ 평평한 해안 지역
④ 평평하면서 경사진 곳

경사진 곳은 이착륙 시 프로펠러가 지면에 닿기 쉬우므로 피해야 한다.

3 비행전·후 점검

01 이륙 중 또는 비행 중 엔진 고장 시의 적절한 조치가 아닌 것은?

① 이륙 중 엔진고장은 가능한 한 전방의 안전지대를 선정하여 비상착륙을 시도한다.
② 비행 중 엔진고장은 비행속도를 감소시켜 활공속도를 유지한다.
③ 이륙 중 엔진고장 시 재시동 절차에 따라 엔진 재시동을 시도한다.
④ 불시착을 결심하면 연료차단밸브 및 전원스위치를 오프(off) 시킨다.

02 드론 비행 전 기체 점검 사항으로 틀린 것은?

① 송신기를 점검한다.
② 수신기를 점검한다.
③ 이륙하여 호버링을 해본다.
④ 전파 수신율을 테스트 한다.

비행 전 점검은 시동을 켜지 않은 상태에서 실시한다.

03 초경량비행장치의 비행 전 조종기의 거리 테스트 방법으로 적당한 것은?

① 기체와 30m 떨어진 거리에서 레인지 모드로 테스트한다.
② 기체와 100m 떨어져서 일반 모드로 테스트한다.
③ 기체 바로 옆에서 테스트한다.
④ 기체를 이륙해서 조종기를 테스트한다.

무인비행장치에는 송·수신 거리 테스트 전용인 레인지 체크모드가 탑재되어 있다.(송신출력을 감소시켜 테스트를 한다)
▶ 절차 : 비행 전 지상에서 드론의 모터는 정지시키고 수신기 전원을 켜고 약 30m 떨어진 위치에서 레인지 체크 모드로 정상 작동여부를 확인한다.

04 비행 전 점검 시 모터의 점검내용으로 적절하지 않은 것은?

① 모터의 장착상태 점검
② 모터 베어링 점검
③ 이물질 점검
④ 오일 주입상태 점검

오일류는 엔진에 들어가는 소모품이다.

05 로터의 회전에 의해 동체가 받는 힘은?

① 전단력
② 압축력
③ 비틀림력
④ 굽힘력

로터의 회전에 의해 동체는 비틀림력을 받는다.

06 드론 비행 후 가장 먼저 취해야 할 행동으로 틀린 것은?

① 송신기를 먼저 끄고 점검한다.
② 기체 전원을 차단한다.
③ 시동을 끄고, 배터리를 분리한다.
④ 열이 식을 때까지 모터 부위는 점검하지 않는다.

외부 신호에 의해 기체의 오작동을 방지하기 위해
• 비행 전 ON 시 : 송신기 ON → 수신기 ON
• 비행 후 OFF 시 : 수신기 OFF → 송신기 OFF

정답 | 45 ④ **3** 01 ③ 02 ③ 03 ① 04 ④ 05 ③ 06 ①

07 조종자가 방제작업을 할 경우 비행 전 점검해야 할 항목으로 거리가 먼 것은?

① 작업구역, 장애물, 위험요소 등을 파악한다.
② 풍향 및 풍속, 날씨 등을 확인한다.
③ 작업구역 내 지형, 지물을 확인한다.
④ 작업구역 내 교통상황을 확인한다.

08 무인멀티콥터의 에일러론을 오른쪽으로 움직이면 기체는 어떻게 움직이는가?

① 오른쪽으로 선회한다.
② 오른쪽으로 하강한다.
③ 오른쪽으로 수평이동한다.
④ 오른쪽으로 회전한다.

> 조종기 스틱의 기본 작동
> • 스로틀 레버 : 상승/하강
> • 엘리베이터 레버 : 전·후진(Pitching)
> • 에일러론 레버 : 좌·우 이동(Rolling)
> • 러더 레버 : 좌·우 회전(Yawing)

09 X자형 멀티콥터를 왼쪽으로 이동 시 프로펠러의 회전방향으로 옳은 것은?

① 왼쪽은 시계방향, 오른쪽은 반시계방향으로 회전한다.
② 왼쪽은 반시계방향, 오른쪽은 시계방향으로 회전한다.
③ 왼쪽 2개는 고속 회전하고, 오른쪽 2개는 저속 회전한다.
④ 오른쪽 2개는 고속 회전하고, 왼쪽 2개는 저속 회전한다.

> 멀티콥터는 진행하고자 하는 방향쪽의 프로펠러는 저속, 반대쪽의 프로펠러는 고속으로 회전한다. 그러므로 왼쪽으로 이동 시 왼쪽은 저속, 오른쪽은 고속 회전해야 한다.

10 호버링 중인 무인멀티콥터를 상승시키려면 조종기의 조작방법은?

① 스로틀 레버(throttle lever)를 위로 올린다.
② 엘리베이터 레버(elevator lever)를 위로 올린다.
③ 스로틀 레버(throttle lever)를 아래로 내린다.
④ 엘리베이터 레버(elevator lever)를 아래로 내린다.

11 멀티콥터의 에일러론을 우측으로 했을 경우 좌·우 프로펠러의 회전속도를 바르게 설명한 것은?

① 왼쪽 프로펠러 회전속도 감소, 오른쪽 프로펠러 회전속도 증가
② 왼쪽 프로펠러 회전속도 증가, 오른쪽 프로펠러 회전속도 감소
③ 왼쪽 프로펠러 회전속도 증가, 오른쪽 프로펠러 회전속도 증가
④ 왼쪽 프로펠러 회전속도 감소, 오른쪽 프로펠러 회전속도 감소

12 다음 쿼드형 무인멀티콥터를 전진비행 시킬 때 모터의 회전속도 변화로 올바른 것은?

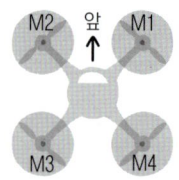

① M1·M2 : 고속, M3·M4 : 저속
② M1·M2 : 저속, M3·M4 : 고속
③ M1·M4 : 고속, M2·M3 : 저속
④ M1·M4 : 저속, M2·M3 : 고속

> ① 후진비행, ② 전진비행, ③ 우측이동, ④ 좌측이동

13 무인비행장치 운용에 따라 조종자가 작성해야 할 문서가 아닌 것은?

① 조종자 비행기록부   ② 비행체 기록부
③ 비행훈련 기록부   ④ 장비정비 기록부

정답 | 07 ④ 08 ③ 09 ④ 10 ① 11 ② 12 ② 13 ④

14 드론을 위에서 보았을 때 우측으로 방향 전환 시 프로펠러의 속도 증가는 어떻게 되는가?

① 시계방향으로 회전하는 프로펠러는 감소, 반시계방향으로 회전하는 프로펠러는 증가
② 시계방향으로 회전하는 프로펠러는 증가, 반시계방향으로 회전하는 프로펠러는 감소
③ 우측 프로펠러 2개는 증가, 좌측 프로펠러 2개는 감소
④ 우측 프로펠러 2개는 감소, 좌측 프로펠러 2개는 감소

- 좌측으로 회전 : 시계방향 회전속도 > 반시계방향 회전속도
- 우측으로 회전 : 시계방향 회전속도 < 반시계방향 회전속도

4 항공정보 출판물 외

01 비행장(헬기장 포함) 또는 활주로의 설치, 폐쇄 또는 운용상 중요한 변경, 비행금지구역, 비행제한구역, 위험구역의 설치, 폐지(발효 또는 해제 포함) 또는 상태의 변경 등의 정보를 수록하여 항공종사자들에게 배포하는 공고문은?

① AIC   ② AIP
③ AIRAC   ④ NOTAM

항공고시보(NOTAM)
비행운항에 관련된 종사자들에게 반드시 적시에 인지하여야 하는 항공시설, 업무, 절차 또는 위험에 대한 신설, 운영상태 또는 그 변경에 관한 정보를 수록하여 전기통신 수단에 의하여 배포되는 공고문을 말함

02 항공시설 업무, 절차 또는 위험요소의 시설, 운영상태 및 그 변경에 관한 정보를 수록하여 전기통신 수단을 항공종사자들에게 배포하는 공고문은?

① 항공고시보(NOTAM)
② 항공정보회람(AIC)
③ 항공정보관리절차(AIRAC)
④ 항공정보간행물(AIP)

03 다음 중 법령, 규정, 절차 및 시설 등의 변경이 장기간 예상되는 설명과 조언 정보를 통지하는 것은 무엇인가?

① 항공고시보(NOTAM)
② 항공정보회람(AIC)
③ 항공정보관리절차(AIRAC)
④ 항공정보간행물(AIP)

항공정보회람(AIC)는 항공정보간행물이나 항고시보에 포함되지 않는 비행안전, 항행, 행정사항, 규정제정 등 주로 행정사항에 대한 항공정보를 수록한 공고문이다.

04 항공종사자들에게 배포하는 항공고시보(NOTAM)의 유지기간으로 올바른 것은?

① 1개월   ② 2개월
③ 3개월   ④ 6개월

항공고시보(NOTAM)의 기간 : 3개월 이내이며, 3개월 초과 시 반드시 항공정보간행물 보충판으로 발간한다.

05 비행금지구역, 제한구역, 위험구역 설정 등의 공역을 제공하는 것은?

① NOTAM   ② AIC
③ AIP   ④ AIRAC

06 비행장 및 지상시설, 항공통신, 항로, 일반사항, 수색구조 업무 등의 종합적인 비행 정보를 수록한 정기간행물로, 영구성이 있는 항공정보를 제공하는 것은?

① AIC   ② AIP
③ AIRAC   ④ NOTAM

항공정보간행물(AIP)은 공항·비행장 및 지상 시설, 항공통신, 항로, 일반 사항, 수색 구조 업무 등에 대한 종합적인 정보의 정기간행물이다.

정답 | 14 ① | 4 01 ④ 02 ① 03 ② 04 ③ 05 ① 06 ②

07 METAR 보고에서 바람방향, 즉 풍향의 기준은 무엇인가?

① 자북   ② 진북
③ 도북   ④ 자북과 도북

- 진북 : 변하지 않는 북쪽 (진짜 북쪽)
- 도북 : 지도상의 북쪽(평면직각 좌표계로 인한 오차)
- 자북 : 나침반의 N극이 가리키는 북쪽(자기장에 의한 오차)

08 푸르키네 현상에 따르면 다음 중 어두운 밤에 가장 잘 보이는 색은?

① 노랑   ② 파랑
③ 초록   ④ 빨강

푸르키네 현상
밝은 곳에서는 빨강, 주황, 노랑 등의 장파장의 감도가 좋고, 어두운 곳에서는 파랑, 청록 등 단파장의 감도가 좋다.

09 광수용기에 대한 설명 중 옳은 것은?

① 추상체는 야간에 흑백을 보는 것과 관련이 있다.
② 간상체는 낮 시간 동안의 높은 해상도와 관련이 있다.
③ 추상체와 비교할 때 간상체의 갯수가 더 많다.
④ 추상체는 주로 망막의 주변부에 위치하기 때문에 야간에 암점과 관련이 있다.

추상체는 낮, 간상체는 밤에 관계가 있으며, 추상체는 망막의 중심에 위치한다.
추상체는 약 7백만 개, 간상체는 약 1억 3천만 개이다.

10 비행안전에 영향을 미치는 인적요인에 해당하지 않는 것은?

① 시각   ② 피로
③ 약물   ④ 인간관계

비행안전에 영향을 미치는 인적요인 : 시각, 피로, 수면, 약물
인간관계는 인적요인의 구성에 해당한다.

11 인적요인의 대표적인 모델인 쉘 모델의 구성요소가 아닌 것은?

① Liveware   ② Software
③ Human   ④ Envioroment

- H(Hardware) – 항공기의 기계적인 부분
- S(Software) – 운항분야의 각종 규정, 절차 등
- E(Environment) – 기상 등의 물리적 환경
- L(Liveware) – 운항업무 관계자와의 관계작용

12 만성 피로에 대한 설명에 해당하는 것은?

① 급격히 발생한다.
② 지속기간이 짧다.
③ 휴식, 수면, 식이, 운동 등으로 회복이 쉽다.
④ 업무에 미치는 영향이 매우 크다.

만성 피로는 일반적인 휴식으로도 회복이 쉽지 않다.

13 수면이 부족할 경우 나타나는 증상으로 **틀린** 것은?

① 지속적인 주의와 신속한 반응에 둔해진다.
② 주의 상실 및 외부 자극에 대한 반응이 느리다.
③ 업무 수행이 저하된다.
④ 주로 업무처리 속도보다 정확성에 영향을 미친다.

수면 부족 시 정확성보다 속도에 더 큰 영향을 미친다.

정답 | 07 ② 08 ② 09 ③ 10 ④ 11 ③ 12 ④ 13 ④

CHAPTER 02

Ultra Light Vehicle - Drone Pilot

항공역학
(비행원리)

Section 01 비행이론의 기초
Section 02 헬리콥터의 비행원리
Section 03 항공기의 안정성

SECTION 01

Ultra Light Vehicle - Drone Pilot

비행이론의 기초

Pass Key Point

- 뉴턴의 운동법칙
  (관성, 가속도, 작용·반작용의 법칙)
- 벡터와 스칼라
- 압력과 밀도
- 압축성/비압축성 공기
- 연속의 법칙, 베르누이 법칙
- 비행체에 작용하는 힘
- 양력발생에 영향을 미치는 요소
- 항력의 종류 및 특성
- 날개의 명칭 및 형상
- 받음각(영각), 붙임각(취부각)
- 실속과 실속각
- 하중계수
- 프로펠러에 작용하는 힘
- 피치, 토크현상

01 비행 기초이론

1 뉴턴의 운동법칙

1) 제1법칙 : 관성의 법칙
  ① 관성이란 정지해 있거나, 운동하고 있는 물체가 그 상태를 유지하려는 성질을 말한다.
  ② 관성은 물체의 질량에 비례한다.
  ③ 관성은 그 물체의 운동에너지와 같다.

▶ 관성의 종류
- 정지관성 : 정지해 있는 물체가 계속 정지하려는 성질(예 버스가 갑출발할 때 승객은 정지해 있으려는 성질로 뒤로 넘어짐)
- 운동관성 : 운동하는 물체가 계속 운동상태를 유지하려는 성질(예 버스가 급정거할 때 승객은 버스의 운동방향으로 앞으로 나가려는 성질로 앞으로 넘어짐)

2) 제2법칙 : 가속도 법칙
  ① 물체에 힘이 작용하면 그 힘의 작용방향으로 가속도가 생기며, 가속도의 크기는 힘에 비례한다.
  ② 물체에 작용하는 힘이 일정하면 가속도는 물체의 질량에 반비례한다.
  ③ 힘 = 가속도 × 질량 ($F = ma$)

3) 제3법칙 : 작용과 반작용의 법칙
  ① 한 물체가 다른 물체에 힘을 작용하면 그 힘과 크기가 같고 방향이 반대인 힘이 작용한다.(즉, 힘은 두 물체사이에 상호 작용이 있다)
  ② 예 제트엔진의 원리, 로켓의 발사 원리, 노를 저으면 보트가 앞으로 나아가는 원리, 헬리콥터(멀티콥터)의 로터와 동체 사이에 작용

2 스칼라(scalor)과 벡터(vector)

지구상에 존재하는 모든 물리량을 양적으로 표현할 때 벡터량과 스칼라량으로 나눈다.
  ① 스칼라량 : 크기만 나타냄(길이, 넓이, 속력, 시간, 온도, 질량, 에너지 등)
  ② 벡터량 : 크기와 작용방향을 동시에 나타냄(변위, 속도, 가속도, 힘, 운동량 등)

▶ 속도(벡터)와 속력(스칼라)의 차이
- (A)지점에서 (B)지점으로 이동한다고 했을 때 점선으로 이동했다면 속력으로 나타낼 수 있다. 즉, 점선은 단순히 빠르기만 나타내는 스칼라에 해당된다. (이동거리/걸린시간)
- 이에 반해 속도는 물체의 빠르기와 함께 운동방향을 함께 나타낸다.(변위/걸린시간)

※ 변위 : 처음위치에서 나중위치까지의 직선거리와 방향

3 압력

① 정의 : 단위면적(mm^2, cm^2, m^2) 당 작용하는 힘(N, kgf, gf)
② 절대압력 : 완전진공상태를 '0'으로 하여 측정한 압력
③ 비행체에 작용하는 압력
- **정압** : 모든 방향에 **균일하게 작용**(기체에 작용하는 압력을 의미)
- **동압** : 유체의 **운동방향으로만 작용**

▶ 압력의 단위
N/m^2, kgf/cm^2, kgf/m^2, psi, mmHg

4 밀도

① 단위부피(m^3, L)당 질량(g, kg)을 나타낸 값이다.
② 물체마다 고유의 값을 가진다.
③ 압력, 온도, 고도, 습도와 밀도의 관계 : 밀도는 압력에 비례하고, 온도, 고도, 습도에 반비례한다.
  → 압력이 **높을수록** 같은 공기분자나 질량에 대해 부피가 감소하여 **밀도가 증가**한다.
  → 온도가 **높을수록** 공기가 팽창하여 부피가 증가하므로 **밀도가 감소**한다.
  → **고도가 높을수록** 압력, 온도, 밀도가 감소한다.
  → **습도가 높아지면** 동일 부피의 공기량 내에 수증기 입자로 인해 공기입자의 **밀도가 감소**한다. (압력, 온도 등보다 영향이 적다.)

▶ 밀도 = $\dfrac{질량}{부피}$ [kg/m^3 또는 $kgf \cdot s^2/m^4$]

무게[kgf] = 질량[kg]×9.8[m/s^2]이므로 (중력가속도)

질량[kg] = $\dfrac{무게[kgf]}{9.8[m/s^2]}$

∴ 밀도 = $\dfrac{\frac{무게[kgf]}{9.8[m/s^2]}}{부피[m^3]}$ = $\dfrac{무게[kgf \cdot s^2]}{9.8 \times 부피[m^4]}$

▶ 밀도가 감소하면(온도 높음, 고도 높음) 항공기의 엔진출력이 감소하고, 양력도 감소한다.

5 속도와 가속도

① 속도 : 단위시간 동안 이동한 변위를 나타낸다. 물체의 **빠르기**를 이동한 방향과 함께 나타내는 벡터량이다.
② 가속도 : 단위시간 동안 속도의 변화를 나타내는 벡터량이다.
③ 가속도가 '0'인 운동을 등속운동이라고 하고, '−'일 때 감속운동, '+'일 때 가속운동이라 한다.

▶ 거리를 시간으로 미분하면 속도가 되고, 속도를 시간으로 다시 미분하면 가속도가 된다.

02 공기흐름의 성질과 법칙

1 공기의 흐름

① 압축성과 비압축성
- 압축성 : 압력의 변화에 따라 **밀도가 변하는** 유체
- 비압축성 : 압력의 변화에 관계없이 **밀도가 일정한** 유체

② 정상 흐름(정상유동)과 비정상 흐름
- 정상 흐름(steady flow) : 압력이 일정할 때 주어진 한 점에서의 밀도, 온도, 속도가 시간이 경과하여도 **일정한 값**을 가지는 흐름(변하지 않음)
- 비정상 흐름(unsteady flow) : 밀도, 온도, 속도 등이 시간에 따라 변화하는 흐름

2 연속의 법칙

그림과 같이 유관 내에 유체가 흐를 때 질량보존의 법칙에 의해 **단위시간당 유입되는 유체의 질량은 단위시간당 유출되는 유체의 질량과 같아야 한다.**

▶ 질량 = 밀도×단위시간당 유입된 부피
  = 밀도×단면적× $\frac{이동한 거리}{단위시간}$ (단면적×이동한 거리)
  = 밀도×단면적×속도
  = $\rho \times A \times v$

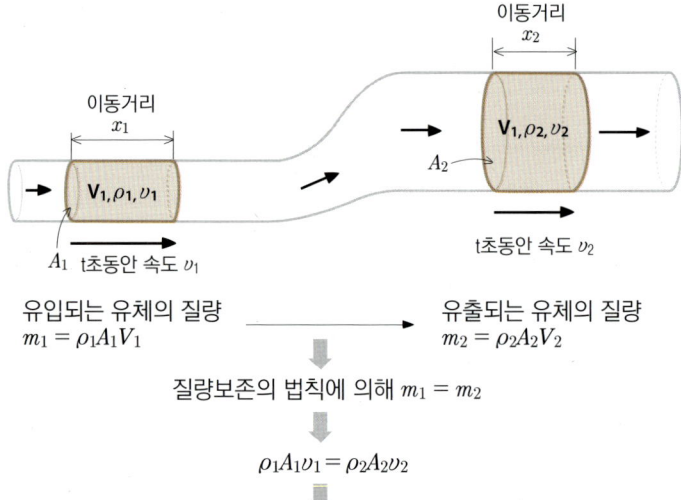

유입되는 유체의 질량　　　　　유출되는 유체의 질량
$m_1 = \rho_1 A_1 V_1$　　　　　　　$m_2 = \rho_2 A_2 V_2$

질량보존의 법칙에 의해 $m_1 = m_2$

$\rho_1 A_1 v_1 = \rho_2 A_2 v_2$

이때 유체의 흐름이 비압축성이라고 가정하면 밀도 변화가 없으므로

$$A_1 v_1 = A_2 v_2 = 일정$$

이 식을 연속방정식이라고 함. 이 식에 의하면 단면적과 속도의 곱이 일정해야 하므로, 속도와 단면적은 반비례 관계이다.

3 베르누이의 법칙 (베르누이 정리)

베르누이 법칙은 유체의 흐름에 에너지 보존법칙을 적용한 것으로, 유입되거나 유출되는 유체의 '운동에너지+속도에너지+위치에너지의 합은 일정하다'는 법칙이다.

▶ 베르누이 정리의 가정
  1. 유체입자는 유선을 따라 움직인다.
  2. 유체는 마찰이 없다. 즉, 비점성이다.
  3. 정상 흐름이다.
  4. 비압축성이다.

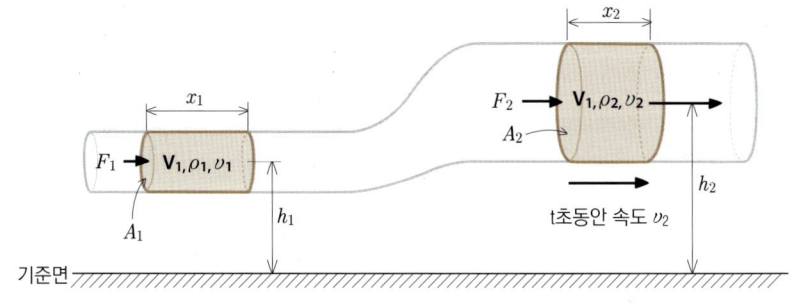

- 운동에너지(일, P) = 힘(F)×거리(x)
- 속도에너지 = $\frac{1}{2}mv^2$
- 위치에너지 = mgh

연속방정식에서 체적이 같으므로 V_1의 밀도와 V_2의 밀도는 같다($\rho_1 = \rho_2$)
따라서 밀도(ρ) = $\frac{질량(m)}{부피(V)}$ 이므로, 밀도와 부피가 같으므로 질량도 같다($m_1 = m_2$)

$$F_1x_1 + \frac{1}{2}m_1v_1^2 + m_1gh_1 = F_2x_2 + \frac{1}{2}m_2v_2^2 + m_2gh_2 = 일정$$

$$F_1x_1 + \frac{1}{2}mv_1^2 + mgh_1 = F_2x_2 + \frac{1}{2}mv_2^2 + mgh_2 = 일정$$

양변을 부피로 나누면

$$F_1\frac{x_1}{V} + \frac{1}{2}\frac{m}{V}v_1^2 + \frac{m}{V}gh_1 = F_2\frac{x_2}{V} + \frac{1}{2}\frac{m}{V}v_2^2 + \frac{m}{V}gh_2 = 일정$$

'밀도 = $\frac{질량}{부피}$' 이므로
'부피 = 단면적×이동거리'
압력(P) = $\frac{힘(F)}{단면적(A)}$ 이므로

$$F_1\frac{x_1}{A_1x_1} + \frac{1}{2}\rho v_1^2 + \rho gh_1 = F_2\frac{x_2}{A_2x_2} + \frac{1}{2}\rho v_2^2 + \rho gh_2 = 일정$$

그림과 같이 높이가 같다면

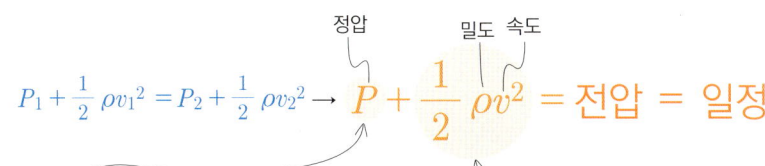

$$P_1 + \frac{1}{2}\rho v_1^2 = P_2 + \frac{1}{2}\rho v_2^2 \rightarrow \underbrace{P}_{정압} + \frac{1}{2}\underbrace{\rho}_{밀도}\underbrace{v^2}_{속도} = 전압 = 일정$$

정압 : 흐르는 방향에 대한 **측면**에 대한 압력(흐름과 직각 방향으로 작용하는 압력). 즉 유체의 운동상태와 관계없이 항상 모든 방향으로 작용하는 압력이다. 이는 현재 고도의 압력을 나타낸다.

동압 : 흐르는 방향에 대한 **정면**에 대한 압력으로, 유체가 가진 속도와 밀도에 의해 생기는 압력 즉, 유체의 흐름을 직각으로 막을 때 관에 작용하는 압력이다. 동압을 운동에너지에 의해 발생되며 유동속도를 알 수 있다.

4 베르누이 법칙의 활용

① 날개에 작용하는 **양력** : 양력 발생은 베르누이 법칙을 만족한다. 즉, **압력**(정압)이 높아지면 속도(동압)가 낮아지고, 속도(동압)가 높아지면 압력(정압)이 낮아진다.

② 피토관(pitot tube) : 비행기 전방에 부착하여 비행할 때 발생하는 맞바람 속도(= 비행기 속도, 공기 속도, 동압)을 측정하여 비행속도를 측정한다. 측정법은 그림과 같이 피토관 내/외부의 전압(정압과 동압을 합한 압력)과 정압의 압력차에 의해 피토관 내부의 액주계의 높이차가 발생하며, 이 높이차를 이용하여 비행기 속도를 측정한다.

【날개 아래에 부착된 피토관 모습】

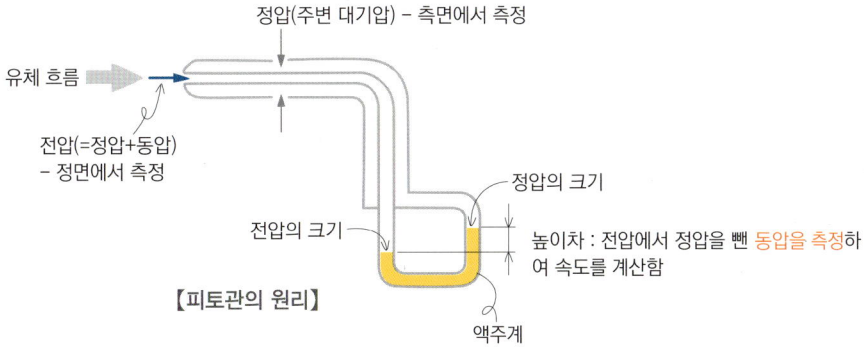

【피토관의 원리】

03 비행의 기초원리

1 항공기에 작용하는 4가지 힘 - 양력, 중력, 추력, 항력

▶ 점성 : 오일에 끈끈한 성질이 있어 오일의 흐름을 방해하듯, 공기에도 점성이 있어 흐름을 방해하는 성질이 있다.

▶ 마찰 : 날개표면과 공기의 흐름 사이에 마찰로 공기흐름이 방해 받는다.

양력(揚力, lift)
- 揚 : 날다, 오르다
- 力 : 힘
- lift : 들어올리다

베르누이의 법칙에 의해 날개의 위, 아래의 압력차로 인해 항공기 무게를 이기고 들어올리는 힘을 말하며, 상대풍에 직각방향으로 작용한다.

69페이지 참조
무게중심(C.G)

상대풍

추력(推力, thrust)
- 推 : 밀다
- 力 : 힘

항력을 이겨내고 진행방향으로 움직이는 힘, 즉 동력장치에 의해 발생된 추력으로 전진한다.

항력(drag)
- 抗 : 대항하다, 막다
- 力 : 힘
- drag : 방해물
- 날개표면에 작용하는 공기의 점성*과 마찰로 인해 공기의 흐름을 방해하여 전진을 방해(저항력)하는 힘

중력(重力, gravity)
양력과 반대로 작용하는 힘으로, 지구상의 모든 물체는 지구에 작용하는 중력에 의해 무게를 가진다. 즉, 비행기 무게(자체무게+연료+승무원+기타)를 말한다.

① 비행기가 상승하려면 : 추력 > 항력, 양력 > 중력
② 날고 있는 비행기가 하강하려면 : 추력 < 항력, 양력 < 중력
③ 등속직진 수평비행 : 양력 = 중력, 추력 = 항력

2 양력 발생의 기본 원리 : 베르누이 법칙

① 항공기가 전진하면 날개 전면에는 전진속도와 같고 방향이 반대인 공기의 흐름이 생긴다. 이때 날개 표면에서 날개 표면의 점성력이 미치는 곳까지의 거리를 '경계층'이라고 한다.

② 에어포일 윗면의 경계층 면적은 ❶지점에서 뒤로 갈수록 좁아져 ❷지점에서 최소가 되며, 다시 ❸지점까지 증가하며, 에어포일 아래는 경계층 변화가 거의 없다. **베르누이의 법칙**에 의해 에어포일 윗면에서는 유체의 속도가 증가하면 동압(속도)은 증가하고 정압(압력)은 감소하며, 에어포일 아랫면에서는 반대로 동압이 감소하고 정압은 증가한다.

③ 따라서, 에어포일의 아랫면은 압력이 높고, 윗면은 압력이 낮아지므로 에어포일을 위로 상승시키려는 힘(양력)이 발생된다.

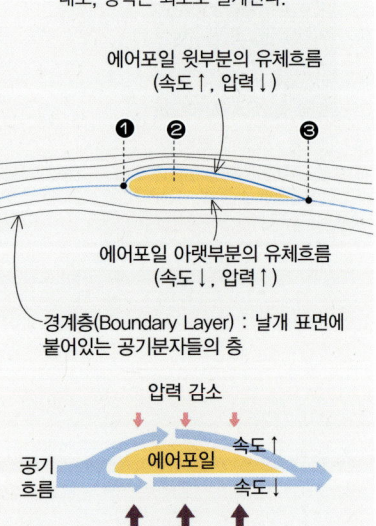

▶ 에어포일(airfoil, 날개단면, 날개꼴)
날개의 단면을 절단하면 유선형으로 된 것을 볼 수 있다. 에어포일은 양력은 최대로, 항력은 최소로 설계한다.

3 양력 발생에 영향을 미치는 요소

양력의 크기는 에어포일 위·아래의 압력차가 클수록 커지며 양력계수, 날개면적, 비행속도, 동압($q = \frac{1}{2}\rho V^2$)에 비례한다.

> 양력 $L = C_L \dfrac{1}{2} \rho V^2 S$
>
> 여기서, C_L : 양력계수 ρ : 밀도 V : 속도 S : 날개면적
>
> ※ 이 외에 양력은 에어포일(날개의 단면) 형상 및 받음각(59페이지 참조)에 따라 크게 좌우된다.

▶ 양력 발생에 미치는 요소
- 양력계수 : 양력을 동압과 에어포일의 길이로 나눈 값이다. (단위가 없음, 무차원)
- 밀도 : 고도가 상승하면 밀도가 감소하므로 양력에 영향을 미친다.
- 비행기의 속도 : 비행기의 속도(공기의 속도)가 빨라질수록 날개 위·아래에 발생하는 압력차가 커져 양력이 증가한다.

※ 즉, 양력과 항력은 밀도, 속도, 날개면적에 비례한다.

4 항력(drag)

추력의 반대방향으로 작용하는 힘으로, 비행체의 날개(또는 회전날개), 동체나 다른 돌출부위에 의해 발생하는 공기흐름에 대한 저항을 말하며, 항력의 주 발생 원인은 날개 표면에서 공기의 점성으로 발생하는 표면마찰이다.

> 항력 $D = C_D \dfrac{1}{2} \rho V^2 S$
>
> ※ 양력이 발생되면 동시에 항력도 발생됨을 알 수 있다.
>
> 여기서, C_D : 항력계수 ρ : 밀도 V : 속도 S : 날개면적

▶ 비행성능을 향상시키기 위해 C_L은 최대, C_D는 최소이어야 한다.

▶ **양항비**(활공비)
- 양력과 항력의 비율을 말한다.
- 양항비가 클수록 비행성능이 좋고, 활공거리가 증가한다.

1) 항력의 종류

① 유도항력
- 양력이 발생하는 과정에서 유도되어 발생하는 항력 (→ 양력에 관계)
- 날개 끝부분의 공기가 아랫면에서 윗면으로 돌아 들어가는데 이로 인해 날개의 후류에서는 공기흐름이 날개 뒤쪽으로 돌아나가며 하향기류(Downwash)가 발생한다.
- 항공기 속도가 증가하면 유도기류의 속도가 감소하여 유도항력이 감소된다.(공기속도의 제곱에 반비례)
- 받음각이 커지면 유도항력도 커진다.

▶ 항력의 종류
- 유도항력
- 유해항력 ─ 형상항력 ─ 압력항력
                         마찰항력
           ─ 조파항력
           ─ 간섭항력

▶ 유도항력과 받음각의 관계
종이를 수직으로 세우고 바람을 불면 종이에 저항이 많이 걸리지만, 수평으로 눕히고 바람을 불면 양력이 발생된다.

▶ 유도항력 감소 대책 : 윙렛(winglet)
날개 끝에서 실속으로 생기는 와류(소용돌이)를 줄이기 위해 날개 끝을 위쪽으로 꺾는 것을 말한다.

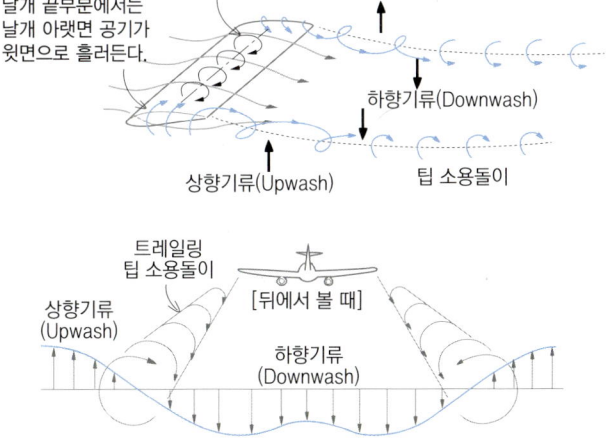

【유도항력의 발생】

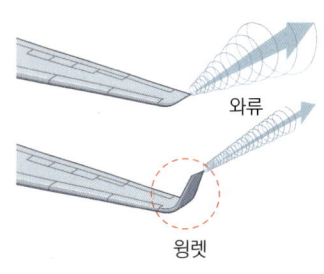

와류

윙렛

② 유해항력
양력 발생에 관계없이 비행을 방해하는 모든 항력

종류	설명
형상항력	날개(블레이드)가 공기 중을 통과할 때 표면마찰에 의해 발생하는 마찰성 저항 • 마찰항력 : 유체의 점성으로 인해 발생 • 압력항력 : 비행체의 단면형상에 의해 발생
조파항력	초고속비행기에서 날개에 충격파로 인해 발생
간섭항력	소용돌이, 난기류, 공기흐름의 교차 등으로 발생

▶ 유해항력은 속도의 제곱에 비례한다.

▶ 유선형으로 설계하는 이유는 압력항력의 영향을 최소로 하기 위함이다.

▶ 비행기의 상승 : 추력 증가 → 속도 증가 → 양력 증가 → 상승
▶ 비행기의 하강 : 추력 감소 → 속도 감소 → 양력 감소 → 하강

5 추력(stall)

엔진, 프로펠러, 회전날개에서 발생하는 힘으로, 항공기를 전진시키는 힘을 말한다. 양력을 발생하면 항력도 함께 발생된다. 그러므로 항력을 극복하고 비행기를 진행방향으로 움직이는 힘을 '추력'이라 한다.

04 날개 이론

1 에어포일(airfoil, 날개골)

▶ 에어포일이란?
항공기 날개를 수직으로 자른 단면형상을 말한다.

▶ 캠버와 양력
캠버와 받음각은 양력 발생에 큰 영향을 주며, 캠버가 가장 큰 영향을 미친다.

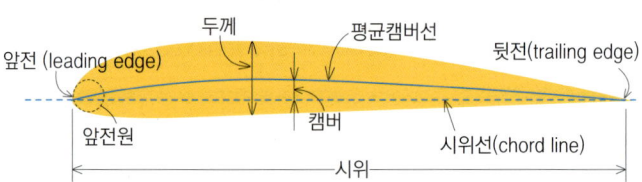

① 시위선(chord line, 익현선) : 앞전과 뒷전을 연결한 선
② 두께 : 에어포일의 윗면과 아랫면 사이의 간격
③ 캠버(camber) : 시위선과 평균캠버선까지의 길이
④ 평균캠버선 : 두께의 2등분한 지점을 연결한 선
⑤ 앞전원 : 앞전에 내접하는 원

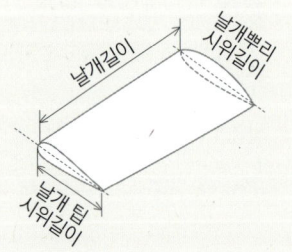

2 날개의 용어

▶ 종횡비가 커지면
• 양항비가 커지므로 양력 증가
• 날개 끝에 발생하는 익단 와류의 영향이 적어 유도항력 감소
• 작은 받음각에도 활공능력 향상
• 유해항력 증가

① 날개 면적(S) : 날개 윗면의 투영면적
② 날개 길이(b) : 날개 뿌리에서 날개 팁까지의 길이
③ 종횡비, 가로세로비(AR, Aspect ratio) : 날개길이와 시위길이의 비 └ 날개의 폭과 길이의 비율
④ 테이퍼비 : 날개 팁 시위와 날개 뿌리의 비

3 날개 형상에 따른 구분

1) 대칭형
① 상·하부 표면이 대칭이다.
② 압력중심 이동이 일정하게 유지되어 저속 항공기 및 회전익 항공기에 적합하다.
③ 가격이 저렴하고 제작이 용이하다.
④ 받음각(영각)에 비해 양력 발생이 적어 실속 가능성이 크다.

2) 비대칭형
① 상·하부 표면이 비대칭형이다. (만곡형)
② 비행자세에 따라 압력중심 이동 변동이 크고 블레이드에 가해지는 힘에 의해 비틀림 현상이 발생한다.
③ 대칭형에 비해 양력 발생 효율이 크다.
④ 주로 고정익 및 대형 헬리콥터에 사용한다.
⑤ 가격이 높고, 제작이 어렵다.

▶ 에어포일의 설계
유선형으로 양력은 크게, 항력은 작게 한다.

4 받음각(AOA, Angle Of Attack, α)

① 받음각이란 : **시위선과 공기흐름의 방향(상대풍)이 이루는 각**
② 에어포일은 받음각(AOA)에 따라 공기역학적 특성이 달라지기 때문에 에어포일 주위의 흐름의 모양, 압력 분포가 받음각에 따라 변한다.
③ **받음각이 커지면 양력, 항력 모두 증가한다.**
④ **양력, 항력 및 피칭모멘트에 가장 큰 영향을 미치는 요소이다.**
⑤ 받음각이 급격히 커지면 양력은 감소하고 항력은 증가하여 임계점(실속점)에 이르면 비행고도를 유지할 수 없는 실속상태에 들어간다.
⑥ **압력중심**(C.P, center of pressure) : 에어포일 주위에 작용하는 공기압력의 중심(공기력의 합력점)

▶ 즉, 받음각은 바람이 부는 방향에 대한 날개의 각도를 말하며, 양력·항력 발생에 영향을 준다.

▶ 절대 받음각과 무양력 받음각
• 절대 받음각 : 항공기 진행방향과 날개단면의 무양력 시위선이 이루는 각
• **무양력 받음각**(제로양력) : 날개단면에 양력이 발생하지 않을 때의 받음각

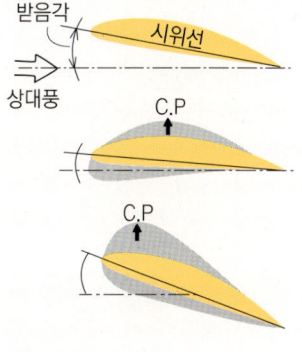

▶ 프로펠러의 받음각
• 프로펠러에 작용하는 상대풍과 프로펠러의 시위선이 이루는 각도이다.
• 프로펠러에 작용하는 상대풍은 프로펠러의 회전속도와 항공기의 전진속도의 합력이 이루는 선이다. 따라서 프로펠러 회전수가 달라지거나 전진속도 또는 전진속도의 벡터가 달라지면 받음각이 변하게 되고 발생하는 추력도 변하게 된다.

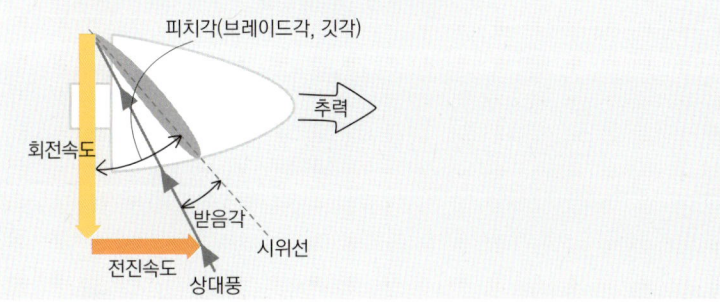

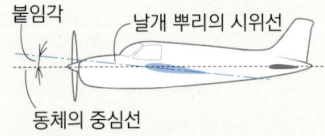

5 붙임각, 취부각(angle of incidence)

① 항공기 동체의 중심선과 날개뿌리의 시위선이 이루는 각으로, 설계 시 기계적으로 고정된 각이다. (헬리콥터의 경우 로터 회전면과 날개 시위선)
② 유도기류와 항공기 속도가 없는 받음각과 붙임각은 동일하며, 붙임각의 변화는 받음각에 변화를 주어 양력계수가 변환된다.
　→ 취부각에 따라 양력이 증감된다.
③ 붙임각은 고정된 값으로 비행기의 자세가 바뀌어도 변하지 않는다.

6 실속(stall)

① 항력이 급격히 증가하여 항공기가 양력을 잃고 급강하는 원인이 됨
② 받음각이 점점 증가하다가 실속각을 넘게되면 양력계수가 급격히 떨어지고, 항력계수가 급격히 증가하여 항공기 속도가 실속속도(최소속도) 이하로 급격히 떨어져 비행고도를 유지할 수 없는 상태를 말한다.
③ 실속 방지대책 - 워시아웃(wash out) : 날개 끝보다 날개 뿌리의 붙임각이 크다. 즉, 날개 끝이 날개 뿌리보다 앞으로 비틀어진 형상
④ 일반적으로 두께가 얇고 캠버가 작은 고속형(초음속) 날개일수록 실속특성이 나쁘다.

▶ 박리 : 날개 위 표면을 따라 흐르는 공기층이 점성 마찰력에 의해 속도가 저하되어 관성력 감소, 뒷전 부분의 높은 압력을 이기지 못하고 흐름의 역류 발생
▶ 실속 : 받음각이 증가할수록 박리점이 뒷전에서 앞쪽으로 이동하여 후류에 들어간 난류의 면적이 넓어지며 특정 받음각 이상에서 양력 계수가 감소하고 항력 계수가 증가하는 현상 발생

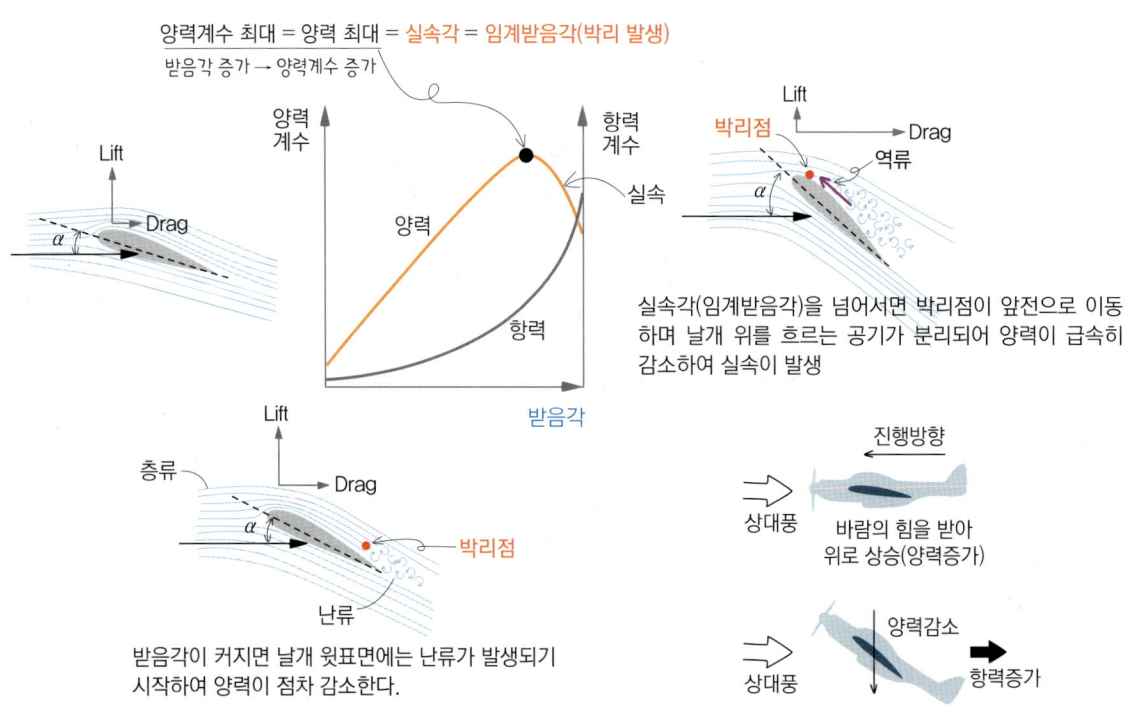

7 하중계수(Load factors, n) = 하중배수

① 등속수평비행을 하고 있는 항공기는 양력과 중력, 추력과 항력이 각각 서로 평형상태이다. 양력이 증가하여 상승비행을 하는 경우에는 항공기는 위쪽으로 가속이 되며 가속도의 크기는 양력에서 비행기 자체중량을 제외한 여분의 양력 곧 잉여추력에 비례한다.

② 하중계수 n은 양력과 무게의 비율로 나타낸다. **수평 비행할 때 n=1**이 되고, 양력의 비율이 n배 증가하면 상승 가속도는 n[g]가 된다.

$$하중계수 \quad n = \frac{양력}{무게}$$

③ 조종사는 비행할 때 허용되는 하중계수 범위 내에서 조작해야 한다.
→ 하중계수를 초과하여 비행하게 되면 항공기의 구조에 과부하가 걸릴 가능성이 있으며, 하중계수가 증가하면 실속에 진입되는 속도 역시 증가되기 때문이다.

▶ **안전계수**
비행기 하중은 기동에 결정적 영향을 초래하며, 과적시 항공기에 무리한 힘을 가하여 위험을 초래할 수 있다. 안전계수는 한계하중에 대한 여유 강도를 말하며, 항공기의 일반적인 구조물의 경우 한계하중의 **1.5배**까지 견디도록 설계한다.

※ 한계하중 : 비행기에 반복적으로 하중이 가해질 때 기체 구조가 영구변형이 일어나지 않는 하중을 말한다.

05 ▸ 프로펠러(propeller)

1 개요

① 프로펠러는 엔진축에 연결되어 전달되는 동력을 이용하여 회전시킴으로써 필요한 추력(Thrust)을 발생시키는 장치로, 회전하는 날개(airfoil)에 해당한다.
② 항공기 날개를 통과하는 공기흐름의 역학적 작용에 의하여 양력을 발생시키는 것처럼 프로펠러도 항공역학적인 힘을 발생시켜 추진력을 얻게 된다.
③ 프로펠러에서 발생하는 항공역학적인 힘(추진력)은 프로펠러 블레이드(blade)의 모양, 프로펠러의 회전수(RPM), 블레이드에서의 받음각(angle of attack)에 따라 다르다.

▶ 선속도 : 원의 시간당 이동거리로 회전하는 원의 접선 속도를 말한다.
원의 선속도 = 각속도(ω)×반지름(r)

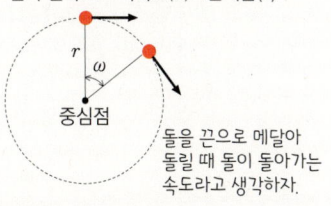

돌을 끈으로 메달아 돌릴 때 돌이 돌아가는 속도라고 생각하자.

2 블레이드(Blade, 프로펠러 깃)

① 프로펠러는 회전운동을 하므로 프로펠러 중심인 허브(Hub)에서 바깥쪽(tip)으로 나갈수록 선속도*가 커지게 된다. 프로펠러에서 얻어지는 추진력의 크기는 속도의 제곱에 비례하므로 프로펠러의 블레이드는 바깥쪽(tip)으로 갈수록 깃각(blade angle)이 작아지게 뒤틀려(twist) 있다.
② 피치(pitch) : 프로펠러 1회전에 얻을 수 있는 전진거리
  • 기하학적 피치 : 프로펠러 1회전 시 이론상으로 움직인 거리
  • 유효피치 : 프로펠러 1회전 시 실제로 움직인 거리
③ 블레이드의 위치(station)는 프로펠러 중심(허브)으로부터 길이(inch)로 표시

▶ 만일 블레이드가 뒤틀려있지 않다면 블레이드팁(tip)쪽에서는 과도한 양력이 발생하고 큰 하중이 걸리게 되어 블레이드가 손상된다.

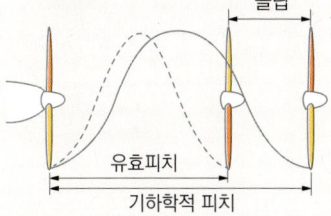

▶ 프로펠러의 회전으로 왼쪽으로 틀어지는 원인
- 엔진과 프로펠러에 대한 토크 반작용
- 코크스크류에 대한 나선형 움직임
- 프로펠러의 회전운동
- 프로펠러의 비대칭 하중(P factor)

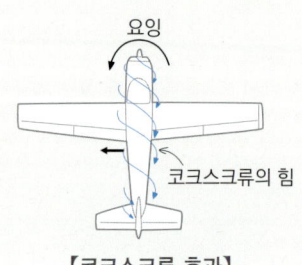
【코크스크류 효과】

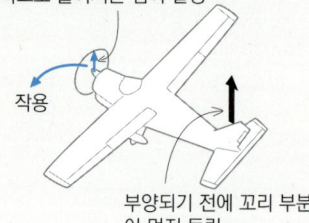
【자이로스코프 효과】

3 토크현상(토크 반작용, torque reaction)

① 뉴턴의 제3법칙인 **작용-반작용** 법칙에 따라 엔진에서 발생한 회전력이 프로펠러(시계방향으로 회전)에 전달되어 회전할 때 프로펠러에 연결된 동체는 반시계방향으로 회전하려는 힘이 발생되는 현상을 말한다.
② 토크현상에 의해 통상 고정익 항공기의 경우 항공기 기수를 왼쪽으로 틀어지게 만든다.

4 코크스크류 효과(Corkscrew effect) ─ 코르크 마개를 뽑는 기구

① 프로펠러의 고속 회전으로 프로펠러를 통과하는 공기흐름은 나선 형태의 회전흐름을 말한다.
② 코크스크류는 프로펠러의 고속 회전과 낮은 비행속도(이륙 또는 받음각이 큰 상태)에서 크게 발생하고, 이 흐름은 항공기의 수직꼬리 왼쪽 표면으로 부딪쳐 흐른다.

5 자이로스코프 효과(Gyroscopic Action)

자이로 운동에 의한 발생하는 세차성에 의해 자이로의 가장자리 부분에 힘이 작용되면 회전방향에 대해 90° 방향으로 힘이 발생한다.

6 비대칭 하중(P-Factor)

① 항공기가 높은 받음각으로 날고 있을 때 아래쪽으로 움직이고 있는 블레이드가 공기와 접촉하는 양은 위쪽으로 움직이고 있는 블레이드의 양보다 더 크다. 그러므로 프로펠러 디스크의 오른쪽에서 발생하는 힘이 왼쪽보다 크게되어 항공기 기수는 왼쪽으로 틀어지게 된다.
② 비대칭 하중(asymmetric loading)이 생기는 것은 위로 향하는 프로펠러의 깃에 작용하는 받음각보다 아래로 향하는 프로펠러 깃의 받음각 크기가 크기 때문이다. 이 비대칭 하중은 회전 중인 프로펠러 깃에 작용하는 받음각의 크기가 달라져 발생된다.
③ 항공기가 높은 받음각 상태로 비행하고 있으면 아래로 움직이는 블레이드는 더 높은 받음각을 가지며, 위쪽으로 움직이는 블레이드보다 더 많은 추력을 생성한다.

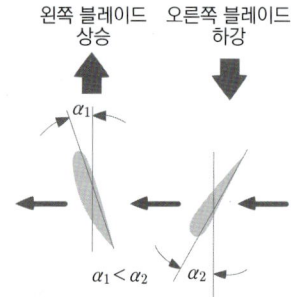
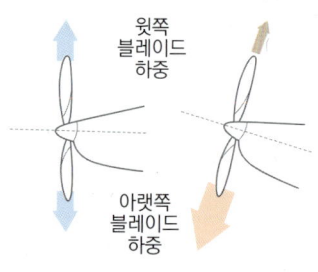
【비대칭 하중】
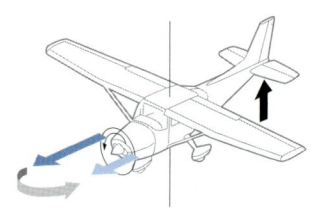

SECTION 02 헬리콥터의 비행원리

Ultra Light Vehicle - Drone Pilot

 Pass Key Point

- 헬리콥터의 양력발생 원리
- 전이성향
- 헬리콥터의 토크와 반토크작용
- 회전익 비행장치의 비행특성
- 지면효과 및 자동회전

01 ▶ 헬리콥터의 공기역학

1 헬리콥터의 양력 발생 개요

고정익 항공기(일반 항공기)는 앞으로 빠르게 전진하면서 날개에 양력을 얻지만, 회전익 항공기는 날개 대신 회전날개(Rotor, 로터)를 빠르게 회전시켜 로터 밑의 공기를 위로 이동시키며 양력을 만든다. 즉, 메인로터는 항공기의 날개와 같은 유선형으로 된 메인로터의 블레이드가 회전하면 동체에 양력이 작용하여 위로 떠오르게 된다.

① 헬리콥터가 부양하기 위해서는 **추력과 양력의 합이 무게와 항력의 합보다 커야 하며**, 상공에서 메인로터(주날개)의 위에서 아래로 흐르는 하강기류(유도기류)가 발생하며, 이 하강기류에 의해 양력이 발생한다.
② 유선형의 블레이드가 빠르게 회전하면 블레이드 아래쪽의 압력이 높아지면서 상대적으로 압력이 낮은 위쪽으로 블레이드를 밀어 올리게 된다.

2 와류

로터 회전 시 회전면 익단(날개의 끝) 부근에 와류(소용돌이)가 형성되며, 양력을 감소시킨다.

① **유도 기류**(induced flow) : 헬리콥터가 지면과 가깝게 제자리 비행을 할 때 지면효과에 의해 로터 회전면을 따라 공기가 위에서 아래로 흐르며, 양력을 감소시킨다.
② **블레이브 팁 와류**(blade tip vortex, 날개 끝단 와류) : 제자리 비행 시 공기가 회전하는 로터 블레이드 팁 주변을 회전하는 소용돌이 현상으로 헬리콥터의 양력이 감소하고 항력이 증가한다.

▶ 헬리콥터의 비행 개념
바람개비가 달린 손잡이를 비벼 하늘로 수평으로 날리면 바람개비는 회전하며 위로 솟구치다가 회전력이 사라지면 땅으로 떨어진다.

▶ 회전축에 가까울수록 회전반경이 작으므로 공기속도가 느리고, 날개 끝으로 갈수록 빠르다 → 양력은 속도^{2}에 비례하므로 양력은 제곱의 차이가 난다.

3 양력의 불균형과 해소

1) 양력의 불균형

헬리콥터가 전진비행 시 전진하는 블레이드(A)는 선속도(팁속도)에 전진 속도를 더한 속도로 회전하며, 후퇴하는 블레이드(B)는 그 반대로 선속도에 전진 속도를 뺀 속도가 되어 **양쪽 블레이드에서 발생하는 양력의 크기가 달라져 로터면이 한쪽으로 들려 좌측으로 쏠리게 된다.** 이러한 경향을 '양력의 불균형'이라 한다.

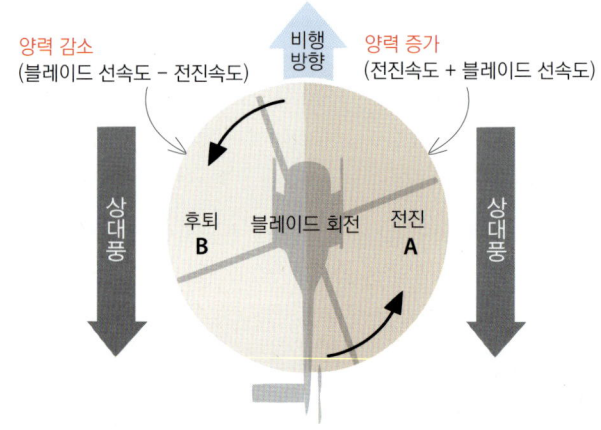

2) 양력의 불균형 해소 - 플래핑(flapping) 로터 블레이드

플래핑 힌지를 사용하여 브레이드가 상하로 움직이게 하여 블레이드의 받음각을 변화시켜 전진 블레이드의 양력은 감소, 후진 블레이드의 양력을 증가시킨다. → 수평축에 대해 블레이드가 주기적으로 상하로 움직임

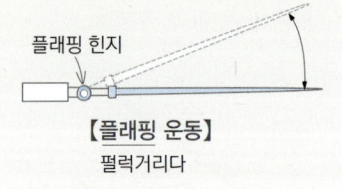

【플래핑 운동】
펄럭거리다

4 페더링과 리드-래깅

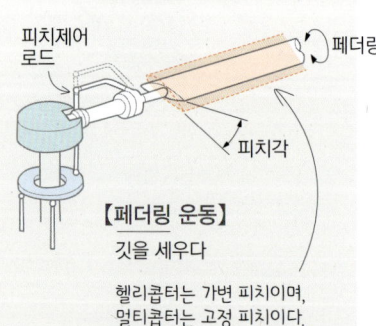

【페더링 운동】
깃을 세우다

헬리콥터는 가변 피치이며, 멀티콥터는 고정 피치이다.

① **페더링**(feathering) : 메인로터의 회전면과 추력 방향을 수직이 되도록 깃 전체의 수평을 조절한다.

② **리드-래깅**(lead-lagging) : 블레이드가 회전하는 데 있어서 전진할 때와 후진할 때, 속도의 영향을 받아 뒤처지거나 앞서 나가는 것을 말한다. 정상 비행 중에는 로터 허브의 기준선에서 10~15°의 뒤처짐이 발생하고 자동회전의 경우에는 기준선보다 앞선다.

5 전이성향   전이(轉移) : '위치가 옮겨진다'는 의미

① 사전적 의미로 운동하는 방향이 바뀌거나 다른 방향으로 옮겨지는 현상을 말한다. 작용-반작용 및 토크-반토크 작용에 의해 헬리콥터가 제자리 비행 시 우측으로 편류하는 현상을 '전이성향'이라고 한다.

② 방지 : 메인로터의 회전면을 좌측으로 기울인다.

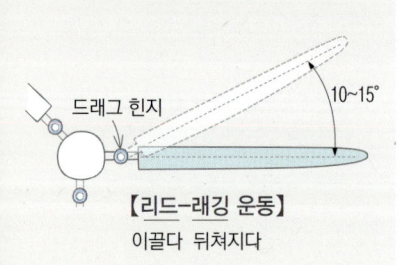

【리드-래깅 운동】
이끌다 뒤처지다

6 헬리콥터의 토크(torque) 작용

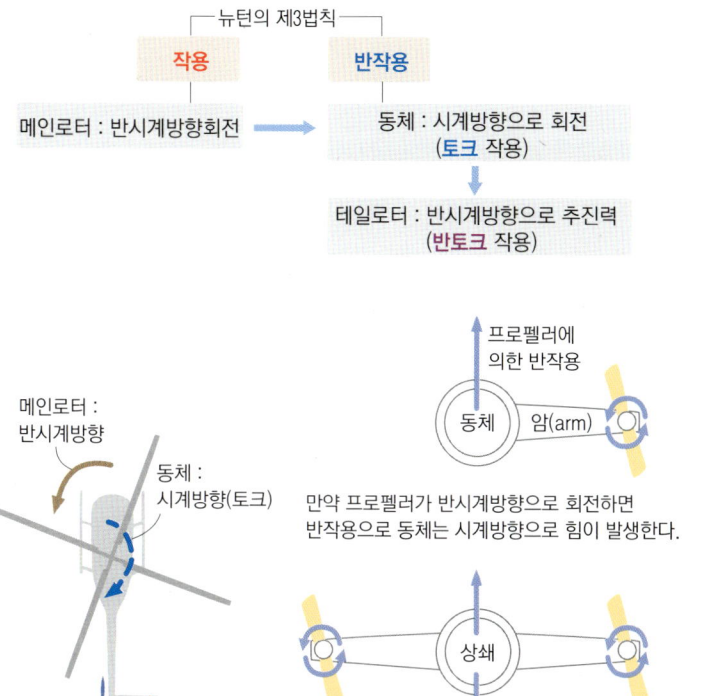

▶ 토크(torque)
어떤 물체가 그 회전축을 중심으로 회전하려는 힘을 말한다.

▶ 꼬리로터의 반토크 작용이 없으면 동체가 시계방향으로 돈다(영화에서 테일로터가 파손될 경우 헬리콥터가 빙글빙글 도는 모습)

02 헬리콥터의 비행 특성

1 제자리 비행(호버링, hovering)

① 일정한 고도와 방향을 유지하면서 공중에 머무는 비행으로 회전면이 지면과 수평을 이룰 때 상층부의 공기를 직하방으로 밀어내면서 부양하는 힘을 얻고 제자리비행(Hovering)이 가능하다.
② 호버링하는 동안 **양력과 추력의 합이 중력과 항력의 합과 같다.**
  → 양력 = 중력, 추력 = 항력 = 0(Zero)
  → 추력은 양력으로 변환되어 주회전 날개 추력의 수직성분이 헬리콥터의 중력과 같다.
③ 제자리비행, 측방·후진비행이 가능하며, 수직 이착륙이 가능하다.
④ 제자리 비행 시 동적불안정*이 있다.

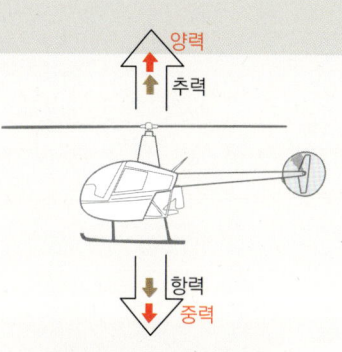

【호버링 시 작용하는 힘】

▶ 동적불안정
평행상태에 있는 물체에 외부의 힘이 가해졌을 때 시간의 경과와 더불어 진동이 감소하지 않고 진폭이 점점 더 커지는 상태

2 상승, 하강, 전진 비행

① 상승비행 : 추력 증가 → 양력과 추력의 합이 항력과 중력의 합보다 커짐
(양력+추력 > 항력+중력) - 피치각을 크게 한다.
② 하강비행 : 추력 감소 → 양력과 추력의 합이 항력과 무게의 합보다 적어짐 (양력+추력 < 항력+중력)
③ 전진비행 : 수직 위쪽방향으로 작용하는 양력과 비행의 방향에서 수평으로 작용하는 추력의 합성으로 전진한다.
④ 횡진비행 : 로터회전면을 기울였을 때 양력과 중력의 크기가 같고 추력이 항력보다 크다면 로터회전면이 기운방향으로 수평횡진비행을 한다.

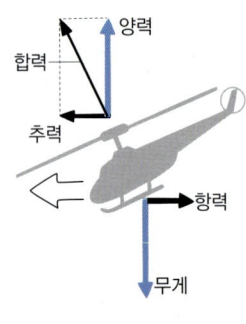
【전진 시 작용하는 힘】

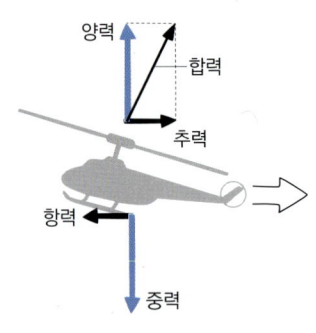
【후진 시 작용하는 힘】

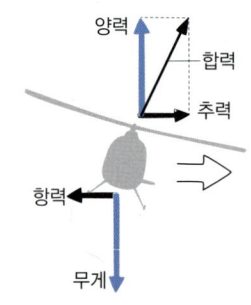
【횡진비행 시 작용하는 힘】

3 최대속도의 제한

▶ 고정익의 경우 최저속도가 제한된다)

회전익 항공기의 추진력은 블레이드의 회전력과 회전면의 경사에 의해 얻을 수 있다. 보다 큰 힘과 추진력을 얻기 위해서는 높은 회전력이 요구되는데, 회전력이 높을수록 고속 전진비행에 따른 양력 불균형 현상이 심화된다. 따라서 최대속도로 비행할 때 회전면은 순항속도의 경우보다 상대적으로 앞으로 많이 기울어진 자세가 되고, 그 이상의 속도에서는 동체의 심한 진동과 함께 자세가 기울어져 정상 비행이 불가능해진다.

4 지면효과(Ground Effect)

① 개요 : 헬리콥터(또는 멀티콥터)가 지면 가까이에서 호버링(제자리 비행) 할 때 공기의 하향흐름이 지면에 부딪치게 되고 헬리콥터와 지면 사이의 공기를 압축하여 공기압력을 높임으로 호버링 위치를 유지시키는데 도움을 주는 쿠션 역할을 한다. 이러한 것을 '지면효과'라고 한다.
② 특징 : 지면효과에 의해 **추력을 절감**(추진력이 증가)할 수 있으며, 하강풍이 지면과의 충돌로 인해 **양력 발생효율이 증대**되며, 호버링을 하는 동안 로터, 프로펠러, 직경높이까지 효력을 발생한다.
③ 장애물이 없는 지면(콘크리트, 아스팔트 등)에서 지면효과가 크고, 수면이나 수목 상공 등에서는 하강기류를 흡수하여 지면효과가 감소한다.

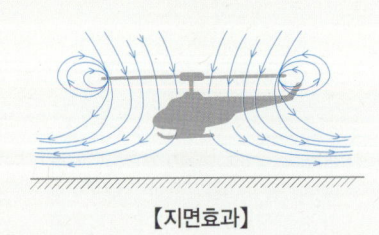
【지면효과】

5 후류

① 로터에 의해 발생하는 교란된 공기흐름을 말한다. 이 교란된 공기는 기체를 뒤로 끌어 전진을 막고, 급상승 구간에서 그 바람 속으로 드론의 로터를 빨아들여 기체를 심하게 흔들거나 전복의 원인이 되기도 한다.
② 후류의 영향 : 동체가 흔들리고, 심하면 추락·전복의 위험이 있다.

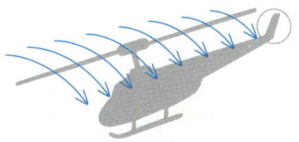

[동력비행시]
공기가 위쪽에서 메인로터에 말려들어 아래로 배출

6 자동회전(Autorotation, 오토 로테이션)

① 개요 : 고정익이 동력없이 활공하는 것과 같이 헬리콥터도 로터에 동력 전달이 없어도 로터가 자동회전하면서 강하비행을 하게 된다.
② 자동회전 시 현상 : 공기흐름은 더 이상 하향흐름하지 않고 오히려 메인로터를 통하여 상향하며, 이러한 상향 공기흐름은 메인로터가 정상작동할 때와 같은 방향으로 회전시키는 효과가 있다. 따라서 메인로터의 자동회전에 의해 양력이 발생되며, 이로 인해 하강 시 안전하게 착륙을 할 수 있도록 조종이 가능해진다.

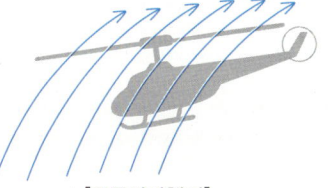

[무동력비행시]
공기가 아랫쪽에서 메인로터쪽으로 이동하며 일종의 풍차 역할을 함

회전익 (무인)항공기의 비행 특성
- 제자리비행, 측방·후진비행이 가능하다.
- 배면비행은 불가능하다.
- 수직 이·착륙이 가능하다.
- 최대속도가 제한된다.
- 동적불안정이다.
- 저고도에서 지면효과가 발생한다.

헬리콥터와 멀티콥터의 차이점
- 양력발생의 원리 – 변동피치와 고정피치의 차이

헬리콥터	운용 RPM 속에서 날개 피치각을 조정하여 양력을 발생시키게 되며 이를 변동피치라고 한다.
멀티콥터	고정된 날개의 피치각에 모터의 회전수에 의한 양력 발생 크기를 조절하는데 이를 고정피치라고 한다.

- 토크의 상쇄

헬리콥터	싱글로터를 사용하므로 로터가 회전하면 그 반작용으로 기체와 로터가 반대방향으로 돌려고 하는 힘(토크)이 발생한다. 이를 상쇄시켜주기 위하여 꼬리부분의 테일로터가 토크 역방향으로 힘을 가해 기체의 회전을 막아준다.
멀티콥터	반대편의 로터가 역방향으로 회전시킴으로써 토크를 상쇄시켜준다.

SECTION 03 항공기의 안정성

Ultra Light Vehicle - Drone Pilot

Pass Key Point
- 피칭·롤링·요잉
- 무게중심, 공력중심, 압력중심
- 모멘트와 평형상태
- 조종성과 안정성
- 세로안정성 – 피칭
- 가로안정성 – 롤링
- 방향안정성 – 요잉

01 비행기 운동의 기준축

항공기는 3차원 운동을 하므로 3개 축의 무게중심을 기준으로 서로 교차되어 있다.

▶ 3축은 항공기 앞·뒤를 연결하는 세로축, 날개 끝을 연결하는 가로축, 그리고 그 선들과 수직으로 이루어진 수직축으로 되어 있으며 3축은 서로 90도의 각으로 교차하여 무게중심을 통과한다.

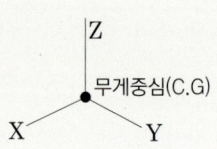

구분	운동	설명
가로축 (Y축)	피칭 (pitching)	고정익의 경우 : 승강키에 의한 날개 길이방향을 축으로 회전운동
세로축 (X축)	롤링 (rolling)	고정익의 경우 : 도움날개(에일러론)를 조작하여 항공기 길이방향을 축으로 회전운동
수직축 (Z축)	요잉 (yawing)	고정익의 경우 : 방향키를 조작하여 비행기를 좌우로 회전운동

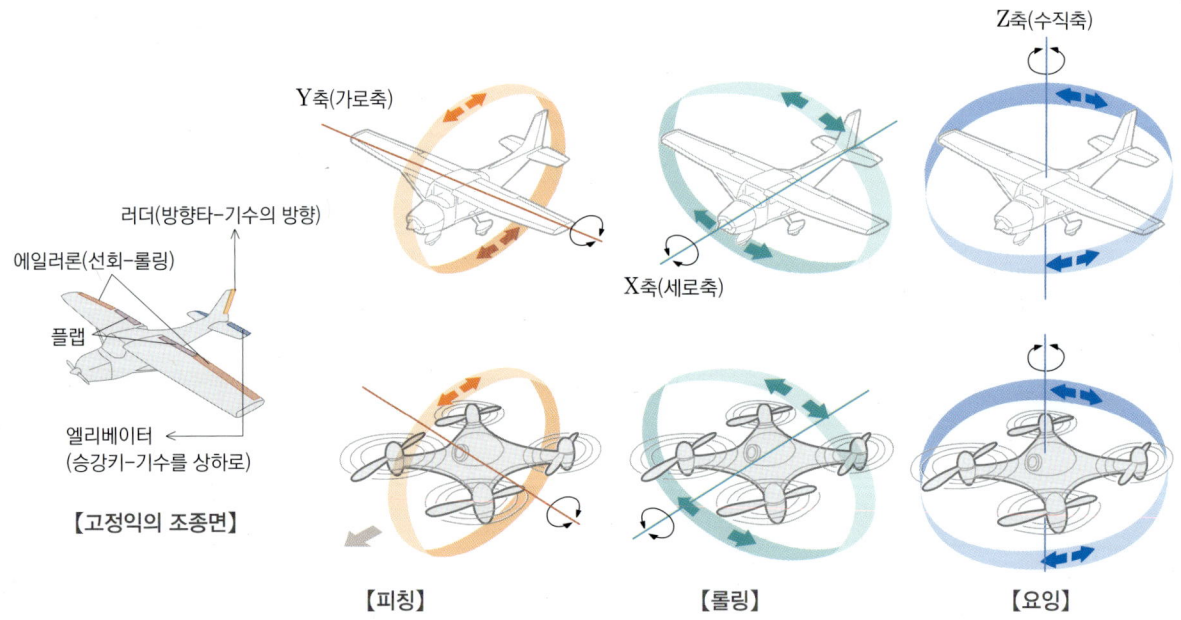

【고정익의 조종면】 【피칭】 【롤링】 【요잉】

02 평형과 안정성

1 모멘트(Moment)

항공기의 운동은 무게중심을 기준으로 이루어진다. 모멘트는 회전하는 물체에 수직으로 작용하는 힘의 크기와 회전 중심에서 힘의 작용점까지의 거리를 곱한 물리량이다.

> 모멘트 $M = F(W) \times R$
>
> 여기서, F : 힘(무게) R : 거리(중심점에서 힘이 작용하는 지점까지의 거리)

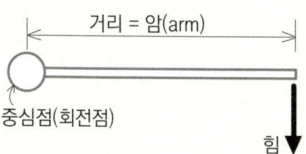

2 평형상태와 무게중심

① 평형상태 : 비행 중 비행기에 작용하는 모든 힘과 무게중심에 대한 모멘트의 합이 각각 '0'인 경우를 말한다.

② **무게중심**(CG, Center of Gravity)
  - 항공기의 무게중심은 3축이 만나는 점에서 균형을 이루는 지점이다.
  - 무게중심은 하중의 변화에 따라 이동한다.
  - 무게중심은 항공기의 각 부분에 작용하는 모멘트의 합을 각 부분의 무게의 합으로 나누어 구할 수 있다.

> 무게중심 $C.G = \dfrac{\text{모멘트의 합}}{\text{무게의 합}}$

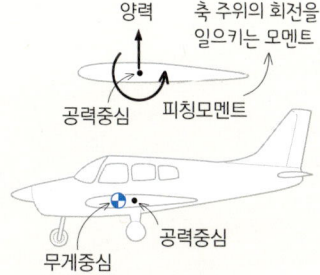

③ 공기력 중심(AC, Aerodynamic Center, 공력중심)
  - 받음각이 변하더라도 피칭모멘트의 값이 변하지 않는 지점이다.
  - 일반적으로 세로 안정성을 위해 A.C는 C.G보다 조금 앞에 위치한다.

④ 압력 중심(CP, Center of Pressure, 풍압중심)
  - 에어포일 표면에 분포된 압력이 어느 한 점에 집중적으로 작용한다고 가정할 때 앞전에서 이 힘의 작용점까지의 거리를 말한다.
  - 압력중심의 위치는 받음각에 의해 변한다.
  - 받음각을 크게 하면 날개 앞전쪽으로 이동한다.
  - 일반적으로 세로 안정성을 위해 C.P는 C.G보다 앞에 위치한다.

3 조종성과 안정성

조종성과 안정성은 서로 반대되는 성질이 있다.
① 조종성 : 조종자에 의해 쉽게 조작되어지는 성향
② 안정성 : 돌풍 등으로 인한 교란으로부터 원래 비행자세로 복귀하려는 성향

▶ note : 불안정성
안정성이란 어떤 교란으로 인해 무게중심에 대한 힘과 모멘트가 0에서 벗어나 평형이 깨져 비행자세가 변경되었을 때 항공기가 스스로 다시 평형이 되는 방향으로 운동이 일어나는 경향성을 말한다. 그러나 원래의 평형상태에서 더 벗어난 상태로 가면 불안정하다고 한다.

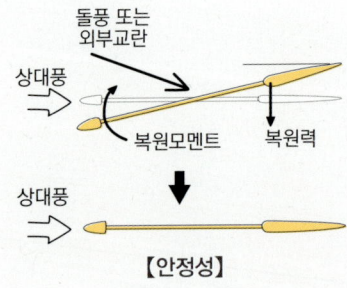

【안정성】

4 안정성의 구분

① 정적 안정성(static stability) : 평형상태를 벗어나 교란된 후 다시 원래의 평형상태로 복귀하려는 움직임의 경향을 말한다.
② 동적 안정성(dynamic stability) : 교란된 상태에서 평형상태로 복귀하는 과정에서 시간이 경과함에 따라 발생되는 진동 폭이 감속되어 평형을 되찾는 경향을 말한다.

5 3축에 대한 안전성

구분	설명

세로 안정성
(longitudinal stability)
	• 항공기의 가로축에 작용하는 안정을 말하며, '피칭 안정성'이라고도 한다.
	• 항공기가 상대풍에 대하여 일정한 받음각을 유지하려는 경향(기수의 급상승/급하강 및 실속하려는 경향이 없는 상태)
	• 세로안정성 향상
	  - 수평꼬리날개의 면적을 크게 한다.
	  - 무게중심(C.G)을 날개압력중심(양력중심, C.L)보다 앞에 둔다.
	  - 날개무게 중심점에서 꼬리날개 압력중심점과의 거리를 멀게 한다.

가로 안정성 (Lateral stability)	• 세로축을 중심으로 한 좌우 안정을 말하며, 롤(roll) 안정성이라고 한다. • 롤링에 대해 원래 자세로 되돌아가려는 경향이 있다. • 가로 안정성 증대 : 주익의 상반각 등이 적용
방향 안정성 (Directional Stability)	• 수직축에 대한 좌우 안정성을 말하며, 요잉 또는 빗놀이 안정성이라고도 한다. • 항공기 기수가 진행방향에서 갑자기 좌우로 틀어졌을 때 수직 꼬리날개(수직 안정판)가 발생시키는 복원력이다. • 방향안정성 향상 : 긴 동체, 수직꼬리날개

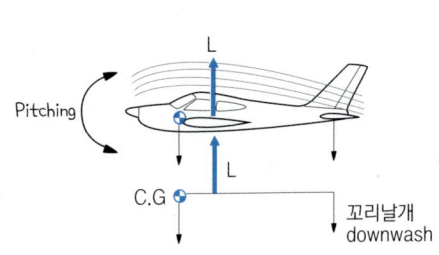

【세로 안정성】

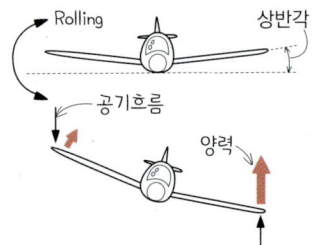

상승쪽은 날개 위쪽의 공기로 인해 양력이 감소하고, 하강쪽은 양력이 증가하면서 원래상태로 복원하려는 경향

【가로 안정성】

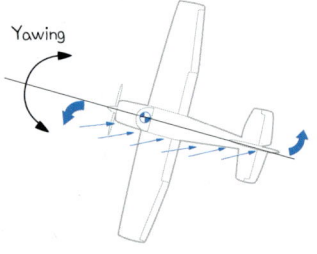

돌풍 등의 교란에 의해 옆 미끄럼이 증가할 때 이 미끄럼을 감소시키려는 방향으로 복원하려는 경향

【방향 안정성】

제 2 장 | 항공역학
출제예상문제

1 비행이론의 기초

01 벡터에 해당하지 않는 것은?

① 속도　　　② 중량
③ 질량　　　④ 양력

- 스칼라 : 크기만을 나타내는 물리량
  (길이, 질량, 시간, 밀도, 속력, 온도, 면적 등)
- 벡터 : 크기와 방향을 동시에 나타내는 물리량
  (변위, 속도, 가속도, 힘, 중량, 양력, 항력 등)

02 다음 물리량 중 벡터에 해당하는 요소로만 묶은 것은?

| ㉠ 속도 | ㉡ 가속도 | ㉢ 시간 |
| ㉣ 속력 | ㉤ 밀도 | ㉥ 양력 |

① ㉠, ㉡, ㉢
② ㉠, ㉡, ㉥
③ ㉡, ㉢, ㉤
④ ㉠, ㉡, ㉣

03 다음 중 벡터 및 스칼라와 관련이 없는 요소는?

① 힘　　　② 소리
③ 밀도　　④ 중량

04 기체의 외부에 작용하는 힘이 아닌것은?

① 양력　　② 무게
③ 추력　　④ 압축력

05 항공기 또는 비행장치에 작용하는 4가지 힘으로 맞는 것은?

① 양력, 중력, 동력, 마찰
② 양력, 무게, 속도, 항력
③ 양력, 마찰, 추력, 항력
④ 양력, 무게, 항력, 추력

비행체에 작용하는 힘
양력, 중력(무게), 추력(추진력), 항력(저항력)

06 다음 중 무인비행체에 작용하는 힘이 아닌 것은?

① 동력　　② 항력
③ 양력　　④ 무게

07 항공기에 작용하는 힘에 대한 설명 중 틀린 것은?

① 양력의 크기는 속도의 제곱에 비례한다.
② 항력은 비행기의 받음각에 따라 변한다.
③ 추력은 비행기의 받음각에 따라 변하지 않는다.
④ 중력은 속도에 비례한다.

중력은 속도에 반비례한다.

08 무인회전익 비행체의 제자리 비행 시 기체에 발생되는 힘의 관계로 올바른 것은?

① 양력 = 항력
② 양력 = 무게
③ 추력 = 항력
④ 양력 > 항력

정답 | **1** 01 ③　02 ②　03 ②　04 ④　05 ④　06 ①　07 ④　08 ②

09 항공기가 일정고도에서 등속수평비행 할 때의 조건으로 맞는 것은?

① 양력 = 항력, 추력 = 중력
② 양력 = 중력, 추력 = 항력
③ 양력 > 중력, 추력 = 중력
④ 양력 = 추력, 추력 > 중력

- 상승비행 : 양력 > 중력
- 하강비행 : 양력 < 중력
- 가속비행 : 추력 > 항력
- 감속비행 : 추력 < 항력
- 수평비행 : 양력 = 중력
- 등속비행 : 추력 = 항력

10 비행 중인 비행기의 항력이 추력보다 크게 되면 나타나는 현상은?

① 가속 전진한다.
② 상승비행을 한다.
③ 등속으로 비행한다.
④ 감속 전진비행을 한다.

항력이 추력보다 크면 감속 전진, 추력이 항력보다 크면 가속 전진비행을 한다.

11 항공기에 작용하는 4가지 요소를 설명한 것으로 틀린 것은?

① 양력이란 에어포일을 따라 흐르는 공기가 속도와 압력의 관계에 의해 항공기가 떠오르는 힘이다.
② 항력이란 에어포일이 상대풍과 같은 방향으로 작용하는 힘을 말하며, 항공기 전진방향으로 작용한다.
③ 추력이란 프로펠러 또는 제트엔진 등에 의해 발생되어 앞으로 전진하는 힘을 말한다.
④ 중력이란 항공기의 무게를 말하며, 양력의 반대방향으로 작용한다.

항력은 에어포일이 상대풍과 반대 방향으로 작용하는 힘을 말하며, 항공기 전진방향과 반대방향으로 작용한다.

12 항공기에 작용하는 힘에 대한 설명으로 틀린 것은?

① 중력은 속도에 비례한다.
② 양력의 크기는 속도의 제곱에 비례한다.
③ 추력은 비행기의 받음각에 따라 변하지 않는다.
④ 항력은 비행기의 받음각에 따라 변한다.

① 중력과 속도는 무관하다.
② 양력 공식에 의해 양력의 크기는 속도의 제곱에 비례한다.
③ 추력은 모터나 엔진 출력에 의해 결정되며, 받음각과는 직접적인 관련이 없다.
④ 받음각이 커지면 형상항력이나 유도항력이 커지므로 옳은 표현이다.

13 유관을 통과하는 이상유체의 유입량과 유출량은 항상 일정하다는 것과 관련된 법칙은?

① 가속도의 법칙
② 관성의 법칙
③ 연속의 법칙
④ 베르누이의 법칙

- 연속의 법칙 : 유관 내에 유체가 흐를 때 질량보존의 법칙에 의해 단위시간당 유입되는 유체의 질량은 단위시간당 유출되는 유체의 질량과 같아야 한다. 여기서의 질량은 유량에 비례한다.
- 베르누이의 법칙 : 유체의 흐름은 에너지 보존법칙을 적용한 것으로, 유입되거나 유출되는 유체의 '운동에너지+속도에너지+위치에너지의 합은 일정하다'는 법칙이다. 즉 유속의 변화에 따른 속도와 압력의 관계를 나타낸다.

14 베르누이 정리에 대한 설명으로 옳은 것은?

① 전압과 동압의 합은 일정하다.
② 전압과 정압의 합은 일정하다.
③ 동압과 정압의 차는 일정하다.
④ 동압과 정압의 합은 일정하다.

베르누이 정리 : 동압 + 정압 = 전압 = 일정

15 다음 중 베르누이의 정리의 조건으로 옳은 것은?

① 점성 및 압축성 유동
② 비점성 및 압축성 유동
③ 점성 및 비압축성 유동
④ 비점성 및 비압축성 유동

정답 | 09 ② 10 ④ 11 ② 12 ① 13 ③ 14 ④ 15 ④

16 모든 방향에 관계없이 압력이 일정하게 작용하는 것은?

① 동압
② 정압
③ 전압
④ 풍압

17 베르누이 법칙에서 유체의 대한 설명 중 틀린 것은?

① 속도가 빨라지면 정압이 감소한다.
② 동압이 커지면 정압이 감소한다.
③ 동압과 정압의 합은 일정하다.
④ 동압이 커지면 전압이 감소한다.

전압 $= P + \frac{1}{2}\rho V^2 =$ 일정
- P : 정압
- $\frac{1}{2}\rho V^2$: 동압
- ρ : 밀도
- V : 속도

전압(= 동압+정압)이 일정하기 위해 동압과 정압은 반비례 관계이다.

18 베르누이 법칙에 대한 설명 중 맞는 것은?

① 정압은 속도의 제곱에 비례한다.
② 정압은 힘을 받는 면적에 비례한다.
③ 동압은 속도의 제곱에 비례한다.
④ 동압은 밀도에 반비례한다.

19 정지된 유체 속에 잠겨있는 어느 한 점에 작용하는 압력에 대한 설명으로 가장 옳은 것은?

① 위쪽에서 작용하는 압력이 가장 크다.
② 압력은 작용방향에 관계없이 일정하다
③ 좌우에 작용하는 압력을 유체의 동압이라 한다.
④ 아래쪽에서 작용하는 압력을 유체의 정압이라 한다.

지문은 정압에 대한 설명으로, 정압은 방향에 관계없이 일정하다.

20 다음 중 피토관을 이용한 속도계의 원리로 옳은 것은?

① 속도 = (정압 − 동압)×정압
② 속도 = (정압 + 동압) − 정압
③ 속도 = 전압 − 동압
④ 속도 = (동압×정압) − 전압

피토관은 비행방향의 압력(전압)과 비행방향과 수직인 지점에서 측정한 압력(정압) 간의 차, 동압을 통해 비행속도(유속)를 측정한다. 즉, 속도(동압) = 전압−정압 = (정압 + 동압)−정압이다.

21 베르누이 정리에서 유체의 속도와 압력과의 관계는?

① 유체의 속도가 빨라지면 정압이 감소한다.
② 유체의 속도가 빨라지면 정압이 증가한다.
③ 유체의 속도가 빨라지면 동압이 감소한다.
④ 유체의 속도가 빨라지면 전압이 감소한다.

22 다음 중 날개 상·하부를 흐르는 공기의 압력차에 의해 발생하는 양력과 가장 밀접한 원리는?

① 가속도의 법칙
② 관성의 법칙
③ 베르누이의 정리
④ 작용–반작용의 법칙

베르누이의 정리에 의해 날개 위에는 속도가 증가하여 압력이 낮아지고, 날개 아래에는 속도가 감소하여 압력이 증가하므로 압력은 위로 작용하여 양력이 발생된다.

23 다음 중 유체 속도에 대한 설명으로 올바른 것은?

① 유체 압력는 정압에 비례한다.
② 정압은 속도에 비례한다.
③ 유체 속도가 빨라지면 압력은 낮아진다.
④ 유체 속도는 압력과 무관하다.

베르누이의 정리에 의하면 정압(압력)과 동압(밀도와 속도)의 합은 일정하므로 압력과 속도는 반비례 관계이다.

정답 | 16 ② 17 ④ 18 ③ 19 ② 20 ② 21 ① 22 ③ 23 ③

24 다음 중 베르누이 정리에 관련된 양력발생 원리에 대한 설명 중 **틀린** 것은?

① 날개의 전연(leading edge)에서 분리된 공기는 후연(trailing edge)에서 다시 만난다.
② 모든 물체는 공기의 압력이 낮은 곳에서 높은 곳으로 이동한다.
③ 날개의 하부는 이동거리가 짧으므로 속도가 감소하고, 정압은 증가, 동압은 감소한다.
④ 날개의 상부는 이동거리가 길으므로 속도가 증가하고, 정압은 감소, 동압은 증가한다.

> 압력은 높은 곳에서 낮은 곳으로 작용하므로 날개 위로 작용한다.

25 날개에 양력이 발생하는 이유를 설명한 것으로 옳은 것은?

① 날개 앞전이 원 모양을 갖고 있기 때문이다.
② 날개 윗면과 아랫면의 압력이 같기 때문이다.
③ 날개 앞전의 속도가 뒷전보다 빠르기 때문이다.
④ 날개 윗면에서는 유속이 빠르고 아랫면에서는 유속이 느리기 때문이다.

> 날개의 양력은 날개 윗면에서는 유속이 빨라 압력이 낮고, 아랫면에서는 유속이 느려 압력이 높기 때문에 발생한다.

26 다음 중 유도기류의 설명 중 맞는 것은?

① 취부각이 '0'일 때 에어포일을 지나는 기류는 상, 하로 흐른다.
② 취부각의 증가로 받음각이 증가하면 공기는 위로 가속하게 된다.
③ 유도기류 속도는 취부각이 증가하면 감소한다.
④ 공기가 로터 블레이드의 움직임에 의해 변화된 하강기류를 말한다.

> 유도기류는 날개를 통과하는 하강기류로 ① 취부각이 '0'일 때 에어포일을 지나는 기류는 평행하게 흐르지만, ② 취부각이 증가하면 받음각이 증가되어 공기는 아래로 가속하게 되며, ③ 유도기류 속도는 증가한다.

27 항공기 날개에 작용하는 양력 발생에 대한 설명으로 옳은 것은?

① 밀도에 반비례한다.
② 날개의 면적에 반비례한다.
③ 속도의 제곱에 비례한다.
④ 양력계수에 반비례한다.

28 양력의 성질에 대한 설명 중 맞는 것은?

① 공기밀도, 양력계수, 날개의 면적에 반비례한다.
② 양력은 합력 상대풍에 수직으로 작용하는 항공역학적인 힘이다.
③ 양력의 양은 조종에 따라 모두 변경할 수 있다.
④ 속도의 제곱에 반비례한다.

> 항력 $L = C_L \frac{1}{2} \rho V^2 S$
> - C_L : 양력계수
> - ρ : 밀도
> - V : 속도
> - S : 날개면적
>
> ① 공기밀도, 양력계수, 날개의 면적에 비례한다.
> ③ 속도를 제외한 나머지 요소는 조종사의 제어대상이 아니다.
> ④ 속도의 제곱에 비례한다.

29 비행기의 비행 중 속도가 2배로 증가하면 다른 모든 조건이 같을 때 양력과 항력은 어떻게 달라지는가?

① 양력과 항력 모두 2배로 증가한다.
② 양력와 항력 모두 4배로 증가한다.
③ 양력은 2배로 증가하고 항력은 1/2로 감소한다.
④ 양력은 4배로 증가하고 항력은 1/4로 감소한다.

> - 양력 $L = C_L \frac{1}{2} \rho V^2 S$
> - 항력 $L = C_L \frac{1}{2} \rho V^2 S$
>
> - C_L : 양력계수
> - C_D : 항력계수
> - ρ : 밀도
> - V : 속도
> - S : 날개면적
>
> 양력, 항력 모두 속도의 제곱에 비례하므로 4배로 증가한다.

30 날개에 작용하는 요소 중 항력에 가장 큰 영향을 주는 것은?

① 공기 밀도
② 날개 면적
③ 날개시위 길이
④ 비행 속도

정답 | 24 ② 25 ④ 26 ④ 27 ③ 28 ② 29 ② 30 ④

31 항력(Drag)에 대한 설명으로 올바르지 않은 것은?

① 유해항력은 항공기 속도가 증가할수록 증가한다.
② 유도항력은 항공기 속도가 증가할수록 증가한다.
③ 전체 항력이 최소일 때의 속도로 비행하면 항공기는 가장 멀리 날아갈 수 있다.
④ 받음각(AOA)이 증가하면 유도항력도 증가한다.

> 유도항력은 양력발생 시 발생하는 항력으로, 속도가 감소할 경우 많은 양력계수가 필요하고 이와 반대로 속도가 증가할 경우 많은 양력계수가 필요하지 않으므로 항력이 감소한다.
> 즉, 유도항력은 속도의 제곱에 반비례한다.
> ※ 유해항력의 경우 속도 증가에 따라 증가한다.

32 항력에 관한 설명으로 가장 관계가 먼 것은?

① 압력항력과 점성항력을 합쳐서 형상항력이라 한다.
② 양력에 관계하지 않고 비행을 방해하는 모든 항력을 유해항력이라 한다.
③ 형상항력은 물체의 모양에 따라 달라진다.
④ 유해항력이 클수록 비행기의 성능이 좋아진다.

33 다음 항력 중 날개 끝에 발생하는 와류로 인하여 발생하는 항력은?

① 마찰항력
② 유도항력
③ 압력항력
④ 조파항력

34 다음 중 유해항력에 해당하지 않는 것은?

① 압력항력
② 마찰항력
③ 유도항력
④ 형상항력

> 항력 중 유도항력을 제외한 항력은 유해항력에 해당한다.

35 비행기에서 양력에 관계하지 않고 유도항력을 제외한 비행을 방해하는 모든 항력을 통틀어 무엇이라 하는가?

① 압력항력
② 점성항력
③ 형상항력
④ 유해항력

36 유도항력에 대한 설명으로 틀린 것은?

① 속도가 증가하면 유도항력은 줄어든다.
② 양력이 발생하는 과정에서 유도되어 나오는 항력이다.
③ 날개끝 와류(wing tip vortex)에 의해 공기가 날개 뒤쪽에는 아래로 발생하는 내리흐름(down wash)으로 인해 발생된다.
④ 프로펠러 아래 하향기류와 공기속도를 저해하는 것이다.

37 다음 중 무인비행장치에 작용하는 힘에 대한 설명으로 틀린 것은?

① 중력은 속도에 비례한다.
② 양력의 크기는 속도의 제곱에 비례한다.
③ 항력은 비행기의 받음각에 따라 변한다.
④ 추력은 비행기의 받음각에 따라 변하지 않는다.

> 중력은 양력과 관계가 있으며, 속도와는 무관하다.
> ② 양력 $= \frac{1}{2}\rho v^2 S C_L$, 항력 $= \frac{1}{2}\rho v^2 S C_D$
> (ρ: 밀도, v: 속도, S: 날개면적, C_L: 양력계수, C_D: 항력계수)
> ③ 항력계수는 받음각에 따라 변하므로 항력도 변한다.

38 다음 중 회전익 비행장치의 속도가 증가하면서 감소하는 항력은?

① 유도항력
② 형상항력
③ 유해항력
④ 총 항력

> 회전익 비행장치가 양력을 발생함으로써 나타나는 유도기류에 의한 항력을 유도항력이라고 한다. 따라서 속도가 증가하면 유도항력은 점점 감소한다.

정답 | 31 ② 32 ④ 33 ② 34 ③ 35 ④ 36 ④ 37 ① 38 ①

39 날개의 에어포일에 흐르는 공기는 압력 차이에 의해 발생하는 공기흐름에 따라 양력성분이 날개 뒷부분으로 기울어지는데, 이때 뒤로 기울어진 양력의 수평성분 항력은?

① 유도항력　② 형상항력
③ 유해항력　④ 마찰항력

40 다음 중 프로펠러의 표면마찰에 의해 발생하는 마찰성 저항이 항력으로 작용하는 것은?

① 유해항력
② 전 항력
③ 형상항력
④ 유도항력

- 유도항력 : 양력에 의해 날개 끝에서 아래로 향하는 내리흐름에 의해 발생되는 항력
- 유해항력 : 양력 발생에 관계없이 비행을 방해하는 모든 항력(형상항력, 조파항력, 간섭항력)
- 형상항력 : 유체의 점성으로 인해 발생되는 마찰항력과 비행체의 단면형상에 의해 발생되는 압력항력

41 다음 설명 중 마찰항력에 관계가 깊은 것은?

① 공기의 점성으로 기체에 가까운 공기는 기체에 붙어서 간다.
② 날개 위와 날개 아래의 압력차에 의해 날개끝 소용돌이에 의해 발생한다.
③ 비행체의 단면형상에 의해 발생한다.
④ 받음각을 높일 경우 소용돌이가 발생한다.

마찰항력은 기체나 날개 가까이의 공기 점성으로 인한 마찰로 발생하는 항력이다.

42 다음 중 항공기의 형체나 표면 마찰, 크기, 설계 등 외부부품에 의해 발생하는 항력은?

① 마찰항력
② 형상항력
③ 유도항력
④ 유해항력

43 항력과 속도에 대한 설명으로 맞는 것은?

① 유도항력은 저속에서 가장 작고, 속도가 증가할수록 점차 증가한다.
② 블레이드 면적의 제곱에 비례한다.
③ 항력은 속도의 제곱에 비례한다.
④ 항력은 유도항력, 형상항력, 유해항력 등이 있다.

44 다음 중 동일한 추력을 낸다고 가정할 때 비행성능에 영향을 미치는 요소 중 가장 거리가 먼 것은?

① 비행 고도
② 날개의 단면적
③ 항공기의 엔진 종류
④ 항공기 중량

45 다음 중 날개에 작용하는 박리현상에 대한 설명으로 틀린 것은?

① 공기의 흐름이 날개 표면에서 떨어져 나가는 현상이다.
② 박리가 일어나면 양력과 항력이 급격히 증가한다.
③ 실속(stall)을 일으키는 원인이다.
④ 유체가 떨어져 나가는 지점을 박리점이라고 한다.

박리는 공기(유체)의 흐름이 날개 표면에서 떨어져 나가는 것을 말하며, 실속을 유발하여 양력은 감소하고 항력이 증가한다.

46 날개골 윗면에서 흐름의 떨어짐이 발생할 때 나타나는 현상으로 옳은 것은?

① 항력이 증가한다.
② 양력이 증가한다.
③ 비행속도가 증가한다.
④ 유체입자의 운동에너지가 증가한다.

정답 | 39 ① 40 ③ 41 ① 42 ④ 43 ③ 44 ③ 45 ② 46 ①

47 날개의 양력은 받음각이 커지면서 함께 증가하는데, 임계점에 이르면 양력이 급격히 감소하게 되는 받음각을 무엇이라 하는가?

① 쳐든각   ② 실속각
③ 영각   ④ 박리각

> 실속각은 받음각이 점차 커져 박리점이 앞전으로 이동하며 실속을 일으킨다.

48 실속(stall)에 대한 설명으로 올바르지 않은 것은?

① 항공기가 그 고도를 더 이상 유지할 수 없는 상태를 말한다.
② 양력계수가 급격히 증가할 때 일어난다.
③ 날개에서 공기 흐름의 떨어짐 현상이 생겼을 때 일어난다.
④ 받음각(AOA)이 실속각보다 클 때 일어난다.

> 실속의 발생 : 날개의 받음각(AOA)이 증가하면 양력계수 증가하다가 실속각 이상으로 커지면 날개 윗면에 공기흐름이 날개 표면으로부터 박리(이탈, 떨어짐)되어 오히려 양력계수가 급격히 감소하고 항력계수가 급격히 증가하는 현상으로 실속속도 이하로 속도가 감소한다.

49 층류와 난류에 대한 설명으로 틀린 것은?

① 난류는 층류에 비해 마찰력이 크다.
② 층류에서 난류로 변하는 현상을 천이라고 한다.
③ 층류는 유체의 흐름이 불규칙적이다.
④ 난류에서는 공기분자 사이의 충돌저항으로 인해 유속이 떨어진다.

> 층류는 유체가 흐름이 거의 직선에 가깝게 규칙적이며, 난류는 마찰로 인해 불규칙적이다.

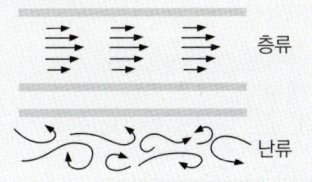

50 항공기 날개를 워시 아웃(wash out)한 이유는 무엇인가?

① 익단 실속을 방지하기 위해
② 양력을 증가시키기 위해
③ 날개 접합부 실속을 방지하기 위해
④ 익단 실속이 빨리 일어나기 위해

> 항공기를 측면에서 바라보았을 때 날개 끝이 뿌리보다 앞으로 숙인 것처럼 비틀어진 형상을 갖는 것을 워시 아웃(wash out)이라 하며, 이는 날개 끝이 뿌리 보다 늦게 실속에 들어가게 해줌으로써 익단 실속을 방지하기 위한 것이다.

51 다음 중 상대풍(relative airflow)과 시위선(chord line)이 이루는 각의 명칭은?

① 상반각
② 시위(chord)
③ 받음각(angle of attack)
④ 붙임각

> • 상반각 : 수평면과 날개의 시위선 각도
> • 붙임각 : 기체의 세로축과 시위선 각도

52 날개골(airfoil)의 모양을 결정하는 요소가 아닌 것은?

① 두께   ② 캠버
③ 받음각   ④ 시위선

> 날개골(에어포일)의 모양을 결정하는 요소 : 시위선, 두께, 캠버, 평균캠버선, 앞전원

53 날개의 공력특성을 좌우하는 날개골(airfoil) 모양의 주된 요소가 아닌 것은?

① 앞전 반지름   ② 날개골의 두께
③ 캠버의 크기   ④ 가로세로비

> 가로세로비(aspect ratio, 종횡비)는 날개의 가로길이와 세로길이의 비를 나타낸 것이다.

정답 | 47 ② 48 ② 49 ③ 50 ① 51 ③ 52 ③ 53 ④

54 영각(받음각)에 대한 설명 중 틀린 것은?

① 에어포일의 익현선과 합력 상대풍의 사잇각이다.
② 취부각(붙임각)의 변화 없이도 변화할 수 있다.
③ 양력과 항력의 크기를 결정하는 중요한 요소이다.
④ 영각(받음각)이 커지면 양력이 작아지고, 영각이 작아지면 양력은 커진다.

영각(받음각)과 양력은 비례 관계이다.

55 날개단면의 받음각이 0°인 경우, 양력계수가 '0'이 되지 않는 날개 단면은?

① 무양력 날개단면
② 영양력 날개단면
③ 대칭 날개단면
④ 비대칭 날개단면

56 받음각에 대한 설명으로 올바른 것은?

① 시위선과 동체 기준선이 이루는 각도
② 시위선과 미익의 익현선이 이루는 각도
③ 시위선과 추력선이 이루는 각도
④ 시위선과 상대풍이 이루는 각도

받음각은 시위선과 상대풍이 이루는 각이다.
※ 시위선 : 에어포일의 앞전과 뒷전을 연결하는 선

57 유체 흐름의 떨어짐 현상(박리)에 대한 내용으로 틀린 것은?

① 난류 경계층에서만 나타난다.
② 난류 경계층보다 층류 경계층에서 주로 나타난다.
③ 박리란 물체를 따라 경계층을 만들던 유체가 중간에 탈락되어 떨어져나가는 것을 말한다.
④ 박리현상은 흐름의 떨어짐 현상이므로 항력이 증가함에 따라 양력이 급격히 감소한다.

박리 : 점성으로 인해 유체는 압력손실이 발생하여 날개 표면에 계속 붙어있지 못하고 경계층 분리가 일어난다.
※ 박리가 일어나면 경계층 분리, 난류, 스핀이 일어난다.

58 중량이 일정하고 받음각이 일정할 때 고도를 높이면 항력은?

① 일정하다.   ② 감소한다.
③ 증가한다.   ④ 증가 후 일정해진다.

고도가 높아지면 밀도가 감소하여 양력 및 항력은 감소한다.

59 날개골의 받음각이 증가하여 흐름의 떨어짐 현상이 발생하면 양력과 항력의 변화는?

① 양력과 항력이 모두 증가한다.
② 양력과 항력이 모두 감소한다.
③ 양력은 증가하고 항력은 감소한다.
④ 양력은 감소하고 항력은 급격히 증가한다.

박리현상이 발생하면 양력은 감속, 항력은 증가한다.

60 수평 직진비행을 하다가 상승비행으로 전환 시 받음각(영각)이 증가하면 양력은 어떻게 변하는가?

① 계속 증가한다.
② 받음각에 따라 비례하여 증가하다가 일정 지점에서 극감한다.
③ 받음각에 따라 감소하다가 일정 지점에서 급증한다.
④ 지속적으로 감소한다.

영각(받음각)과 양력은 비례 관계로 받음각이 증가하다가 실속각 이상이면 극감한다.

61 에어포일(airfoil)에 대한 설명으로 틀린 것은?

① 시위선이란 앞전과 뒷전을 연결한 선이다.
② 캠버는 시위선과 에어포일 윗면까지의 길이를 말한다.
③ 두께는 에어포일의 윗면과 아랫면 사이의 간격이다.
④ 평균 캠버선이란 두께의 중간점을 말한다.

캠버는 시위선과 평균 캠버선까지의 길이를 말한다.

정답 | 54 ④ 55 ④ 56 ④ 57 ① 58 ② 59 ④ 60 ② 61 ②

62 비행방향의 반대방향인 공기흐름의 속도 방향과 에어포일의 시위선이 만드는 각도를 말하며, 양력 및 항력의 증감에 가장 큰 영향을 주는 각은?

① 상반각 ② 후퇴각
③ 받음각 ④ 붙임각

- 받음각(영각) : 상대풍과 시위선 사이의 각(공기역학적인 각)
- 붙임각(취부각) : 동체 중심선(로터 회전면)과 시위선의 각

63 다음 중 취부각의 설명이 아닌 것은?

① 헬리콥터 로터 익현선과 로터 회전면이 이루는 각이다.
② 시위선과 상대풍이 이루는 각을 말한다.
③ 고정된 값으로 비행자세가 바뀌어도 변하지 않는다.
④ 유도기류와 항공기 속도가 없는 상태에서는 영각(받음각)과 동일하다.

취부각은 헬리콥터의 경우 로터 익현선(시위선)과 로터 회전면이 이루는 각을 말하며, 고정된 값으로 비행자세가 바뀌어도 변하지 않는다.
※ ②는 받음각에 대한 설명이다.

64 비행기가 등속도 정상비행인 경우 하중계수는 얼마인가?

① 0 ② 1
③ 2 ④ 무한대

하중 계수는 양력과 무게의 비율로 1일 때 등속도 비행을 한다.

65 항공기의 일반적인 구조물의 안전계수는?

① 1   ② 1.5
③ 2   ④ 2.5

안전계수(안전율)는 재료의 기준강도와 허용응력의 비를 말하며, 항공기의 안전계수는 1.5이다.

66 다음 중 프로펠러의 피치에 대한 설명이 맞는 것은?

① 프로펠러가 1 회전 시 전진한 거리
② 프로펠러가 5 회전 시 전진한 거리
③ 프로펠러가 10 회전 시 전진한 거리
④ 프로펠러가 100 회전 시 전진한 거리

프로펠러의 피치 : 가상의 유체 내에서 프로펠러가 1회전했을 때 전진한 거리

67 프로펠러 아래의 하향기류와 공기속도를 저해하는 것은?

① 유도항력 ② 형상항력
③ 마찰항력 ④ 유해항력

68 비행기 성능에 관한 설명으로 옳지 않은 것은?

① 유해항력이 커지지 않도록 설계한다.
② 비행기의 표면을 매끈하게 처리한다.
③ 공기저항이 작도록 유선형으로 만든다.
④ 비행기의 순항시간은 고려치 않아도 된다.

69 프로펠러에 대한 설명으로 옳지 않은 것은?

① 단면이 에어포일 형태인 회전 날개의 원리로 추력을 발생한다.
② 프로펠러의 규격은 D(피치)×P(직경)로 나타낸다.
③ 회전방향에 따라 정피치 또는 역피치 프로펠러를 구분해서 장착해야 한다.
④ 프로펠러의 무게중심과 회전중심을 일치시키는 밸런싱을 통해 진동을 최소화해야 한다.

프로펠러의 규격은 P(직경)×D(피치)로 나타낸다.
※ ③ 정피치는 시계방향, 역피치는 반시계 방향으로 회전하는 프로펠러로 드론의 자세를 안정화하기 위해(작용-반작용) 장착 위치가 구분되어야 한다.

정답 | 62 ③ 63 ② 64 ② 65 ② 66 ① 67 ① 68 ④ 69 ②

70 항공기 날개에 걸리는 응력이 아닌 것은?

① 굽힘력　② 인장력
③ 탄성력　④ 비틀림력

> 항공기 기체에 작용하는 외력에 의해 부재 내부에 작용하는 응력에는 인장력, 압축력, 전단력, 비틀림력, 굽힘응력이 있다.

71 프로펠러에 작용하는 힘이 아닌 것은?

① 원심력　② 토크 굽힘력
③ 압축력　④ 원심 비틀림력

프로펠러에 작용하는 힘(하중)	
원심력	블레이드가 회전하는 동안 허브 중앙에서 바깥쪽으로 빠져나가려는 인장응력을 말하며, **프로펠러에 작용하는 힘 중 가장 강하다.**
토크 굽힘력	블레이드가 공기저항으로 인해 회전 반대 방향으로 휘어지려는 힘
추력 굽힘력	추력이 발생됨에 따라 블레이드 팁이 앞쪽(전진방향)으로 휘어지려는 힘
공력 비틀림력	공기의 흐름에 반작용으로 블레이드 각을 크게 만들려는 힘(고 피치모멘트 발생)으로, 높은 깃 각으로 블레이드를 회전시키는 작용을 한다.
원심 비틀림력	원심력에 의해 블레이드가 직각방향으로 돌리려는 힘(저 피치모멘트 발생)으로, 낮은 깃 각으로 블레이드에 힘을 가하는 것

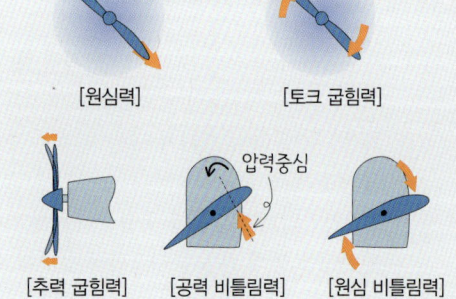

[원심력]　[토크 굽힘력]

[추력 굽힘력]　[공력 비틀림력]　[원심 비틀림력]

72 프로펠러 깃의 대표 위치를 측정하는 방법은?

① 블레이드 생크로부터 블레이드 팁까지 측정한다.
② 허브 중심으로부터 블레이드 팁까지 측정한다.
③ 블레이드 팁에서 허브까지 측정한다.
④ 허브에서 블레이드 생크까지 측정한다.

02 헬리콥터의 비행원리

01 토크작용과 관련이 있는 뉴턴의 운동법칙에 해당하는가?

① 가속도의 법칙
② 작용과 반작용의 법칙
③ 관성의 법칙
④ 중력의 법칙

> 헬리콥터에서 메인로터가 반시계 방향으로 회전(작용)한다면 동체는 시계방향으로 토크(동체가 로터 회전 반대방향으로 받는 반동력)가 반작용한다. 이에 테일로터가 토크에 대한 반대방향으로 작용하여 토크를 상쇄시켜 기수 방향을 유지시킨다.
> 참고) 멀티콥터에서는 4개의 로터 중 2개는 시계방향, 나머지 2개는 반시계방향이므로 작용-반작용이 발생되어 토크를 상쇄시키게 된다.

02 헬리콥터의 토크작용과 관계가 있는 운동법칙은?

① 작용과 반작용의 법칙
② 가속도의 법칙
③ 관성의 법칙
④ 연속의 법칙

03 헬리콥터가 전·후·좌·우의 방향으로 이동하지 않고 일정한 고도를 유지하며 공중에 떠 있는 상태를 무엇이라 하는가?

① 페더링　② 자동 회전
③ 정지 비행　④ 지면 효과

04 제자리 비행을 하다 이동하려고 할 때 계속 정지 상태를 유지하려는 것과 관련된 것은?

① 베르누이 법칙
② 작용-반작용의 법칙
③ 가속도의 법칙
④ 관성의 법칙

> **관성의 법칙** : 모든 물체는 자신의 운동상태를 그대로 유지하려는 성질이 있다. 정지하려는 물체는 계속 정지해 있으려 하고, 운동하려는 물체는 속력과 방향을 그대로 유지하려고 한다.

정답 | 70 ③　71 ③　72 ②　**2**　01 ②　02 ①　03 ③　04 ④

05 회전익 항공기의 비행 특성이 아닌 것은?

① 상승 비행 ② 후진 비행
③ 제자리 비행 ④ 배면 비행

> 회전익 항공기의 비행특성
> 정지비행, 횡진비행, 후진비행
> ※ 배면 비행은 고정익 항공기에서 가능하다.

06 멀티콥터의 제자리 비행 조건은?

① 무게 > 양력 ② 무게 < 양력
③ 무게 = 양력 ④ 추력 = 무게

07 회전익 비행장치가 등속수평비행할 때 작용하는 힘의 조건으로 맞는 것은?

① 추력 = 항력, 양력 = 중력
② 추력 = 양력 + 항력
③ 추력 = 중력, 양력 = 항력
④ 추력 = 양력 + 중력

08 호버링 중인 멀티콥터의 설명 중 틀린 것은?

① 양력과 추력의 합이 무게와 항력의 힘과 같다.
② 멀티콥터가 제자리에서 비행하는 상태를 말한다.
③ 호버링 하는 중에는 양력과 추력, 그리고 항력과 무게가 동일한 방향으로 작용한다.
④ 추력을 증가시켜 양력과 추력의 합이 항력과 무게의 합보다 크게 되게 된다.

> ④는 상승비행에 해당한다.

09 다음 중 무인 회전익 비행장치가 무인 고정익 비행기와 비행 특성이 가장 다른 점은?

① 선회 비행 ② 정지 비행
③ 전진 비행 ④ 하강 비행

> 무인 회전익비행장치(멀티콥터)는 제자리 비행(호버링)과 후진이 가능하다.

10 일정한 고도에서 일정한 속도로 전진하는 드론에 대한 설명으로 맞는 것은?

① 추력이 항력보다 크고, 양력이 중력과 같다.
② 추력이 항력과 같고, 양력이 중력과 같다.
③ 양력이 항력보다 크고, 항력이 중력과 같다.
④ 양력이 항력과 같고, 항력이 중력과 같다.

> 일정하게 전진하므로 등속수평비행을 하므로
> 양력 = 중력, 추력 = 항력
> ① 추력이 항력보다 크면 가속도 비행에 해당된다.

11 로터 또는 블레이드의 역할은 무엇인가?

① 비행체에 추진력을 부여하는 장치
② 비행체에 양력을 부여하는 장치
③ 비행체에 항력을 부여하는 장치
④ 비행체에 중력을 부여하는 장치

12 틸트 로터(tilt rotor)형 무인비행기가 제자리 비행에서 전진 비행으로 이동하는 과정을 무엇이라고 하는가?

① 회전 비행
② 전환 비행
③ 전이 비행
④ 정지 비행

13 회전익 비행장치가 호버링 상태로부터 전진비행으로 바뀌는 과도적인 상태는?

① 전이 성향
② 전이 양력
③ 자동 회전
④ 지면 효과

> 전이양력(Translation Lift)
> 이전에 발생한 양력이 새로운 형태의 양력으로 변하는 것
> 제자리비행에서 전진비행으로 전환될 때 나타남

정답 | 05 ④ 06 ③ 07 ① 08 ④ 09 ② 10 ② 11 ② 12 ③ 13 ②

14 헬리콥터에서 페더링(Feathering) 운동은 1차적으로 어떤 각을 변화 시키는가?

① 원추각   ② 코닝각
③ 받음각   ④ 피치각

> 페더링은 전진하는 깃의 양력감소와 후퇴하는 깃의 양력증가를 위해 깃의 피치각(깃각)을 변화시키는 운동으로 양력 불균형을 감소시키는 역할을 한다.

15 헬리콥터의 로터 회전시 발생하는 원추각을 만드는 힘의 구성으로 옳은 것은?

① 원심력과 중력
② 중력과 항력
③ 원심력과 양력
④ 양력과 항력

16 다음 중 지면효과가 발생하지 않는 것은?

① 착륙하고 있는 항공기
② 지면 가까이에서 비행하는 비행기
③ 산악지형에서 수직하강하고 있는 항공기
④ 지면 가까이에서 정지비행을 하는 헬리콥터

> 지면 효과 : 헬리콥터가 지면 가까이에서 정지비행 시 공기의 하향흐름이 지면과 부딪히며 로터 아래쪽의 압력이 증가하며 마치 공기쿠션의 역할을 하여 비행성능이 좋아지는 현상을 말한다.

17 다음 중 헬리콥터 또는 멀티콥터가 지면 또는 수면에 접근함에 따라 날개 끝의 와류가 지면에 부딪혀 항력이 감소해지면서 가까운 고도에서 침하하지 않고 머무는 현상은?

① 대기 효과   ② 날개 효과
③ 간섭 효과   ④ 지면 효과

18 지면효과의 영향에 관한 설명 중 <u>틀린</u> 것은?

① 양력이 증가한다.
② 항력이 증가한다.
③ 같은 고도를 유지하기 위한 출력이 감소한다.
④ 받음각이 증가한다.

> 지면효과의 영향
> • 받음각, 양력 증가
> • 항력, 유도기류 속도, 하강기류에 의한 익단 와류 감소
> • 동일 고도를 유지하기 위한 추진력(출력) 감소

19 다음 중 지면효과에 대한 설명으로 옳은 것은?

① 장애물이 없는 평탄한 지역보다 수목이나 수면 등의 위를 비행할 때 지면효과가 크다.
② 지면효과를 발생하면 다른 고도에 비해 양력을 발생하기 위해 더 많은 출력이 필요하다.
③ 지면효과에 의해 항력이 증가하여 지상으로 추락하기 쉽다.
④ 지면에 접근하면 로터의 하강풍이 지면과의 충돌로 양력 발생효율이 증대된다.

> ① 장애물이 없는 평탄한 지면 가까이에서 제자리 비행 시 지면효과가 크다.
> ② 지면 가까이에 제자리 비행 시 유도기류와 지면과의 충돌로 인한 압축에 의해 작은 동력으로도 제자리 비행이 가능하다.
> ③ 지면효과에 의해 양력 발생효율이 증가한다.

20 다음 중 지면효과에 대한 설명으로 맞는 것은?

① 지표면과 날개 사이를 흐르는 공기흐름이 빨라져 유해항력이 증가함으로써 발생하는 현상이다.
② 날개에 대한 증가된 유해항력으로 공기 흐름 패턴에서 변형된 결과이다.
③ 날개에 대한 공기흐름 패턴의 방해 결과이다.
④ 공기흐름 패턴과 함께 지표면 간섭의 결과이다.

> 지면효과는 지면에 근접하여 운용 시 로터 하강풍이 지면과의 충돌로 양력 발생효율이 증대되는 현상이므로 지표면의 간섭의 결과로 볼 수 있다.

정답 | 14 ④ 15 ③ 16 ③ 17 ④ 18 ② 19 ④ 20 ④

03 항공기의 안정성

01 항공기의 안정성이란 무엇을 말하는가?

① 실속이 방지한다.
② 이착륙 성능이 좋아진다.
③ 돌풍으로 인한 교란에서 복귀하는 것이다.
④ 조종이 용이해진다.

> 안정성이란 외부요인으로 인한 교란으로부터 원래 비행자세로 복귀하는 경향을 말한다.
> ④는 조종성에 대한 것이다.

02 항공기의 안정성에 대하여 가장 올바르게 설명한 것은?

① 조종사의 조작에 따라 비행기가 쉽게 움직이는 것을 말한다.
② 돌풍과 같은 외부의 영향에 대해 곧바로 반응하는 것을 말한다.
③ 전투기와 같이 기동이 좋다는 것을 말한다.
④ 항공기가 일정한 비행상태를 유지하는 것을 말한다.

> ①, ③ 조종성과 기동성은 안정성과 상반된 개념이다. (움직임의 변화는 안정성을 벗어나야 하며, 이 과정에서 무게중심의 급격한 이동, 양력 감소, 항력 증가로 이어진다)
> ② 안정성이란 돌풍과 같은 외부의 영향에 대해 복원력이다.

03 항공기의 안정성에 대한 연결로 틀린 것은?

① 가로 안정성 – 롤링(rolling)
② 방향 안정성 – 요잉(yawing)
③ 세로 안정성 – 피칭(pitching)
④ 가로 안정성 – 피칭(pitching)

04 비행기가 평형상태를 유지하기 위한 조건으로 옳은 것은?

① 양력이 비행기 무게보다 커야 한다.
② 반드시 지상에 정지하고 있는 상태이어야 한다.
③ 비행기 진행 방향으로 작용하는 가속도가 일정한 상태이어야 한다.
④ 비행기에 작용하는 모든 힘의 합과 모멘트의 합이 각각 0(zero) 이어야 한다.

05 항공기의 무게중심에 대한 설명으로 틀린 것은?

① 항공기에 작용하는 세 개의 축이 교차되는 지점이다.
② 항공기의 무게중심은 항상 고정되어 있다.
③ 항공기의 무게중심은 세로 안정성(방향 안정성)과 관련이 크다.
④ 항공기의 무게 중심은 각 모멘트의 합을 무게의 합으로 나눈 값이다.

> 무게중심은 장치(장비)의 탈·부착 여부, 장치의 무게 및 부착 위치에 따라 달라질 수 있다.

06 항공기에 작용하는 세 개의 축이 교차되는 곳은 어디인가?

① 무게 중심
② 압력 중심
③ 가로축의 중간지점
④ 세로축의 중간지점

> 무게 중심은 3개의 축(x, y, z)이 교차되는 지점이다.

07 어떤 물체가 평형상태로부터 벗어난 뒤에 다시 평형 상태로 되돌아가려는 경향을 의미하는 것은?

① 가로안정 ② 세로안정
③ 정적안정 ④ 동적안정

08 항공기의 안정성 중 롤링(rolling)에 의한 안정성은?

① 가로 안정 ② 세로 안정
③ 방향 안정 ④ 동적 안정

> • 가로안정 : 날개의 좌우 쏠림에 대한 안정(롤링)
> • 세로안정 : 항공기 기수가 급강하/급상승에 대한 안정(피칭)
> • 방향안정 : 옆으로 미끄러짐에 대한 안정(요잉)

정답 | 3 01 ③ 02 ④ 03 ④ 04 ④ 05 ② 06 ① 07 ③ 08 ①

09 세로 안정성(longitudinal stability)과 관계있는 운동은?

① rolling
② yawing
③ pitching
④ pitching & yawing

> • 가로 안정성 : 롤링
> • 세로 안정성 : 피칭
> • 방향 안정성 : 요잉

10 항공기의 안정성에 대한 설명으로 틀린 것은?

① 항공기의 무게중심은 안정성과 직접적인 관련이 있다.
② 세로안전성을 향상시키려면 무게중심(C.G)을 날개압력중심(C.L)보다 앞에 두어야 한다.
③ 안정성이 좋아지면 조종성도 향상된다.
④ 가로 안정성은 롤링에 대해 원래 자세로 되돌아가려는 경향을 말한다.

> 안정성과 조종성은 서로 상반되는 개념이다.

11 항공기의 무게와 균형을 고려하는 가장 중요한 이유는 무엇인가?

① 비행 시의 효율성 때문에
② 소음을 줄이기 위해서
③ 안전을 위해서
④ 페이로드(payload)를 늘이기 위해

> 무게와 균형을 고려하는 가장 중요한 이유는 안전을 위한 것이다.
> ※ ④ 페이로드(payload) : 항공기 사용목적에 따른 장비 등의 탑재무게를 의미한다.

12 항공기의 중심위치를 계산할 때 쓰는 모멘트는 다음 중 어느 것을 말하는가? (이때, F : 중심위치에서 작용하는 힘, A : 중심위치에서 힘까지의 거리를 말한다.)

① $F \times A$
② $F \div A$
③ $A \div F$
④ $(F \times A) \div 2$

> 모멘트란 중심점에서 일정 거리에 떨어진 지점에 힘이 작용할 때의 회전력을 말하며, 그 힘의 하중(무게)와 중심점에서 힘까지의 거리(길이)를 곱한 값이다.

13 비행장치의 무게중심은 어떻게 결정할 수 있는가?
(CG : Center of gravity, TM : Total Moment, TW : Total Weight)

① C.G = T.A × T.W (총 암(arm)과 총 무게를 곱한 값)
② C.G = T.M / T.W (총 모멘트를 총 무게로 나누어 얻은 값)
③ C.G = T.M / T.A (총 모멘트를 총 암으로 나누어진 값)
④ C.G = T.A / T.M (총 암(arm)을 모멘트로 나누어 얻은 값)

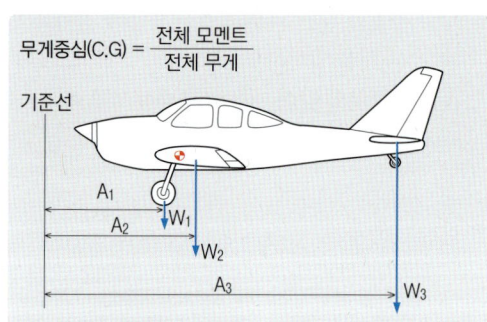

$$\text{무게중심(C.G)} = \frac{\text{전체 모멘트}}{\text{전체 무게}}$$

• W_1 : 앞바퀴의 무게
• W_2 : 앞날개의 무게
• W_3 : 뒷날개의 무게
• A_1 : 기준선에서 앞바퀴까지의 거리(arm)
• A_2 : 기준선에서 앞날개까지의 거리
• A_3 : 기준선에서 뒷날개까지의 거리

$$C.G = \frac{W_1 A_1 + W_2 A_2 + W_3 A_3}{W_1 + W_2 + W_3}$$

정답 | 09 ③ 10 ③ 11 ③ 12 ① 13 ②

CHAPTER 03

Ultra Light Vehicle - Drone Pilot

항공기상

Section 01 대기권의 구조
Section 02 대류권의 기상현상
Section 03 비행안전에 관련된 기상현상

SECTION 01 | 대기권의 구조

Ultra Light Vehicle - Drone Pilot

Pass Key Point
- 대기권의 구조 순서
- 대류권의 특징
- 대기의 성분
- 국제표준대기
- 고도의 종류 및 정의

01 ▶ 대기권의 구조

▶ 국제민간항공기구(ICAO)의 대기권 구분에서는 지표면으로부터 성층권까지 다루고 있다.

지구 대기권은 지표면에서부터 대류권, 성층권, 중간권, 열권, 외기권으로 나누고 있다.

1 대류권(Troposphere)

① 대류권의 범위 : 지표면으로부터 평균고도 11km 정도(계절이나 지역에 따라 높이가 달라짐)
② 고도가 상승하면 온도 및 공기밀도 모두 감소한다.
③ 지구 대기권의 가장 낮은 부분으로 지표면과 접하고 있으며 대부분의 기상 현상이 일어나는 곳이다.
  → 고도 상승에 따라 기온이 낮아지고, 해면과 접하고 있는 대류권은 끊임없이 공기의 대류가 활발히 이루어지고 있으며, 온도, 물리적 특성, 기압, 형상, 흐름 등으로 상승 및 하강기류가 발생하여 구름, 비, 눈, 태풍 등과 같은 기상현상을 일으킨다.
④ 태양 복사열과 지표면에서 방출되는 지구 복사열로 인하여 고도 11km까지는 고도가 높아질수록 기온은 약 6.5℃/km의 비율로 감소하며, 풍속은 고도가 높아질수록 증가한다.
⑤ 대류권계면 : 이 부근은 대기가 안정되어 구름이 없고, 기온이 낮으며, 공기가 희박하여 제트기의 운항에 적합하다.

2 성층권(Stratosphere)

① 대류권의 위층으로 지표면으로부터 11~50km 범위이며, 고속의 바람이 불어도 와류가 생기지 않는 층이다.
② 대류권과 달리 위쪽으로 올라갈수록 따뜻해지고, 성층권 하부에 가까워질수록 온도가 내려가는 특성이 있다.
③ 지표면으로부터 20~30km지점은 오존층이 두껍게 존재하지만, 오존이 검출되는 범위는 성층권 전체에서 검출된다.

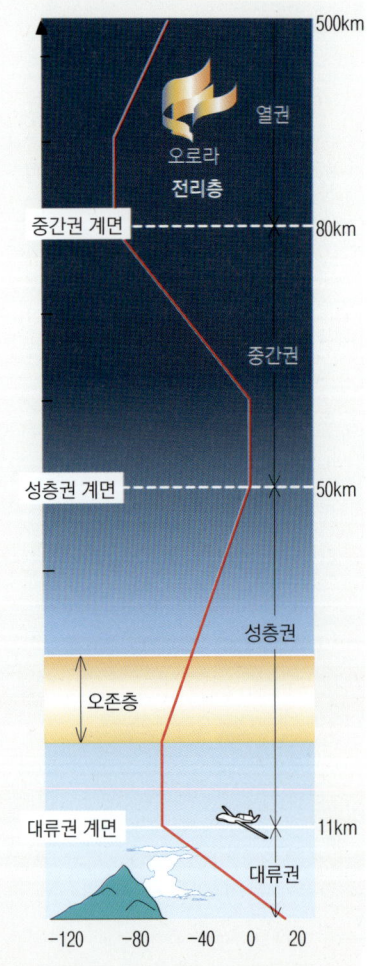

3 중간권(Mesosphere)

① 성층권과 열권 사이의 지표면으로부터 50~80km 부근에 존재하고, 고도가 높아짐에 따라 온도가 감소하여, 중간권 최상부에는 대기권에서 온도가 가장 낮은 중간권계면이 있다.
② 고도가 상승함에 따라 온도가 감소하므로 대기가 불안전하여 대류현상이 일어나지만 **기상현상은 일어나지 않는다.**

4 열권(Thermosphere)

① 열권은 지구 대기권의 하나로 중간권과 외기권 사이 존재하며, 지표면으로부터 약 80~500km까지이다.
② 이 권역은 고도가 높아 대기 가스의 분자 질량에 따라 층을 이루어 배열하게 되며, 또한 태양 에너지에 의해 공기 분자가 이온화되어 자유전자가 밀집되어 전리층이라고 불린다.
③ 전리층은 아래에서부터 D, E, F, G층으로 구분하며, F층은 고도 180km에서 300km까지로, 55~95m 파장의 전파를 반사한다. 이로 인하여 항공분야에서 HF(High Frequency) 주파수를 사용하여 장거리 통신을 한다.

▶ HF는 10~100m의 파장 범위를 갖고 있는 주파수 2.8~22MHz인 단파이다.

5 외기권(Exosphere)

외기권은 지구 대기권의 마지막 대기층으로, 수소와 헬륨과 같은 가벼운 원소가 존재한다.

02 대기의 성분

1 대기의 성분

질소(N_2) > 산소(O_2) > 아르곤(Ar) > 이산화탄소(CO_2) > 기타

2 국제표준대기 (ICAO* 지정)

① 해면상 표준대기압 : 1atm = 29.92 inHg = 760mmHg = 1,013.25 hPa
② 해면상 공기밀도 : 1.225 kg/m^3
③ 중력가속도 : 9.8 m/s^2
④ 해면상 기온 : 15℃, 288.15 K
⑤ 결빙 온도 : 273.15 K

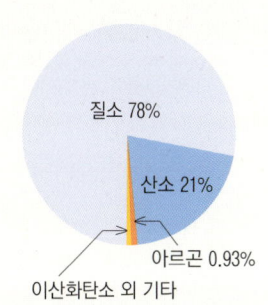

질소 78%
산소 21%
아르곤 0.93%
이산화탄소 외 기타

▶ ICAO에서는 1964년 국제표준대기(ISA : International Standard Atmosphere)를 국제 협약으로 규정

03 고도(Altitude)

▶ 고도 : 기준면에서의 높이

1 고도의 종류

종류	설명
절대고도 (Absolute Altitude)	• 지표면에서 항공기까지의 고도 • 해상을 비행하고 있을 때는 해면에서 항공기까지의 수직거리, 산악지역을 비행하고 있을때는 산악의 표면에서 항공기까지의 수직거리가 된다.
진고도 (True Altitude) = 해발고도	• 평균 해수면으로부터의 고도(실제 고도, 지시고도의 반대) • 항법차트에 등장하는 공항, 지형, 장애물들의 표고(Elevation)는 모두 진고도로 표시된다.
지시고도 (Indicated Altitude)	• 고도계를 인근 공항의 수정값으로 설정했을 때 고도계가 지시하는 고도
기압고도 (Pressure Altitude) = 압력고도	• 실제 해수면의 기압과 관계없이 국제표준대기압(29.92 inHg, 1013.2 hPa)이 되는 곳을 0ft라고 설정했을 때 나타나는 기압을 고도로 나타낸 것 → 기압은 지표면에서 가장 높고, 높이가 증가됨에 따라 감소된다. 이 원리를 기초로 계산되는 주어진 기압에 해당하는 고도
밀도고도 (Density Altitude)	• 상공의 어느 지점에서의 공기밀도를 표준대기의 공기밀도와 비교하여 표시된 고도 • 기압고도에 표준대기조건에 벗어나는 온도변화를 반영한 고도 → 추력(항공기 성능)을 위해 공기의 양(밀도)을 중요하므로, 이를 기준으로 고도로 표시한다. 즉, 밀도고도(고도·온도·습도)가 높을수록 공기밀도가 감소한다.

▶ 온도가 올라가면 공기가 팽창되어 밀도가 낮아지고 압력(기압)도 낮아진다. 그러므로 실제고도보다 지시고도가 낮게 지시될 수 있다.

▶ 약어 해설
· QNE : standard altitude setting
· QNH : Nautical Height(local station pressure)
· QFE : Field Elevation(현지기압)
※ Q-code : 신속한 교신을 위한 코드의 의미

2 고도계 설정(altimeter setting)

① QNE : 해당 지역의 기압과 상관없이 무조건 표준대기압 9.92inHg(1032.2mb)에서 항공기까지의 높이를 지시한다. 주로 대형항공기의 순항고도 측정 시 사용한다.

② QNH : 해수면을 기준으로 항공기까지의 높이(진고도)를 설정한다. 관제탑으로부터 정보를 받아 기압 눈금을 수정하여 다른 항공기와 일정한 고도의 차이가 유지될 수 있다.

③ QFE : 활주로(지표면)를 기준으로 항공기까지의 높이를 설정한다. 주로 단거리 비행이나 이착륙 훈련등에 사용하는 방법이다.

SECTION 02 대류권의 기상현상

Ultra Light Vehicle - Drone Pilot

Pass Key Point
- 복사, 전도, 대류, 이류
- 잠열, 현열, 비열
- 상대습도, 이슬점 온도
- 대기의 안정 조건 및 특징
- 구름의 생성(조건), 단열팽창·압축
- 고도에 따른 구름의 종류(10종)
- 운고와 운량
- 기압의 정의 및 단위
- 공기의 흐름에 영향을 주는 요소(기압경도력, 전향력, 원심력 및 구심력, 마찰력)
- 고기압과 저기압의 특징 및 분류
- 바람의 종류 (지상풍, 돌풍, 해륙풍, 계절풍, 산풍/곡풍
- 보퍼트 풍력 계급
- 기단 및 전선 종류 및 특징

01 대기의 기온과 습도

1 대기의 열전달

종류	설명
복사 (Radiation)	• 물체로부터 방출되는 전자파를 총칭하여 복사라고 한다. • 태양에너지의 이동은 주로 복사 형태로 이루어진다.
전도 (Conduction)	• 분자운동을 통한 에너지 전달 방법 • 열이 물체의 고온부에서 저온부로 이동하는 현상을 말한다. • 열전도는 온도차이가 있을 때만 일어난다.
대류 (Convection)	• 유체의 일부분이 가열 또는 냉각으로 인하여 분자운동이 발생하며, 이로 인해 유체 내부의 밀도 차이가 생기면서, 밀도가 작은 부분은 상승하고 밀도가 큰 부분은 하강하게 되는데, 이러한 이동현상을 말한다.
이류 (Advection)	• 대류가 수직방향의 이동이라면, 이류는 수평방향의 이동을 의미한다.

▶ 열은 '복사, 전도, 대류' 3가지 방법으로 전달되며, 실제로는 2 또는 3가지 현상이 동시에 일어난다.

▶ 유체(fluid) : 일정한 상태를 유지하는 고체와는 달리 자신의 상태를 유지하지 않고 흐를 수 있는 액체나 기체를 유체라고 한다.

2 온도단위의 환산

$°C$와 $°F$의 관계 : $°C = (°F-32) \times \dfrac{5}{9}$

$°C$와 K의 관계 : $°C = K - 273.15$

구분	설명
섭씨온도 (°C)	1기압에서 물의 어는점을 0°C로, 끓는점을 100°C로 하여 그 사이를 100등분한 온도
절대온도 (K)	• 이상기체의 온도 -273.15°C(체적이 0일 때)를 절대온도 (0K)라고 한다. • 완전 진공을 '0'으로 하여 측정한 압력 • 절대온도(K) = 273.15+섭씨온도(°C)
화씨온도 (°F)	1기압 하에서 물의 어는점을 32°F, 끓는점을 212°F로 하여 그 사이를 180등분한 온도

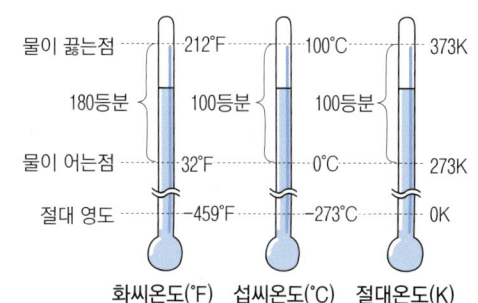

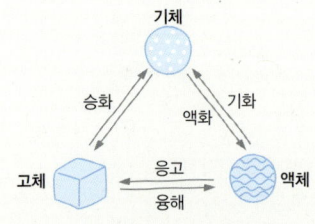

【물질의 상태변화】

▶ 이해) 물보다 흙의 비열이 크므로 늦게 뜨거워지고 늦게 식는다.

3 상태변화에 필요한 열량

구분	설명
잠열	• 잠겨있는, 숨어있는 열 (潛 : 잠길 잠) • 열이 온도를 올리는데 사용하는 것이 아니라 상태를 변화시키는 데 사용됨 • 즉, 고체 ↔ 액체 ↔ 기체 사이의 상태변화에 관여하는 열
현열	물질을 가열·냉각했을 때 상태변화 없이 온도변화에 사용되는 열량
비열	어떤 물질 1g의 온도를 1℃ 올리는데 필요한 열량(에너지의 양)

4 습도

① 정의 : 공기 중에 수증기가 포함되어 있는 정도 또는 그 양
② 습도가 높아지면 공기밀도가 감소한다.
③ 종류

구분	설명
상대 습도	• 현재 공기 중에 포함되어 있는 수증기의 양과 그 온도에서의 포화 수증기량을 백분율로 표현한 것 • 포화 수증기압에 대한 현재 수증기압의 비
절대 습도	• 1m³ 공기 중에 포함된 수증기의 양을 g으로 표시 • 일정한 양의 공기 속에 최대로 포함할 수 있는 수증기량

▶ 수증기압과 포화 수증기압
• 수증기압 : 혼합기체 중의 하나로 기체에 관련된 압력을 부분압력이라 하며, 이 중 수증기의 부분압력을 말한다.
• 포화 수증기압 : 어떠한 상태의 온도와 기압 조건에서 공기덩어리가 보유할 수 있는 최대 수증기양이 같을 때를 포화라고 하며, 이때의 수증기압을 말한다.

$$상대습도(RH) = \frac{현재\ 수증기의\ 양(현재\ 수증기압)}{포화\ 수증기의\ 양(포화\ 수증기압)} \times 100\%$$

▶ 이슬점 온도(dew point)
공기 중에 수증기가 포화되기 위하여 냉각되어야 하는 온도인데, 이 온도에 도달하면 공기가 포화되고 이슬이 맺히기 시작한다.

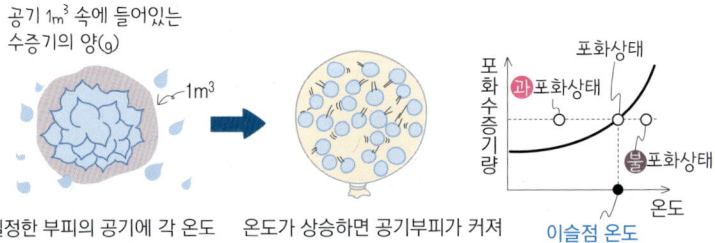

일정한 부피의 공기에 각 온도에 포함될 수 있는 수증기의 양 / 온도가 상승하면 공기부피가 커져 포함할 수 있는 수증기 양도 증가

④ 날씨에 따른 습도변화

▶ 맑은 날의 특징
• 온도와 습도는 반비례
• 수증기량이 일정하여 이슬점의 변화가 없음

▶ 비온 날의 특징
• 온도, 습도, 이슬점 모두 높음
• 이슬점이 높음 : 공기 중 수증기량이 많음

02 대기의 안정

1 일사량과 기온
① 지면의 온도가 상승함에 따라 복사열에 의하여 대기가 데워져 기온이 상승한다.
② 일사량은 정오에 최대가 되지만 지표에 흡수된 에너지가 축적되어 하루 중 최고 기온은 다소 지연되어 오후 1~3시 사이에 나타난다.
③ 일몰 후 일사량은 없어지지만 이후에도 지면 복사의 방출은 계속되기 때문에 최저 기온은 일출 직후에 나타난다.

2 대기의 안정도
① 대기 중에서 더운 공기는 위로 올라가고 찬 공기는 아래로 내려오게 되며, 하층의 공기가 위보다 차가울 때에는 상하간의 이동이 일어나지 않는 안정된 상태가 된다.
② 공기 덩어리를 상승 또는 하강시켰을 때 원래의 높이로 되돌아가려는 정도를 등급으로 분류한 것을 '대기안정도'라 한다.
③ 대기의 안정/불안정에 따른 특징

안정된 상태	• 공기의 이동이 없이 원래 상태를 유지하려는 상태 • 대기오염물질의 확산이 원활하지 못함 • 아침이나 야간에 주로 나타남 • 지표면 근처에서 역전층이 함께 발생하는 경우가 많아 밀도가 커짐 • 안정 상태에서의 기상 : 안개
불안정한 상태	• 공기가 이동하기 쉬운 상태, 즉 주변보다 온도가 높아 계속 상승하려는 상태를 말한다. • 불안정 상태에서의 기상 : 강우, 바람, 눈

▶ 공기의 흐름이 쉽게 이동되거나 변하면 대기가 불안정하다고 할 수 있다.

▶ 참고) 안정도에 영향을 미치는 요소
  • 지형적 특성
  • 풍향의 변동
  • 난류에 의한 수평방향의 확산

▶ 참고) 불안정도의 측정
  두 기압면의 온도와 이슬점온도의 차이를 이용하여 계산한다.

3 기온역전층 (복사역전층)
① 고도가 높아질수록 기온이 높아지는 층
② 발생 : 맑은 날 새벽, 바람이 약하고 내륙지역에서 지표면의 복사냉각으로 발생한다.
  → 육지는 비열이 작아 바다보다 쉽게 뜨거워지고, 쉽게 식는 특징으로 인해 밤에 지표면 근처의 기온은 상층보다 더 빠르게 온도가 떨어지게 된다. 결과적으로 지면에서 상층으로 올라갈수록 기온이 높아지는 기온역전층이 발생한다.
③ 특징 : 지상에서 역전층이 형성되면 대기가 매우 안정되어 발생한 연기가 위로 올라가지 않고 평탄한 구름형태로 정체되어 잔류하며, 안개가 발생할 확률이 높다.

▶ 기온역전층의 개념
대류권에서는 일반적으로 높아질수록 기온이 낮아지지만, 역전층에서는 반대로 기온이 높아지는 층을 말한다.

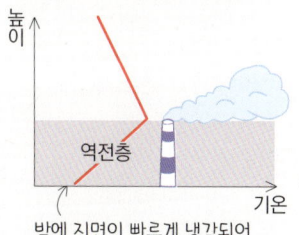

【기온역전층】

03 구름

1 구름의 생성

① 구름은 공기가 상승하여 단열 팽창되면 수증기가 응결되어 형성된다.
② 공기 중에 포함된 수증기 양이 많아지거나 온도가 낮아지면 공기가 포화상태에 이르고 포화상태를 지나면 응결이 일어난다.(이슬점에 도달)
→ 이슬, 안개, 서리, 구름이 만들어짐
③ 따뜻한 공기와 찬 공기가 혼합하여 이슬점 이하로 되면 포화상태에 이르게 되어 응결이 일어나게 된다. 이때 주변과 열 교환 없이 공기가 상승하게 되면 단열팽창 되어 외부에 일을 하게 됨에 따라 상승공기는 냉각되게 된다.

▶ 구름의 3가지 구성 요소
  ① 어는점보다 높은 온도를 가진 물방울
  ② 과냉각 물방울
   • 어는점보다 낮은 온도를 가진 물방울
   • 어는점보다 높은 온도에서 수증기가 물방울로 응결된 후, 구름 속의 더 차가운 구역으로 이동될 때 만들어짐
  ③ 빙정(얼음 알갱이)
   • 기온이 어는점보다 낮을 때 수증기의 승화를 통해 형성
   • 대류권 상층의 구름은 대기가 거의 어는점 아래에 있으므로, 대부분 빙정으로 구성

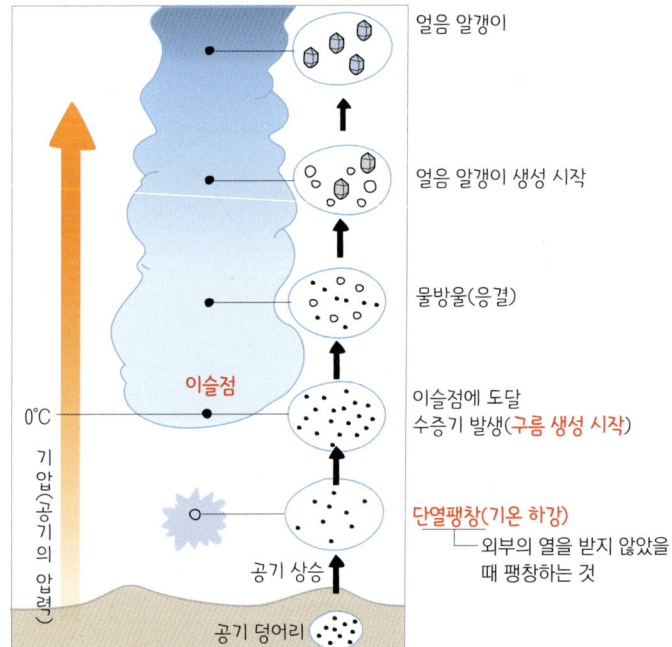

▶ 이슬점 온도(dew point)
공기 중에 수증기가 포화되기 위하여 어느 온도까지 냉각되어야 하는데, 이 온도를 이슬점 온도라 하며, 이슬점 온도에 도달하면 공기가 포화되고 이슬이 맺히기 시작한다.

2 단열팽창과 단열압축

단열 팽창	• 외부와 열교환 없이 부피가 팽창하는 것을 말함 • 가열에 의해 공기 상승 → 공기 희박 → 주변 기압이 떨어짐 → 공기의 부피가 팽창 → 공기 속 수분 분자의 운동이 활발해짐 → 운동에 필요한 에너지를 위해 주변의 열을 흡수 → 기온이 떨어짐
단열 압축	• 공기가 하강 → 공기밀도가 커짐 → 주변 기압이 높아짐 → 공기의 부피가 압축 → 기온이 높아짐

3 고도에 따른 구름의 종류 (기본운형 10종)

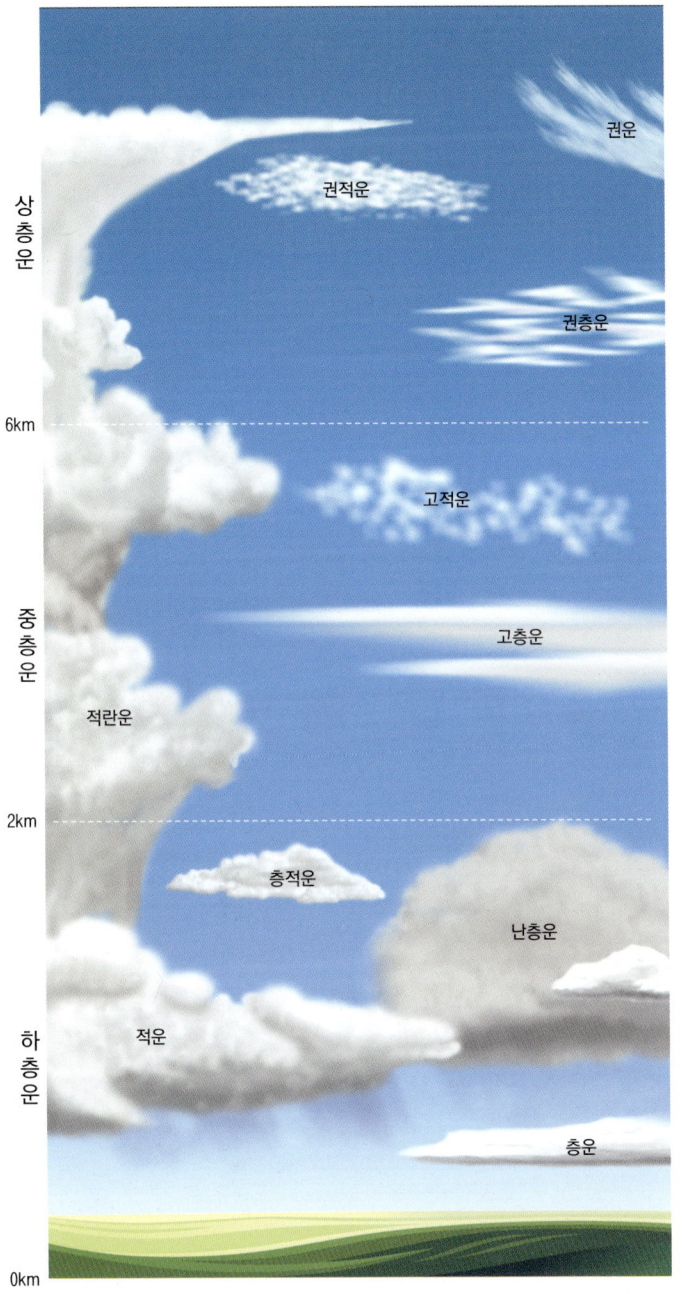

▶ **상층운 (6km 이상) 16500 이상**
- **권운** : **CI**(Cirrus), 새털 모양의 흰구름, 가느다란 선이나 반점의 좁은 띠 모양의 흩어져 있는 구름
- **권적운** : **CC**(cirrocumulus), 털쌘구름, 조약돌을 배열하여 놓은 것 같은 구름조각들이 모인 것으로 가느다란 물결과 같은 모양과 얇고 흰 구름
- **권층운** : **CS**(Cirrocumulus), 털층구름, 햇무리, 달무리 현상이 일어나는 구름
- ※ 온도가 매우 낮고 건조
- ※ 거의 빙정으로 이루어져 있으며, 그 두께도 아주 얇다.

▶ **중층운 (2~6km) 6500~16500 ft**
- **고적운** : **AC**(altocumulus), 양떼 구름, 엷은 판자나 둥그스름한 덩어리 구름 조각들이 모여서 된 백색이나 회색 구름
- **고층운** : **AS**(altostratus), 높층구름, 무늬가 있거나 줄무늬로 된 회색 또는 엷은 검정색의 구름
- ※ 수적(물방울)으로 되어있는 경우가 많지만 기온이 낮아지면 일부는 빙정이 되기도 함

▶ **하층운 (2km 이하) 6500ft 이하**
- **난층운** : **NS**(Nimbostratus), 비층구름, 짙은 회색의 구름층, 연속적인 비 또는 눈이 내림
- **층적운** : **SC**(stratocumulus), 층쌘구름, 엷은 판 모양의 둥글둥글한 구름조각들이 모여서 형성된 구름
- **층운** : **ST**(Stratus) : 안개와 비슷한 층 구름, 비교적 일정한 운저(구름의 가장 밑면을 말함)를 가진 회색 구름
- ※ 거의 수적으로 되어 있으나 추운 날씨에는 빙편과 눈을 포함

▶ **수직운 (수백m~10km)**
- **적운** : **CU**(cumulus), 쌘구름, 윤곽이 뚜렷하고 농밀한 구름이 수직으로 솟아올라 둥근 산봉우리나 탑 모양 또는 지붕 모양을 이룸
- **적란운** : **CB**(Cumulonimbus) : 물방울 또는 미세한 얼음으로 되어 있고 구름 정상에는 과냉각된 눈송이 싸락우박, 싸락눈이 뇌우, 뇌전, 소나기, 우박, 돌풍 등을 동반한다. 아주 높게 솟은 구름, 번개가 치며 소나기나 우박이 내린다.
- ※ 지면에서 상층운 고도까지 확장하는 수직으로 발달하는 구름
- ※ 불안정한 공기와 매우 밀접함

4 구름이 생성되기 위한 조건(공기 상승의 원인)

구름이 만들어지기 위해 공기 덩어리가 상승하는데 다음 4가지로 나타난다.

   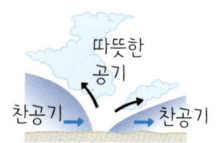

저기압 중심으로 공기가 모여들 때 / 공기가 산을 타고 올라갈 때 / 지표면이 불균등하게 가열될 때 / 따뜻한 공기와 찬 공기가 만날 때
(공기의 수렴으로 상승) / (지형의 영향으로 상승) / (국지적으로 가열될 때) / (전선면에서 상승)

5 수증기 발생에 따른 구름 형태

안정한 대기에서는 층운형 구름이 나타나고, 불안정한 대기에서는 적운형 구름이 나타난다.

6 운고와 운량

① 운고 : 지표면에서부터 구름까지의 높이를 말하며, 구름이 50ft 이하에서 발생했을 때는 안개로 분류한다.
② 운량 : 관측자 기준으로 구름량을 8등분, 10등분으로 나누어 판단한다.

숫자	10분법	0	1	2, 3	4	5	6	7, 8	9	10		/
부호	8분법	0	1	2	3	4	5	6	7	8	9	/
기호		○	◔	◔	◔	◐	◑	◕	◕	●	⊗	⊖
운량		구름 없음	10% 이하	20~30%	40%	50%	60%	70~80%	90%	100%	관측 불가	결측
		0	1/10~3/10		4/10~5/10		6/10~9/10			1		/
		0	1/8~2/8		3/8~4/8		5/8~7/8			1		
영문 약자		SKC (Sky Clear)	FEW (Few Clouds) 거의 없음		SCT (Scattered) 흩뿌려져 있음		BKN (broken) 균열(틈)이 있음			OVC (overcast) 뒤덮임	Sky Obscured (unknown) 측정불가	

7 강수

① 강수 : 가랑비, 비, 눈, 얼음조각, 우박, 빙정 등을 모두 포함한 용어
② 강수의 발생 유형
- 대류성 : 복사열에 의한 공기 상승으로 소나기나 뇌우 발생
- 저기압성 : 저기압 지역에서 공기상승으로 인해 생성된 전선에서 발생
- 열대성 저기압 : 해수 28℃ 이상, 17m/s 이상에서 발생
- 전선성 : 온난전선, 한랭전선
- 지형성(산악형) : 지형에 의해 습윤기단이 상승하여 발생

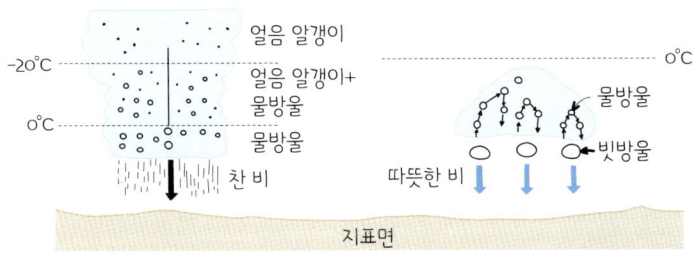

구름 속의 얼음 알갱이에 수증기가 달라붙어 커지면 눈이 되고, 떨어지다가 녹으면 비가 된다.

0°C 근처의 구름 속에는 물방울이 만들어지고, 이 물방울이 충돌하여 합쳐져 커지고 떨어져 비가 된다.

04 기압 일반

1 개요

① 기압 : 지구상에 모든 물체에 작용하는 공기의 압력을 말한다. 유체에 가해진 압력은 유체의 모든 부분에 수직으로 작용되고 그 방향과 관계없이 동일하다.

② 어떤 점의 기압이란 그 점을 중심으로 **단위면적(A)당** 수직으로 작용하는 공기 무게를 말한다.

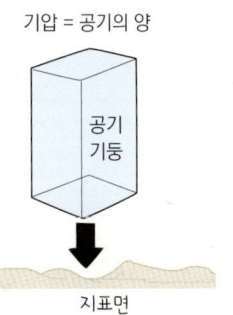

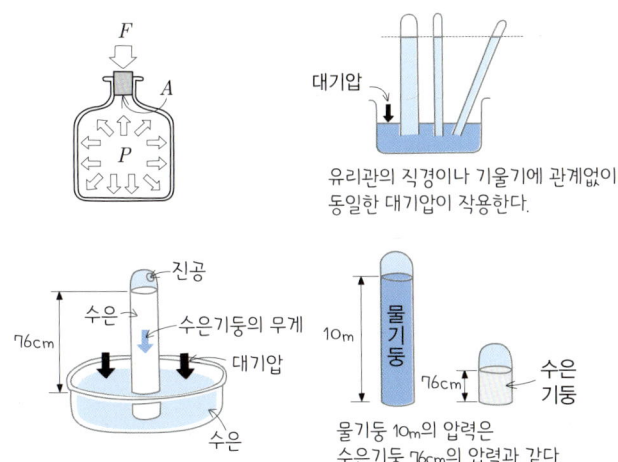

물기둥 10m의 압력은 수은기둥 76cm의 압력과 같다.

▶ 토리첼리의 실험
길이 1m의 유리관에 수은을 가득 채우고 수은이 든 그릇에 꺼꾸로 세우면 유리관의 수은은 점차 내려가 높이 76cm 지점에서 멈춘다.
이는 수은기둥이 수은면을 누르는 힘과 공기가 누르는 힘이 같아지기 때문이다.
→ 수은기둥 76cm의 무게에 해당하는 압력을 '1기압'이라고 한다.

2 기압의 측정단위

① 표준기압, 1기압(atm) : **76cmHg** (수은주 76cm의 높이에 해당하는 기압)

수은기둥 76cm의 무게에 해당하는 압력
수은의 원소기호

$$1기압(atm) = 760mmHg = 1,013hPa = 29.92inHg$$

② 국제단위계(SI)의 압력단위 : 1 파스칼(Pa) = 1 N/m³ (1m³당 1N의 힘)

▶ **기압은 기온에 반비례**한다
→ 이유) 기압은 공기의 양(무게)을 비례한다. 즉 기온이 올라가면 밀도가 낮아져(가벼워져) 공기가 상승하므로 주변의 공기량이 부족해져 기압이 떨어진다.

05 공기의 흐름에 영향을 주는 요소

▶ 풍속의 단위
- m/s, km/hr, mile/hr, knot
- 기상전문에서는 노트(knot)가 주로 사용, 2[m/s] = 1[knot]

1 바람

① 바람 = 공기의 지표면에 대한 상대적 운동 = 공기의 흐름
② 온도와 습도의 변화를 가져온다.
③ 이류 : 공기의 수평운동, 대류 : 공기의 수직운동
④ 태양열이 지표에 가하는 불규칙한 가열로 발생한 기압경도력 차(기압 차)에 의해 공기가 수평으로 이동함으로써 발생한다.
⑤ 풍향, 풍속

【16방위】

구분	설명
풍향	• 바람이 불어오는 방향(일정 시간 내의 평균풍향을 의미) • 바람이 불러오는 방향에 따라 주로 16방위 또는 36방위를 사용 • 지리학상의 진북을 기준으로 한다.
풍속 [m/s]	• 바람의 세기, 바람의 크기를 나타냄 • 공기가 이동한 거리와 이에 소요된 시간의 비 → 1초$_{sec}$ 동안 이동한 거리$_{meter}$ • 벡터량(크기와 방향을 가짐)이다.

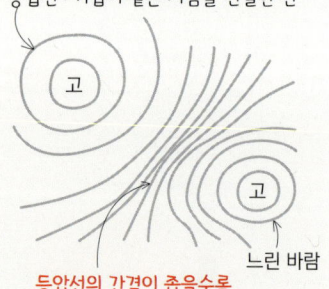
등압선 : 기압이 같은 지점을 연결한 선

등압선의 간격이 좁을수록 강한 바람이 분다.

2 기압경도력

① 두 지점 사이의 기압 차이로 나타나는 힘으로, 바람을 일으키는 근본적인 힘을 말한다.
② 방향 : 고기압에서 저기압 쪽으로 등압선에 직각인 방향으로 작용한다.
③ 기압경도력의 크기 : 두 지점 사이의 기압 차이가 클수록, 등압선 간격이 좁을수록 커진다.(바람이 더욱 세다.)
④ 기압경도력은 두 지점간의 기압차에 비례하고 거리에 반비례한다.

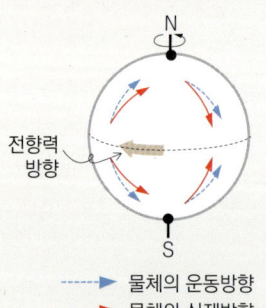
【전향력과 운동방향】

지구가 자전하면 북반구에서는 오른쪽으로, 남반구에서는 왼쪽으로 곡선을 그리며 운동방향이 작용한다.

바람의 방향을 바꾸는 힘

3 전향력(코리올리 힘, Coriolis Force)

① 지구의 자전으로 인하여 지구 표면을 따라 운동하는 물체의 진행방향을 휘게 만드는 가상의 힘을 전향력이라 한다.
② 코리올리 효과의 결과 회전하는 원판 위의 내부 어느 지점에서 가장자리 쪽으로 직선을 그었을 때 원판에는 곡선으로 그려지게 된다.
③ 지구상에서 운동하는 모든 물체는 북반구에서는 오른쪽으로 편향되고, 남반구에서는 왼쪽으로 편향되며 고위도로 갈수록 크게 작용한다.
④ 전향력은 적도에서 0이며, 위도가 증가함에 따라 증가하여 극에서 최대가 된다.
⑤ 전향력은 움직이는 물체의 속력에는 영향을 주지 않고, 방향에만 영향을 준다.

【전향력의 이해】

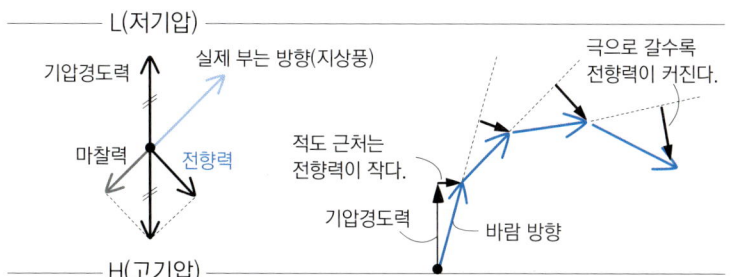

▶ 전향력의 예 : 수영장의 마개를 뽑으면 물은 시계반대방향으로 빠진다.

4 원심력과 구심력

① **원심력** : 물체가 진행방향을 바꿀 때 나타나는 힘, 회전하는 물체가 받는 바깥쪽으로 향하는 힘을 말한다.
② **구심력** : 원심력과 힘의 크기는 같으나 방향이 반대이다. 실제로 존재하는 힘이 아닌 관성력으로부터 변형된 힘이다.

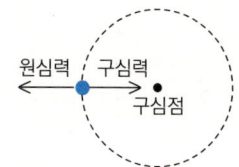

5 마찰력

① 대기의 분자가 이동할 때 지면과 마찰을 일으키며 발생하는 힘을 말하며, 바람과 반대 방향으로 작용한다.
② 지표면에 가까울수록, 지표면이 거칠수록, 풍속이 클수록 지표마찰력은 커진다.

06 ▶ 고기압과 저기압

1 고기압

① 북반구 : 시계방향으로 불며 발산한다.
② 남반구 : 반시계방향으로 바람이 불어 나간다.
③ 주변보다 기압이 높고, 하강기류로 구름이 소멸된다.
④ 북반구에서 저기압 중심을 향하여 반시계 방향으로 바람은 불어 들어온다.

2 저기압

① 저기압에 동반된 한랭전선은 저기압 중심에서 남서쪽으로, 온난전선은 저기압 중심에서 남동쪽으로 향하게 된다.
② 강수는 공기의 상승과 관련이 있으며, 공기가 수렴하는 저기압 중심 부근에서 발생하기도 하며, 또한 따뜻한 공기가 차갑고 밀도가 큰 공기를 타고 상승하는 전선을 따라 발생한다.

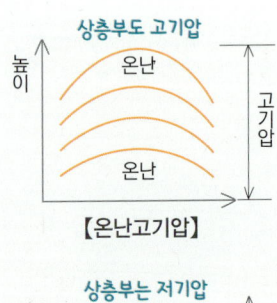

【온난고기압】

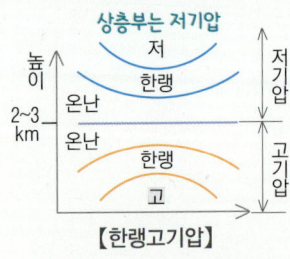

【한랭고기압】

▶ 북태평양 고기압이나 시베리아 고기압은 거의 그 자리에 머물러 있으므로 정체성 고기압이라 한다.

3 고기압과 저기압의 분류

분류	설명
온난고기압 (키가 큼)	• 위도 30° 부근 상공에서 수렴한 공기가 하강하며 주위보다 온난하여 상공으로 갈수록 위로 부풀어 있어 고기압이 현저하며 키가 크다. • 공기의 침강으로 온난 건조하므로 날씨가 맑다. • 예 북태평양 고기압
한랭고기압 (키가 작음)	• 고위도 지방에서 겨울철에 지표면의 복사냉각에 의해 공기가 냉각(밀도가 커짐)되어 발생하는 고기압으로, 상승은 저기압이 되므로 고기압의 키가 작다. • 3km 정도의 상공에서는 고기압 성질이 없어질 정도로 키가 작다. • 온난 고기압과 달리 상층에 저기압이 있어 날씨가 좋지 않다. • 예 시베리아 고기압
온난저기압 (키가 작음)	• 중위도 지방에서 발생하며, 한랭전선과 온난전선을 동반한다. • 기온감률이 완만하여 상층으로 갈수록 저기압성 순환이 약화·소멸되어 오히려 고기압성 순환이 생기며, 키가 작고 이동 속도도 빠르다. • 예 태풍, 열대성 저기압
한랭저기압 (키가 큼)	• 동일한 고도에서 저기압 중심 부근의 기온이 주위보다 한랭하다. • 기온감률이 급하여 상층으로 갈수록 저기압성 순환이 증가하고 서서히 이동하는 저기압이다. • 저기압 주변의 대기안정은 불안정하다.

▶ 참고) 온난저기압의 발생과 소멸 순서
① 찬 공기와 따뜻한 공기가 만나 정체전선이 형성
② 두 공기의 밀도가 다르므로 파동이 생기며 한랭전선과 온난전선이 분리
③ 한랭전선과 온난전선이 발달하여 저기압을 형성
④ 이동속도가 빠른 한랭전선이 온난전선쪽으로 이동
⑤ 한랭전선이 온난전선과 겹쳐져 폐색전선을 형성
⑥ 따뜻한 공기는 위로 올라가고 저기압은 소멸

북반구에서 고기압과 저기압의 생성 비교

구분	바람의 이동	기류	단열 변화	기온	습도	구름	날씨
고기압	바람이 중심에서 시계방향으로 불어나감	하강 기류	단열 압축	상승	낮아짐	소멸	맑음
저기압	바람이 중심부로 반시계방향으로 불어들어옴	상승 기류	단열 팽창	하강	높아짐	생성	흐리거나 비가 내림

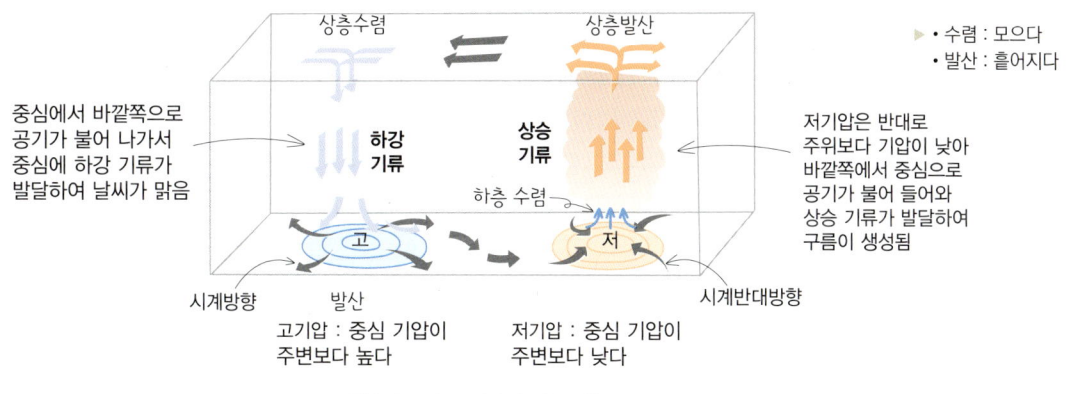

【북반구의 고기압과 저기압】

07 지상마찰에 의한 바람

1 지상풍

① 1km 이내의 지상에서 부는 바람
② 지면의 형상에 따른 마찰에 영향을 받는다.(전향력 뿐만 아니라 지면과의 마찰력에 의해 우측으로 휘게 된다.)
③ 등압선이 직선인 경우 : 지상풍은 전향력과 마찰력의 합력이 기압경도력과 평형을 이루어 등압선과 각을 이루며 저기압 쪽으로 분다.
④ 등압선이 원형인 경우 : 지상풍은 바람에 작용하는 모든 힘, 즉 기압경도력, 전향력, 원심력, 마찰력의 합력이 균형을 이루어 분다.
⑤ 항공기를 중심으로 한 방향 구분
  - 정풍(Head Wind) : 항공기 전면에서 뒤쪽으로 부는 바람
  - 배풍(Tail Wind) : 항공기 뒤쪽에서 앞으로 부는 바람으로 항속거리가 길어짐
  - 측풍(Cross Wind) : 측면에서 부는 바람
  - 상승기류 : 지상에서 하늘로 부는 상승풍
  - 하강기류 : 하늘에서 지상으로 부는 하강풍

▶ 지균풍
지상 1km 이상의 상공에서 등압선이 직선일때 기압경도력과 전향력이 평형을 이루며 부는 바람이다.

▶ 이·착륙할 때의 지상풍 영향
일반적으로 바람은 불어오는 방향에 따라 명칭이 붙는다. 그러나 항공기에서는 항공기를 중심으로 방향을 구분한다.

2 거스트(gust, 돌풍)

일정 시간 내(10분간)에 평균 풍속보다 10knot 이상의 차이가 있으며, 순간 최대 풍속이 17knot 이상의 강풍일 경우 지속시간이 초 단위 일 때를 말한다.

3 스콜(squall, 국지성호우)

① 풍속의 증가가 매초 8m 이상, 풍속이 매초 11m 이상에 달하고 적어도 1분 이상 그 상태가 지속되는 경우의 바람을 말한다.
② 갑자기 불기 시작하여 몇 분 동안 계속된 후 갑자기 멈추는 바람으로 풍향이 급변할 때가 많다.

▶ 용어해설
- 태풍 : 북태평양 남서부인 필리핀 부근 해역에서 발생하여 동북아시아를 내습하는 열대성 저기압
- 허리케인 : 서인도 제도에서 발생하여 플로리다를 포함한 미국 동남부에 피해를 주는 열대성 저기압
- 사이클론(cyclone) : 인도양에서 발생하여 그 주변에 피해를 주는 열대성 저기압
- 윌리윌리(willy-willy) : 남태평양 해상에서 발생하는 열대성 저기압

▶ 참고) 태풍의 눈
태풍의 중심부를 말하며 중심 부근에서는 기압경도력과 원심력이 커지므로 전향력과 마찰력도 따라서 커지게 되어 5m/s이하의 미풍이 불게 되고 비도 내리지 않고 날씨도 부분적으로 맑은 날씨를 보이게 된다.

4 태풍(열대성 저기압)

① 열대성 저기압 중심부의 최대 풍속이 17m/s 이상일 때를 말하며, 폭풍우를 동반한다.
② 열대성 저기압의 종류 : 태풍, 허리케인, 사이클론, 윌리윌리
③ 태풍의 발생장소 : 태풍의 에너지원인 따뜻한 수분(잠열)과 회전력을 뒷받침할 수 있는 기압경도력이 존재하는 북위 5°~25°와 동경 120°~170°사이의 범위 내에서 발생한다.

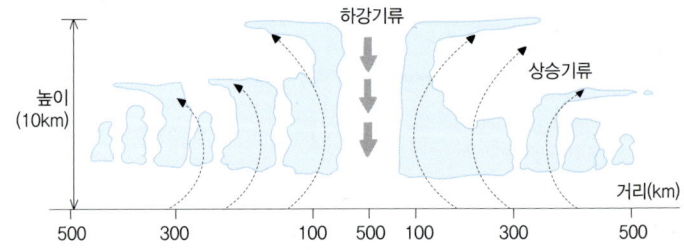

낮 : 바다 → 육지로 이동(해풍)

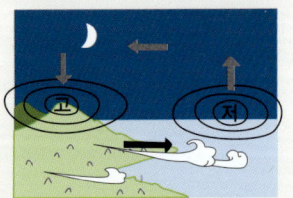

밤 : 육지 → 바다로 이동(육풍)

▶ 바람의 방향에 따른 바람 암기
- 바다에서 불어오면 → 해풍
- 육지에서 불어오면 → 육풍
- 산 위에서 불어오면 → 산풍
- 골짜기에서 불어오면 → 곡풍

5 국지풍

1) 해륙풍

① 해안 지역에서 하루 중 기온의 변화에 의해 육지와 바다의 비열 차이로 낮과 밤에 풍향이 변하는 현상으로, 낮에는 해풍(바다 → 육지), 밤에는 육풍(육지 → 바다)이 불게 된다.
② 낮엔 육지가 바다보다 빨리 가열되어 육지에 상승 기류와 함께 저기압이 발생되어 부는 바람을 말한다.(밤엔 육지가 바다보다 빨리 냉각되어 육지에 하강기류와 함께 고기압 발생)

2) 계절풍

해륙풍이 하루가 주기라면, 계절풍은 1년을 주기로 한다. 여름에는 해풍과 같이 남동쪽에서 바람이 불어오고, 겨울에는 대륙쪽이 먼저 냉각되어 육풍과 같이 바다쪽으로 북서풍이 불게 된다.

3) 산풍과 곡풍(Mountain and Valley Breeze)

산악지역에서 낮에는 산 비탈면이 가열되어 공기의 상승기류로 산맥을 따라 곡풍(골짜기 → 산 정상)이 불고, 반대로 밤에는 산 비탈면이 빠르게 냉각되면서 대기가 하강기류가 발생하여 산풍(산 정상 → 산 아래로)이 불게 된다.

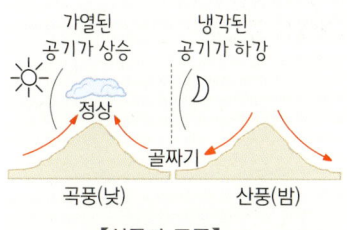

【산풍과 곡풍】

4) 높새바람(Foehn)

① 공기가 뜨거워지고 건조하면 단열성 압축현상 때문에 대기의 기류가 경사를 따라 내려간다.
② 우리나라 동해 지역의 태백산맥을 기점으로 하여, 서쪽에서 건조하고 습한 차가운 바람이 산을 올라가면서 구름을 형성하고 산 정상 부근에서 비를 내린 후, 건조한 공기가 동쪽으로 산을 내려가면서 온도가 높아지는 현상이 발생한다.
③ 산 정상을 오르는 습윤한 공기 덩어리는 습윤단열변화가 발생하여 1km 상승할 때마다 약 5℃ 정도의 온도가 감소하게 되고, 산 정상에서 건조한 공기 덩어리로 변화되어 산을 내려오면서 건조단열변화가 발생하여 1km 하강할 때마다 약 10℃ 정도의 온도가 상승하게 된다.

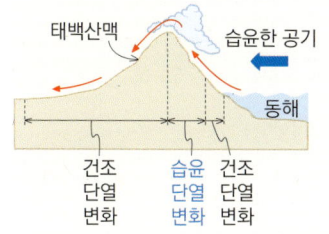

【높새바람】

6 보퍼트 풍력 계급(Wind Scale)

바람의 세기는 풍속에 의해서 나타낼 수 있으나, 풍속계가 없는 곳에서는 풍속의 정도에 따라 풍력 계급을 만들어 사용한다.

평균풍속으로 암기하면 편하다.

풍력 계급	이름	상태	풍속 범위 m/s		kts
0	고요(calm)	연기가 똑바로 올라간다.	0~0.2	0	1 이하
1	실바람(light air)	연기가 날림으로 풍향을 알 수 있음	0.3~1.5	1	1~3
2	남실바람 (Light breez)	나뭇잎이 움직이며, 얼굴에 바람이 느껴짐	1.6~3.3	2	4~6
3	산들바람 (Gentle breez)	나뭇잎과 가는 가지가 움직이고 깃발이 펄럭임	3.4~5.4	4	7~10
4	건들바람 (Moderate breeze)	먼지가 일고 종이 조각이 날리며 작은 가지가 움직임	5.5~7.9	6~7	11~16
5	흔들바람 (Fresh breeze)	작은 나무가 흔들리며, 강이나 호수에 물결이 일어남	8.0~10.7	8	17~21
6	된바람 (Strong breeze)	큰가지나 전선이 흔들리고, 우산을 사용할 수 없음	10.8~13.8	12	22~27
7	센바람 (Moderate gale)	수목 전체가 흔들리고 바람을 향해 보행이 어려워짐	13.9~16.1	15	28~33
8	큰바람 (Fresh gale)	가는 나무가지가 꺾이고 바람을 향해 보행을 할 수 없음	17.2~20.7	19	34~40
9	큰 센바람 (Strong gale)	기왓장이 벗겨짐, 간판이 떨어짐	20.8~24.4	22	41~47

08 기단

기단은 주어진 고도에서, 온도와 습도 등 수평적으로 그 성질이 비슷한 대규모의 공기덩어리를 말한다.

▶ 기단의 분류
- mT : maritime Tropical (열대해양성)
- cT : continental Tropical (열대대륙성)
- mP : maritime Polar (한대해양성)
- cP : continental Polar (한대대륙성)

1 우리나라에 영향을 미치는 기단

구분	특징
시베리아 기단 (cP, 대륙성 한대)	• 주로 겨울에 발달 • 한랭, 건조, 안정 • 겨울의 혹한을 일으키고 겨울 계절풍과 더불어 삼한사온 현상을 유발한다.
오호츠크해 기단 (mP, 해양성 한대)	• 주로 장마기(초여름), 가을 • 한랭, 다습, 불안정 • 동해안 지역을 흐리게 하고, 비를 내리게 한다.
북태평양 기단 (mT, 해양성 열대)	• 주로 여름 • 온난, 다습, 불안정 • 여름철 더위, 폭염을 가져온다.
양쯔강 기단 (cT, 대륙성 열대)	• 봄과 가을 • 고온, 건조, 안정(상공)/불안정(지상) • 이동성 고기압과 함께 동진해 와서 따뜻하고 건조한 일기를 나타낸다.
적도 기단	• 주로 여름 • 고온, 다습, 불안정 • 적란운이 발달하고, 태풍을 동반한다.

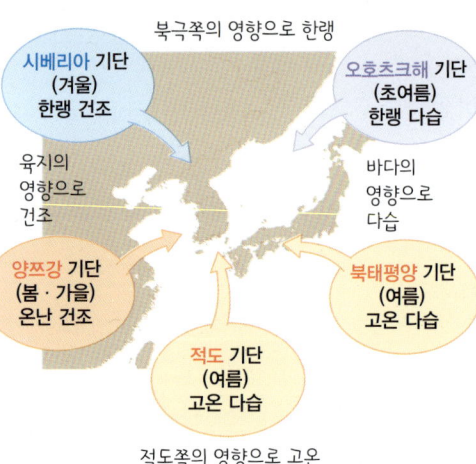

09 전선

1 전선의 개요

① **전선면** : 성질이 다른(온도가 다른) 두 기단이 부딪쳐 경계를 이루는 면
② **전선** : 전선면이 지표면과 만나는 선
③ **찬 공기는 아래로, 따뜻한 공기는 위로** : 찬공기는 밀도가 크므로(무거우므로) 하강하고, 따뜻한 공기는 밀도가 작으므로(가벼우므로) 상승한다.
④ **전선에서 구름이 만들어진다** : 공기는 상승하면 단열냉각으로 수증기가 응결되어 구름이 만들어진다.
　→ 이 때 방출된 잠열로 상승한 공기는 부력을 얻어 상승이 촉진되고 방출된 열의 일부는 운동에너지, 즉 바람으로 변환된다.

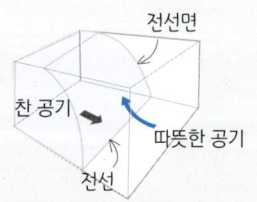

2 전선의 종류와 특성

구분	특징
한랭전선	• 무거운 찬 공기가 온난기단의 따뜻한 공기의 아랫부분을 파고들 때 형성되는 전선 • 전선면의 기울기는 가파르고, 이동 속도가 빠르다. • 기울기가 가파르므로 키가 큰 적란운이 발달한다. • 좁은 지역에서 천둥, 번개를 동반한 소나기가 내리고, 찬 공기로 인해 기온이 떨어진다.
온난전선	• 가벼운 더운 공기가 무거운 찬 공기 위를 타고 올라가며 형성되는 전선 • 전선면의 기울기는 완만하고, 이동속도가 느리다. • 넓은 지역에 걸쳐 지속적인 비가 내리며, 층운형 구름이 생김 • 따뜻한 비가 내림, 이슬비와 같이 강수강도는 약함 • 항공기 운항에 위험한 기상
폐색전선	• 두 종류의 찬 공기가 만나는 곳에서 이동속도가 빠른 한랭전선이 이동속도가 느린 온난전선과 만나 겹쳐지게 되며, 온대성저기압이 소실된다. 어휘 : 閉 – 닫을 폐, 塞 – 막힐 색 • 한랭전선 후면의 찬 공기가 온난전선 전면의 찬 공기보다 찰 때에는 한랭형 폐색전선이, 반대일 경우에는 온난형 폐색전선이 발생한다.
정체전선	• 세력이 비슷한 한랭전선과 온난전선이 만나 대치되며 한 위치에 머물러 있는 전선이다. • 초여름 장마전선이 이에 해당된다. • 특징 : 전선이 거의 이동하지 않아 한 지역에 지속적으로 비가 내리므로 비행에 위험한 기상조건이다.

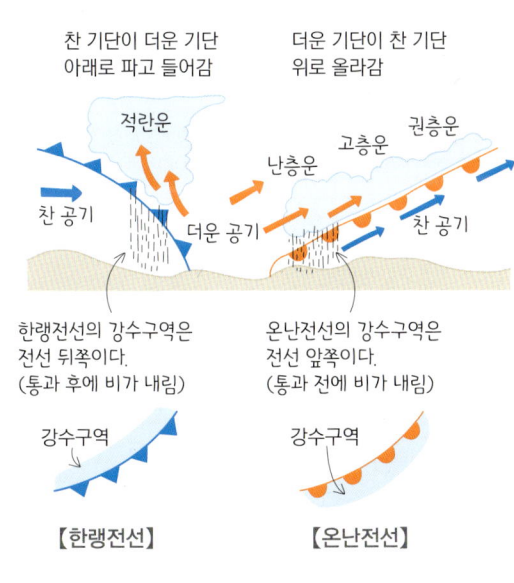

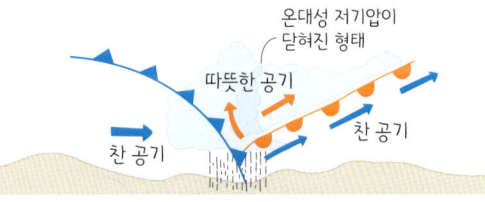

한랭전선이 온난전선과 만나면 겹쳐서 형성한다.
【폐색전선】

한랭전선과 온난전선이 평행을 이루고 있을 때
【정체전선】

▶ 한랭전선과 온난전선의 비교

비교	한랭전선	온난전선
기울기	급함	완만
속도	빠름	느림
구름	적운형	층운형
강우	소나기	지속적인 비(이슬비)

SECTION 03 비행안전에 관련된 기상현상

Ultra Light Vehicle - Drone Pilot

Pass Key Point
- 난류의 종류
- 안개(복사, 이류, 활승)의 특징 및 발생조건
- 뇌우의 특징 및 형성조건
- 번개와 천둥
- 윈드시어의 정의
- 착빙의 종류 및 특징
- 시정, 우시정
- 기상의 보고(METER, TAF)

01 난류(Turbulence)

▶ **난류(난기류)**
- 난류는 공기의 흐름이 매우 불규칙하고 거친상태를 말한다.
- 지상에는 스콜(squall)이나 돌풍(gust) 등에서 나타난다.

1 난류의 종류

① 대류성 난기류 : 지표면의 불균형한 가열로 인해 공기가 수직이동으로 형성, 적운 또는 적란운 구름이 형성될 때 발생하는 난류
② 역학적(지형적) 난기류 : 지표면 가까이에서 공기가 수목, 건물, 언덕 등을 지나면서 발생하는 소용돌이에 의해 생긴 회전기류
③ 산악파(mountain wave)에서 기인한 난류 : 산악지역 비행시 풍속에 의해 발생
④ 저고도 기온역전 난기류 : 맑은 날 야간, 바람이 거의 없을 때 발생
⑤ 청천 난류 : 맑은 하늘의 고고도에서 제트기류에 의해 발생
⑥ 지표면 전선에 의해 발생하는 난류 : 전선지대는 바람의 방향과 속도의 변화가 발생하는 저고도 윈드시어에 의해 발생하는 난류
⑦ 비행 난기류 : 날개의 윗면 및 아랫면의 속도차에 의해 발생하는 와류로 이·착륙 시 발생

2 난류의 강도

① 비행 중 항공기가 부딪히는 난류에 대하여 수직방향의 가속도의 정도는 중력가속도(g)로 표시한다.
② 항공기가 받는 난류에 대한 충격은 항공기의 속도와 크기, 중량, 안정도 등에 따라 좌우된다.

구분	수직가속도(g)	풍속의 변동폭	체감 정도
약(light) 정도	0.1~0.3	15kt 이하	약한 흔들림
중중도(moderate)	0.4~0.8	15~25kt	흔들림이 크나 조종통제력을 상실하지 않음
심한정도(severe)	0.9~1.2	25~50kt	흔들림이 크고 고도변화가 있으며 순간적으로 조종통제를 잃음
극심한 정도(extreme)	결빙	50kt 이상	항공기 손상, 조종불능

02 안개

1 안개의 발생

① 대기 중의 수증기가 지표면이나 수면 근처에서의 냉각 또는 고도상승에 따른 냉각으로 인해 응축핵을 중심으로 응결하여 성장하게 되면 구름이나 안개가 된다.
② 일반적으로 구성입자가 수직으로 되어 있으며, 수평 **시정거리가 1km 이하**이고 습도가 100%에 가깝다.

▶ 구름과 안개의 차이는 지면에 접하는지 하늘에 떠있는 지에 따라 결정되며 지형에 따라, 관측자의 위치에 따라 달라진다.

▶ **연무, 박무**
시정거리 1km 이상으로 안개에 비해 습도가 낮으며, 황색 및 회색을 띤다.

2 공기냉각 과정에서 형성된 안개

지면과 접해있는 공기층의 온도가 이슬점 이하가 되면 안개가 발생한다. 안개의 종류에는 복사안개, 이류안개, 활승안개가 있다.

▶ **안개의 발생조건**
- 대기 중 수증기 다량 함유
- 공기가 노점온도 이하로 냉각
- 대기 중 응결핵이 많음
- 대기의 성층이 안정될 것
- 고기압권에서 바람이 없을 것
- 상공에 기온의 역전이 있음

구분	특징
복사안개 (도심외곽지역, 강, 호숫가)	• 야간의 지표면 복사냉각으로 인하여 발생 • 우리나라 내륙에서 가장 빈번히 발생 • 밤에 기온이 크게 떨어지는 도심외곽지역에서 발생빈도가 높으며, 전날 비가 오거나 주변에 강이나 호수가 있으면 발생 가능성이 커짐
이류안개 (바다)	• 습윤하고 온난한 공기가 한랭한 육지나 수면으로 이동해 오면 하층부터 냉각, 공기 중의 수증기가 응결되어 발생한다. • 해무(sea fog, 海霧, 바다안개) : 차가운 해수면 위로 따뜻한 공기가 근접하여 포화될 때 발생된다. 대기는 고온다습하고 바다의 표면 수온변화가 거의 없어 차갑고, 복사안개보다 두께가 두꺼우며 발생 범위가 매우 넓다. 또한 지속성이 커서 한번 발생되면 수일 또는 한달 동안 지속되기도 한다. – 범위가 넓고 지속성이 가장 크다.
활승안개 (산악지역)	• 습윤한 공기가 완만한 경사면을 따라 올라갈 때 단열팽창 냉각됨에 따라 형성된다. • 산 안개 : 대부분이 활승안개이며 바람이 강해도 형성된다.

복사안개

이류안개

활승안개

▶ **정리**
- 복사안개 : 지표의 냉각으로 형성
- 이류안개 : 습윤한 공기가 차가운 지표나 수면 위로 이동할 때 형성
- 활승안개 : 습윤한 공기가 산마루를 따라 상승하며 응결되어 형성

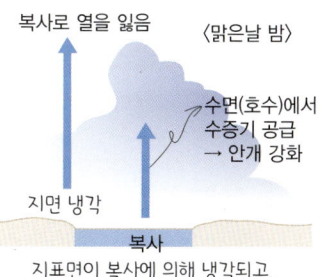
【복사안개】

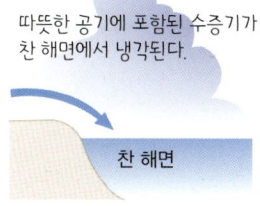
【이류안개】

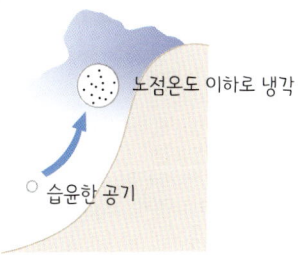
【활승안개】

3 기타 안개

① 증발 안개(steam fog, 김안개, 증기안개) : 수증기 증발에 의해 형성된 안개로 상층대기로 확산하는 특징이 있다.
② 전선 안개 : **온난전선면 부근에서 약한 비가 내릴 때 발생한다.** 상층의 따뜻한 공기에서 내리는 비가 차가운 지면에 떨어지면서 증발과정을 통해 포화되거나 과포화되어 발생한다. 상층의 대기가 따뜻하고 약한 비가 내리는 현상은 보통 지상의 저기압 중심부근에서 나타난다.
③ 연안 안개 : 복사무와 해무의 특징이 복합적으로 나타나는 안개로, 야간에 서풍이 내륙에서 연안으로 부는 육풍(동풍)과 충돌하여 연안에서 무풍 또는 약한 서풍이 나타나고, 일몰 후 지면의 냉각과 바다로부터 들어오는 서풍에 의해 습해진 공기가 응결되어 발생한다.

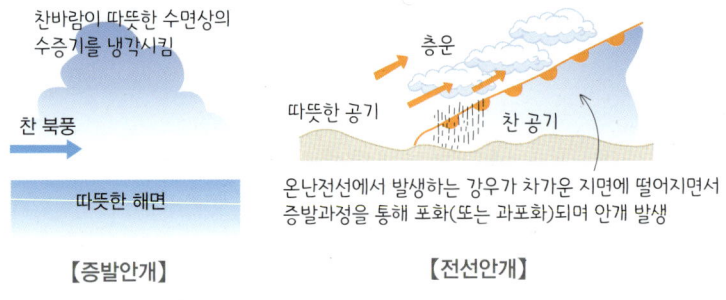

【증발안개】 【전선안개】

03 산악파 (Mountain Wave)

① 역전층 기류가 있거나 대기가 안정된 산 정상에 강한 바람이 산등성이를 가로질러 불 때 발생한다. 산 정상에 습윤한 공기와 회전성 구름대가 일정한 부근에 정체하여 형성된다.
② 겨울철에는 한랭전선의 이동과 함께 850hPa(5,000ft) 고도에서 역전층이 자주 발생한다. 한랭전선이 확장하고 북서풍이 뚜렷하게 불 때 산악파는 산맥의 하부에서 발생하여 북동쪽으로 창출한다.
③ 봉우리가 여러 개 연달아 있는 산맥지역에서 자주 발생한다.
④ 산악파로 형성되는 구름 : 모자구름, 말린구름, 렌즈구름

▶ 산악파로 형성되는 구름
- 모자구름(cap cloud) : 산맥 바로 정상에서 형성되는 구름으로 기류가 상승하면서 응결되어 생긴다.
- 말린구름(rotor cloud) : 일렬로 늘어선 적운처럼 보이며, 거의 정체하며 상승기류로 형성되고 하강기류로 소산되는 과정을 반복한다.
- 렌즈구름 : 말린구름과 같이 정체성이며 계속적으로 형성된다. 말린구름보다 고고도에서 형성되며 윤곽은 부드럽지만 그 층의 기류에 요란이 있을 때는 거칠게 보인다.

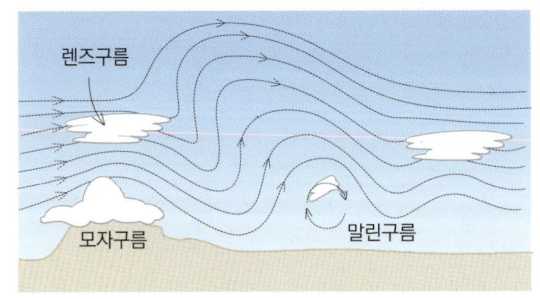

04 뇌우 (Thunderstorm)

1 뇌우의 특징

① 뇌우는 **천둥과 번개를** 동반하는 적란운 또는 적란운의 집합체이다.
② 강한 대류 활동을 가진 뇌우는 폭우, 우박, 돌풍, 번개 등을 동반함으로써 짧은 시간 동안에 큰 항공 재해를 가져올 수 있는 기상 현상이다.
③ 열대지방에서는 연중 뇌우가 발생하며, 우리나라와 같은 중위도 지방에서는 봄과 여름을 거쳐 가을까지 뇌우의 가능성이 존재한다.
④ 한랭전선이 빠르게 통과하는 경우 발생한다.

▶ **다운버스트**(downburst)
뇌우 발달 과정에서 성숙 단계의 하강 기류는 지표면에 도달하자마자 빠르게 퍼져 유출기류를 만들며, 유출기류의 직경은 유출된 후에 경과된 시간에 따라 거의 선형적으로 증가하여 10~15분 안에 최대로 유출되고 발산된다.

2 뇌우의 형성 조건

① **불안정한 대기** : 잠재적으로 불안정한 공기가 주위보다 따뜻해지는 고도까지 상승되면, 그때부터 자유롭게 상승하게 된다. 이러한 고도까지 공기를 상승시켜 주기 위해서는 대기가 불안정한 상태, 즉 조건부 불안정이나 대류 불안정이 요구된다.
② **상승 운동** : 상승작용이 일어나야 지표 부근의 따뜻한 공기가 자유롭게 상승하는 고도에 도달할 수 있다. 상승작용은 대류에 의한 일사, 지형에 의한 강제상승, 전선상에서의 온난공기의 상승, 저기압성 수렴, 상층 냉각에 의한 대기 불안정으로 상승, 이류 등의 여러 요인이 있다.
③ **높은 습도** : 수증기가 물방울이 되어 구름이 형성되면 잠열이 방출되기 때문에 공기는 더욱 불안정해져 상승작용이 촉진된다.

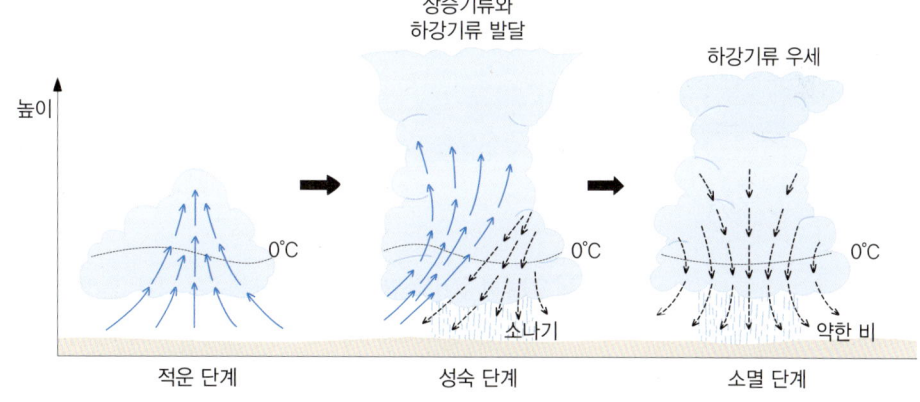

구분	적운 단계	성숙 단계	소멸 단계
현상	상승기류가 강하게 발달하여 적운이 빠르게 성장	구름 꼭대기에 심한 난류로 평평한 형태(Anvil)	약해지는 난류
강수	거의 없음	상승 기류와 함께 하강기류도 공존하며, 천둥·번개를 동반한 강한 소나기가 내림	강한 소나기로 인해 하강기류가 점차 우세하며 소멸함
난류	약함	심함	약함
결빙	결빙	결빙	결빙 없음

05 ▶ 우박 (hail)

1 정의

▶ 우박은 봄이나 가을에 자주 나타난다.

적운(또는 적란운) 속에서 얼음덩어리(빙정)가 강한 상승 운동에 의해 상승/하강의 반복으로 인해 빙정 입자가 직경 2~5cm 이상의 입자로 성장하여 지표면으로 떨어진다.

2 우박의 형성

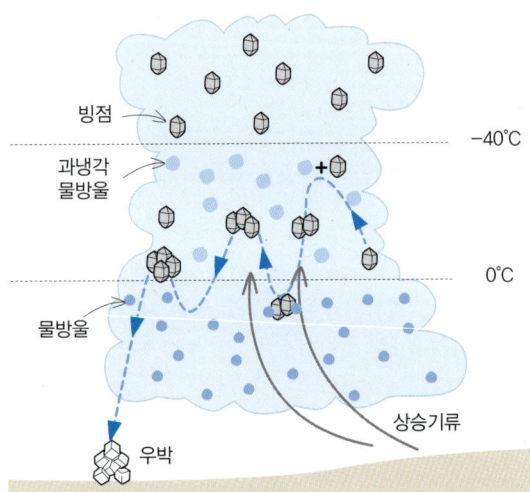

❶ 빙정 과정으로 형성된 작은 빙정 입자는 0 ~ −40℃인 적란운의 강한 상승 기류에 의해 높은 고도로 이동 →
❷ 과냉각 물방울에서 증발한 수증기가 빙정에 달라붙으며 빙정이 성장 →
❸ 빙정이 무거워져 아래로 떨어지며 물방울과 합쳐져 성장 →
❹ 빙정이 0℃보다 높은 곳에서 표면이 녹으며 상승기류에 의해 다시 차가운 곳으로 올라가 얼어붙으며 '상승-하강'을 반복하며 성장 →
❺ 지상으로 떨어짐

06 ▶ 번개와 천둥 (lightning)

1 번개

1) 개요

① 뇌우는 천둥이 동반된 폭풍우 현상이다. 천둥은 번개에 의해 만들어지기 때문에 두 개의 현상은 함께 발생한다.
② 번개는 적란운이 발달하면서 구름 내부에 축적된 음 전하와 양 전하 사이에서 또는 구름 하부의 음⊖ 전하와 지면의 양⊕ 전하 사이에서 발생하는 불꽃 방전이다.

2) 번개의 발생

① 번개는 여러 가지 과정으로 일정한 공간 내에서 전하가 분리되고 큰 전하차가 있을 때 발생한다. 관측에 의하면 적란운 상부에는 양 전하가, 하부에는 음 전하가 축적되며, 지면에는 양 전하가 유도된다.
② 적란운 속의 전하 분리에 의해 구름 하부에 음 전하가 모이면 이 음전하의 밀어내는 힘과 당기는 힘에 의해 지면에 양 전하가 모이게 된다.

상승기류에 의해 하강과 상승을 반복하며 −20℃에서 −10℃ 구간에서 음전하층이 만들어짐 → 음전하층이 쌓여 무거워지면 음전하층이 구름 하부로 이동 → 지표 근처의 양전하와 만나며 방전(유도)이 일으켜 번개 발생

③ 지면의 양 전하와 구름 하부의 음 전하 사이에 전하차가 증가하면 구름 하부와 지면 사이에서 전기 방전, 즉 낙뢰 또는 벼락이 발생한다.

2 천둥(thunder)

① 번개가 지나가는 경로를 따라 발생된 방전으로 공기가 고온으로 가열되며, 이러한 갑작스러운 가열로 공기는 폭발적으로 팽창되고, 이 팽창에 의해 만들어진 충격파가 음파로 바뀌어 천둥소리로 들린다.
② 번개 발생 후에 천둥소리가 들리는 이유 : 음파의 속도는 빛의 속도보다 느리기 때문이다.

▶ 참고) 번개 치는 곳의 위치는 번개를 관측한 후 천둥소리가 들릴 때까지의 시간 차이를 확인함으로써 대략적인 거리를 알아낼 수 있다.

07 ▶ 윈드시어와 마이크로버스트

1 윈드시어(wind shear) '바람을 끊는다'는 의미

① 바람 진행방향에 대한 수직 또는 수평 방향의 풍속 변화로, **풍속 및 풍향이 갑자기 바뀌는 돌풍 현상**을 가리킨다.
② 윈드시어는 항공기의 이·착륙 과정에서 정풍(맞바람)이나 배풍(뒷바람)의 급격한 증가 또는 감소를 초래하여 항공기의 실속이나 비정상적인 고도 상승을 초래하고, 측풍에 의해 활주로 이탈을 초래한다.
③ 수평으로 윈드시어가 발생하면 기압불안정이 생겨서 소용돌이가 형성되고, 연직으로 윈드시어가 발생되면 기류가 흩어져서 청천난류 등이 발생한다.

【윈드시어】

2 마이크로버스트(microburst)

① 마이크로버스트는 대류활동에 연관되어 나타나는 특수한 윈드시어이다. 이것은 비교적 단순한 형태의 난류로 뇌우뿐만 아니라, 여름철에 천둥과 번개를 동반하지 않는 소규모의 대류운과 관련되어 나타나는 강한 하강기류(downdraft)이다.
② 이 하강기류는 일반적으로 가시적인 강수를 동반하지만, 때로는 지표에 도달하기 전에 강수가 증발되어 하강기류가 눈에 보이지 않게 되는 경우가 있기 때문에, 위험이 없어 보이는 지역에서 항공기 사고를 유발하기도 한다.
③ 하강기류는 지표에 도달하면서 수평적으로 바깥쪽으로 퍼지게 된다. 마이크로버스트는 하강기류가 지상에 처음 도달한 후 5분 내외의 시간에 강화된다. 그 수평적 규모는 1~3km 정도이고 지속시간은 5~15분 정도인데, 2~4분 정도에 강한 윈드시어가 나타난다.

08 착빙(Icing)

1 개요

빙결 온도 이하에서 대기에 노출된 물체에 과냉각 물방울 또는 구름 입자가 충돌하여 기체 표면에 얼음 피막이 형성되는 것을 '착빙'이라 한다. 항공기에 발생하는 착빙은 비행안전에 중요한 장애요소이다.

▶ 과냉각 물방울
구름 안의 온도가 0℃ 이하의 저온으로 되면 차차 빙정의 운립이 많아지지만, -20℃까지는 대부분 구름 입자가 수적으로 존재한다. 과냉각의 수적이 다른 물질과 충돌하면 동결하는 성질이 있는데, 항공기의 착빙도 과냉각 수적이 항공기에 충돌하여 발생한다.

2 착빙 생성 조건

① 대기 중에 과냉각 물방울*이 존재할 때
② 항공기 표면의 온도가 0℃ 미만일 때

3 특징

① 착빙의 85% 정도는 과냉각 수적 온도가 0~-10℃ 사이에서 발생한다.
② 전선면에서 온난공기 상승 후 빙결고도 이하의 온도에서 냉각시 과냉각 물방울*에 의해 착빙된다.
③ 얼음비 : 액체상태의 물방울이 빙결점 이하로 기온이 떨어졌는데도 액체 상태로 유지(과냉각)된 상태로 항공기와 충돌시 착빙된다.
④ 밤에 지표나 물체가 이슬점 이하로 냉각된 경우 공기중의 액화된 수증기와 접촉시 이슬이 서서히 서리로 변한다.
⑤ 주로 저속·저고도의 항공기에서 착빙 가능성이 높다.(헬리콥터가 가장 높음)

▶ 항공기 착빙의 분류
• 구조 착빙 - 맑은 착빙, 거친 착빙, 혼합 착빙
• 서리 착빙 - 세워둔 항공기 표면에 서리가 발생
• 유도 착빙 - 항공기 엔진에 유입되는 차가운 공기와 기화기 사이의 압력차로 냉각

4 착빙이 미치는 영향

① 공기의 흐름을 방해하여 양력 감소(실속 증가), 항력 증가, 중량 증가
② 이륙에 영향을 줄 수 있으며, 조종면에 착빙 시 조작에 방해
③ 장비 기능 저하 (동정압, 안테나 등)
④ 회전익/프로펠러의 떨림(진동)

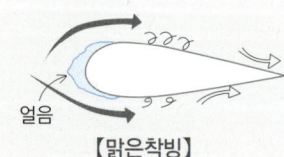
【맑은착빙】

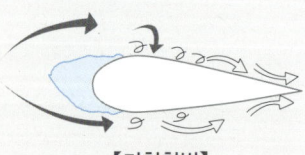
【거친착빙】

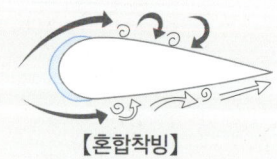
【혼합착빙】

5 구조 착빙의 종류

구조 착빙은 구름 속의 수적 크기, 갯수 및 온도에 따라 맑은 착빙, 거친 착빙, 혼합 착빙으로 분류된다.

구분	설명
거친착빙 (= 수빙) (Rime Icing)	• 백색, 우유빛, 불투명, 구멍이 많고 부서지기 쉽다. • 수적이 작고 주위 기온이 -10 ~ -20℃인 경우에 작은 수적이 공기를 포함한 상태로 신속히 결빙하여 부서지기 쉬운 거친 입자가 형성된다. • 작은 물방울이 날개표면에 부딪혀 형성

구분	설명
맑은착빙 (= 우빙) (Clear Icing)	• 투명, 견고함, 윤이 나며 매끄럽다. • **수적이 크고**, 주위 기온이 0~10℃인 경우에 항공기 표면을 따라 고르게 흩어지면서 천천히 결빙된다. • 맑은착빙은 충돌간격이 물방울 동결보다 **빠를 때** 발생한다. (거친 착빙은 반대) • **무겁고 단단하며**, 항공기 표면에 단단하게 붙어 있어 항공기 날개의 형태를 크게 변형시키므로 **구조 착빙 중에서 가장 위험한 형태**이다.
혼합착빙	• 맑은착빙과 거친착빙의 결합 • 눈 또는 얼음입자가 맑은착빙 속에 묻혀서 울퉁불퉁하게 쌓여 형성 • -10~-15℃의 적운형 구름에서 자주 발생한다.

▶ 정리) 착빙의 종류
구조착빙(맑은착빙, 거친착빙, 혼합착빙), 서리착빙, 유도착빙

▶ 서리 착빙(frost icing)
백색 깃털모양의 빙정 구조를 나타내며, 포화 공기가 이슬점 온도까지 냉각되고 그 이슬점 온도가 0℃ 이하일 때 수증기가 직접 빙결 축적되어 서리가 발생한다.

▶ 유도착빙(induction icing)
항공기 엔진으로 공기가 유입되는 공기흡입구와 기화기에서 생기는 착빙

09 시정(visubility)

1 시정
① 대기의 투명도를 거리로 나타낸 수치
② 정상적인 시각으로 목표를 식별할 수 있는 최대 가시거리 범위

▶ 안개의 시정거리 : 1km 이하

2 시정 장애물
황사, 연무, 연기, 먼지, 화산재 등

3 우시정 (Prevailing Visibility, 優視程)
① 방향에 따라 보이는 시정이 다를 때 시정이 가장 큰 값의 각도부터 점차 작은 값의 각도를 더해가서 합친 각도의 합계가 **180° 이상이 될 때의 가장 낮은 시정값**을 말한다.
② 공항면적의 50% 이상에서 보이는 거리의 최저치이다.

▶ 우시정의 예

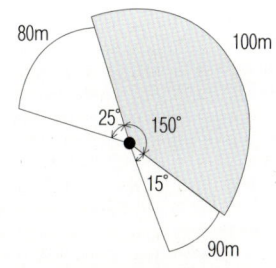

100m 거리의 시정범위가 150°,
90m 거리의 시정범위가 15°,
80m 거리의 시정범위가 25°일 때
→ 180° 이상에서 가장 낮은 시정값이 된다.

10 기상보고

1 기상예보

비행 전 필수적으로 확인하여야 될 사항 중의 하나는 비행하고자 하는 지역에 해당하는 기상정보를 확인하는 것이다. 민간항공에 대한 기상지원 책임 기관은 기상청 소속 항공기상청이다.

2 항공기상보고

① 항공정기기상보고(METER)
  - 정시 10분 전에 1시간 간격으로 실시하는 관측(지역항공항행협정에 의거 30분 간격으로 수행하기도 함) 예) 인천
  - 보고형태, ICAO 관측소 식별문자, 보고일자 및 시간, 변경수단, 바람 정보, 시정, 활주로 가시거리, 현재 기상, 하늘상태, 온도 및 노점 등을 포함한다.
  - 당해 비행장 밖으로 전파한다.

② 특별관측보고(SPECI)
  - 정시관측 외 기상현상의 변화가 커서 일정한 기준에 해당할 때 실시하는 관측·보고이다.
  - 당해 비행장 밖으로 전파한다.

③ 사고관측·보고(Accident Observation & Report)
  항공기의 사고를 목격하거나 사고발생을 통지 받았을 때 정시 관측의 모든 기상요소에 대하여 행하는 관측으로 모든 계기기록에 시간을 표시해야 한다.

3 터미널공항예보(TAF)

① 어떤 공항에서 일정한 기간 동안에 항공기 운항에 영향을 줄 수 있는 지상풍, 수평 시정, 일기, 구름 등의 중요 기상 상태에 대한 예보이다.
② 특정 시간(일반적으로 24시간) 동안의 공항의 예측된 기상 상태를 요약한 것으로 목적지 공항에 대한 기상 정보를 얻을 수 있는 주요 기상 정보 매체이다.
③ TAF는 METAR 전문에서 상용된 부호를 사용하고, 일반적으로 1일 4차례(0000Z, 0600Z, 1200Z, 1800Z) 보고된다.

제 3 장 | 항공기상
출제예상문제

1 대기권의 구조

01 다음 대기권 중 기상현상이 일어나는 층으로, 고도가 증가함에 따라 온도가 감소하는 층은?

① 성층권　② 대류권
③ 열권　　④ 중간권

02 지표면으로부터 평균고도가 11~12km 정도인 대기권에 해당하는 것은?

① 열권　　② 성층권
③ 대류권　④ 중간권

03 대류권에 대한 설명으로 틀린 것은?

① 대류권의 높이는 약 10~15km이다.
② 고도가 낮을수록 기온이 높다.
③ 대기권의 가장 아래층에 해당된다.
④ 오존층이 있어 유해한 자외선을 흡수한다.

> 오존층은 성층권에 존재한다.

04 다음 중 대기권을 고도에 따라 높은 곳부터 낮은 곳까지 순서대로 올바르게 나열한 것은?

① 대류권 - 성층권 - 열권 - 중간권 - 외기권
② 외기권 - 열권 - 중간권 - 성층권 - 대류권
③ 대류권 - 외기권 - 성층권 - 중간권 - 열권
④ 외기권 - 대류권 - 중간권 - 성층권 - 열권

> 순서에 따라 '대성중열외'로 암기한다.

05 다음 중 진고도(True altitude)에 대한 설명으로 올바른 것은?

① 평균 해면고도로부터 항공기까지의 실제 높이이다.
② 고도계 수정치를 표준 대기압(29.92 inHg)에 맞춘 상태에서 고도계가 지시하는 고도이다.
③ 항공기와 지표면의 실측 높이이며 AGL 단위를 사용한다.
④ 고도계를 해당지역이나 인근 공항의 고도계 수정치 값에 수정하였을 때 고도계가 지시하는 고도이다.

① 진고도　　② 기압고도
③ 절대고도　④ 지시고도

06 어떤 조건 일 때 실제고도는 지시고도보다 낮게 지시하는가?

① 표준 공기 온도보다 추울 때
② 표준 공기 온도보다 더울 때
③ 기압이 높을 때
④ 기압일 일정할 때

> 더울 때(온도가 상승하면) 공기가 팽창하므로 밀도가 떨어진다. 그리고 고도가 낮을수록 밀도는 높고, 높을수록 밀도가 낮다.(= 기압이 낮다) 즉, 더울 때 지시고도가 실제고도보다 높게 지시된다.

정답 | **1** 01 ② 02 ③ 03 ④ 04 ② 05 ① 06 ②

07 표준대기 상태에서 해수면 상공 1000ft마다 상온의 기온은 몇 도씩 감소하는가?

① 1℃ ② 2℃
③ 3℃ ④ 5℃

> 대류권 내에서는 지면에서 1000ft 상승할 때마다 온도는 2℃씩 감소한다.

08 지면에서의 온도가 20℃ 일 때 1000ft 상공에서의 온도는?

① 14 ℃ ② 16 ℃
③ 18 ℃ ④ 22 ℃

> 20 − 2 = 18℃

09 해수면에서 1000ft 상공의 기온은 얼마인가?
(단, 국제표준대기 조건)

① 9 ℃ ② 11 ℃
③ 13 ℃ ④ 25 ℃

> 국제표준대기 해수면의 온도는 15℃ 이므로 15 − 2 = 13℃

10 섭씨 0℃는 화씨 몇 도 인가?

① 0°F ② 32°F
③ 64°F ④ 212°F

11 해수면 고도에서 표준 기온 및 표준 기압이 바르게 표기된 것은?

① 15℃, 29.92inHg
② 15°F, 29.92 Hg
③ 15℃, 29.92 hPa
④ 15°F, 29.92mmHg

> 국제민간항공기구(ICAO)의 표준대기조건
> • 해면 기온: 15℃ = 59°F
> • 해면 기압: 1,013.25hPa = 760mmHg = 29.92inHg

12 지구의 대기 중 가장 많이 분포하는 기체는?

① 산소
② 질소
③ 아르곤
④ 이산화탄소

> 대기 중 기체 분포
> 질소 > 산소 > 아르곤 > 이산화탄소 > 기타

13 대류권을 이루고 있는 공기의 구성성분을 구성비에 따라 작은 것부터 순서대로 옳게 나열한 것은?

① 질소 − 산소 − 아르곤 − 이산화탄소
② 질소 − 산소 − 이산화탄소 − 아르곤
③ 이산화탄소 − 아르곤 − 산소 − 질소
④ 아르곤 − 이산화탄소 − 질소 − 산소

14 대기를 이루고 있는 기체 중에서 부피비로 보았을 때 가장 많은 것은?

① 아르곤 ② 산소
③ 이산화탄소 ④ 질소

2 대류권의 기상현상

01 대기의 열 전달 방법이 아닌 것은?

① 전도 ② 복사
③ 대류 ④ 수렴

> 발산/수렴은 공기의 이동 시 발생한다.

02 지구의 기상에서 일어나는 변화의 가장 근본적인 원인은?

① 해수면의 온도 상승
② 지구 표면이 흡수하는 태양 에너지의 변화
③ 구름의 양
④ 구름의 대이동

정답 | 07 ② 08 ③ 09 ③ 10 ② 11 ① 12 ② 13 ③ 14 ④ **2** 01 ④ 02 ②

기상변화의 근본 원인 : 지표에 흡수하는 태양열 변화 → 지표의 온도차 발생 → 열에너지의 이동(저고도의 더운 공기가 찬 공기의 이동) → 공기의 이동 및 기압 변화 등

03 기상의 모든 물리적인 현상을 일으키는 원인은?

① 공기의 이동 ② 기압의 변화
③ 열 교환 ④ 바람

온도차이에 의한 열에너지의 이동에 따라 기상현상이 발생된다.

04 대기의 열전달에 대한 설명으로 옳지 않은 것은?

① 대류는 유체의 가열이나 냉각에 따른 밀도 변화로 인해 이동하는 것이다.
② 열은 복사, 전도, 대류의 3가지 방법으로 전달되며, 실제로는 복합적으로 동시에 일어난다.
③ 전도는 물체의 저온부에서 고온부로 이동하는 현상이다.
④ 복사는 물체로부터 방출되는 전자파를 총칭한 것이다.

전도는 물체의 고온부에서 저온부로 이동하는 현상이다.

05 공기가 가열되면 밀도가 작아져 상승하고 냉각되면 밀도가 커져 하강하여 수직순환 형태로 공기가 이동하는 현상을 무엇이라고 하는가?

① 복사 ② 전도
③ 대류 ④ 이류

06 유체의 수평적 이동을 무엇이라 하는가?

① 복사 ② 전도
③ 대류 ④ 이류

07 한국의 사계절 변화에 영향을 주는 지구의 회전운동을 무엇이라 하는가?

① 자전
② 공전
③ 전향력
④ 원심력

08 물질 1g의 온도를 1°C 올리는데 필요한 열량을 무엇이라 하는가?

① 증발열 ② 잠열
③ 비열 ④ 현열

09 공기밀도에 대한 설명으로 틀린 것은?

① 온도가 높아질수록 공기밀도가 증가한다.
② 공기밀도는 하층보다 상층이 낮다.
③ 수증기가 많이 포함될수록 공기밀도가 감소한다.
④ 공기밀도란 단위부피 중에 포함된 공기의 질량을 말한다.

공기밀도는 일정한 부피 중에 포함된 공기의 질량을 말하며, 온도가 높아지면 부피가 팽창하므로 그만큼 공기밀도가 감소한다. 또한 수증기가 많을수록 공기의 질량이 감소하므로 공기밀도가 감소한다.

10 공기밀도는 습도와 기압이 변화하면 어떻게 되는가?

① 공기밀도는 기압에 비례하며 습도에 반비례한다.
② 공기밀도는 기압과 습도에 비례하며 온도에 반비례한다.
③ 공기밀도는 온도에 비례하고 기압에 반비례한다.
④ 온도와 기압의 변화는 공기밀도와는 무관하다.

공기밀도는 압력에 비례하고, 온도와 습도에는 반비례한다.

정답 | 03 ③ 04 ③ 05 ③ 06 ④ 07 ② 08 ③ 09 ① 10 ①

11 물질의 상태 변화에 요구되는 열에너지는 무엇인가?

① 열량(Heat Quantity)
② 비열(Specific Heat)
③ 현열(Sensible Heat)
④ 잠열(Latent Heat)

> 잠열은 기체상태에서 액체 또는 고체상태로 변할 때 방출하는 열에너지로, 고체 → 액체 → 기체로 변할때는 열에너지를 흡수하고, 기체 → 액체 → 고체로 변화할 때 열에너지는 방출한다.

12 물질의 상태가 기체와 액체, 또는 액체와 고체 사이에서 변화할 때 흡수 또는 방출하는 열에너지는?

① 잠열   ② 비열
③ 열량   ④ 현열

> · 비열 : 어떤 물질 1g의 온도를 1℃만큼 올리는 데 필요한 열
> · 잠열 : 물질에 열을 가했을 때 온도 변함없이 물질의 상태 변화에 관여하는 열
> · 현열 : 물질을 가열하여 상태변화 없이 온도만 변하는데 사용되는 열

13 다음 중 기상 7대 요소는?

① 기압, 전선, 기온, 습도, 구름, 강수, 바람
② 기압, 기온, 습도, 구름, 강수, 바람, 시정
③ 해수면, 전선, 기온, 난기류, 시정, 바람, 습도
④ 기압, 기온, 대기, 안정성, 해수면, 바람, 시정

> 앞글자를 따서 '기기습구/강바시'로 암기한다.

14 대기현상에 작용하는 열에 대한 설명으로 틀린 것은?

① 비열(Specific Heat)은 어떤 물질 1g의 온도를 1℃만큼 올리는 데 필요한 열로 물질마다 다르다.
② 공기가 상승하면 주위의 기압이 낮아지면서 공기 덩어리가 팽창하게 되는데, 이러한 현상을 단열팽창이라 한다.
③ 잠열(Latent Heat)은 물질에 열을 가했을 때 온도의 변화와 동시에 물질의 상태 변화에 관여한다.
④ 끓는 물 속에서 온도계로 측정된 값은 현열(Sensible Heat)과 관련이 있다.

> 잠열은 물질에 열을 가했을 때 온도 변화없이 물질의 상태 변화에 관여하는 열을 말한다.

15 습도에 대한 설명으로 올바른 것은?

① 상대습도는 현재 수증기압을 포화 수증기압으로 나눈 값을 백분율로 표현한 것이다.
② 과포화 상태는 상대습도가 100% 이하일 때이다.
③ 일반적으로 기온이 높을 때 습도가 높고, 기온이 낮으면 습도가 낮다.
④ 일반적인 습도는 절대습도를 말한다.

> ② 과포화 상태는 상대습도가 100% 이상일 때이다.
> ③ 일반적으로 기온이 높을 때 습도가 낮고, 기온이 낮으면 습도가 높다.
> ④ 일반적인 습도는 상대습도를 말한다.

16 일정 기압의 온도를 하강시켰을 때 대기에 포함되어 수증기가 작은 물방울로 변하기 시작할 때의 온도를 무엇이라 하는가?

① 노점 온도
② 냉각 온도
③ 증발 온도
④ 절대 온도

> 노점온도는 이슬점 온도(露 : 이슬 로)를 말하며, 공기 중의 수증기는 0℃에서 포화되어 물방울로 변하기 시작하여 구름이나 안개가 생성되기 시작한다.

17 공기가 상승하면 주위의 기압이 낮아지며 공기가 팽창하는 현상을 무엇이라 하는가?

① 건조단열 변화
② 단열압축
③ 단열팽창
④ 습윤단열 변화

정답 | 11 ④   12 ③   13 ②   14 ③   15 ①   16 ①   17 ③

18 기온이 노점과 가까워 질 때 발생되는 기상현상은?

① 바람이 불기 시작한다.
② 비가 내리기 시작한다.
③ 온도가 내려간다.
④ 구름 또는 안개가 생성된다.

> 공기 중 수증기는 이슬점(노점)에 가까워지면 물방울로 바뀌며, 구름이나 안개가 생성된다.

19 상대습도가 100% 일 때의 온도는?

① 상대 온도　② 노점 온도
③ 절대 온도　④ 증기 온도

> **이슬점(노점) 온도의 의미**
> - 상대습도가 100% 일 때의 온도
> - 공기가 냉각되어 응결이 시작될 때의 온도
> - 포화상태에 도달할 때의 온도
> - 현재 수증기량과 포화 수증기량이 같을 때의 온도

20 일정기압의 온도를 하강시켰을 때 대기에 포함되어 수증기가 작은 물방울로 변하기 시작할 때의 온도를 무엇인가?

① 상대 온도　② 불포화 온도
③ 노점 온도　④ 임계 온도

21 다음 중 항공기 양력발생에 영향을 미치지 않는 것은?

① 기온　② 기압
③ 습도　④ 바람

> 항공기의 양력은 날개 위 아래의 압력차에 의해 발생하며, 압력은 기온, 습도, 바람 등에 영향을 받으며 항공기 주변 기압에는 영향을 받지 않는다.

22 물방울이 섭씨 0도 이하의 기온에서 액체상태를 지속적으로 유지하는 것을 무엇이라 하는가?

① 과냉각수　② 이슬
③ 착빙　④ 빙정

23 지표면에서 기온역전이 가장 잘 일어날 수 있는 조건은?

① 바람이 많고 기온차가 매우 높은 낮
② 약한 바람이 불고 구름이 많은 밤
③ 강한 바람과 함께 강한 비가 내리는 낮
④ 맑고 약한 바람이 존재하는 서늘한 밤

> 기온역전은 맑은 날 새벽, 바람이 약하고 내륙지역에서 지표면의 복사냉각으로 발생한다. 기온역전으로 인해 안개와 서리가 발생하여 교통장애 및 농작물 피해를 일으키며 대도시에는 스모그현상이 유발된다.

24 안정된 대기 상태에 해당되지 않는 것은?

① 얇고 넓게 퍼진 층운형 구름 발생
② 잔잔한 대기
③ 좁고 두터운 적운형 구름 발생
④ 역전층

> ● **안정된 대기 상태**
> - 공기의 이동이 거의 없거나 약함(대류작용 없음)
> - 수평방향으로만 발달하는 층운형 구름이나 안개가 생김
> - 역전층 : 일반적 대기는 고도가 높을수록 온도가 낮아지는데, 이에 반해 고도가 높을수록 온도가 높아지는 구간을 말하며, 역전층은 높은 위치에 온도가 높고, 낮은 위치에 온도가 낮기 때문에 낮은 곳에는 무거운 공기가 있으므로 매우 안정한 상태를 가진다. 이 층에는 대류가 잘 일어나지 않아 공기가 정체되어 오염물질의 확산이 이뤄지지 않아 대기오염도가 심해진다.
>
> ● **불안정한 대기상태**
> - 강한 상승기류로 공기 덩어리가 상승하면서 기온이 이슬점과 같아지면 응결이 일어나 구름 발생
> - 수직으로 발달하는 적운형 구름이 생김

25 안정된 대기에 해당하는 것은?

① 시정이 매우 불량하다.
② 공기의 이동이 활발하다.
③ 상승기류가 강하며 강한 강수가 나타난다.
④ 오염물질의 확산이 안된다.

> 대기가 안정되면 공기의 이동이 둔해지므로 오염물질의 확산이 약해진다.

정답 | 18 ④ 19 ② 20 ③ 21 ② 22 ① 23 ④ 24 ③ 25 ④

26 다음 중 안정된 대기의 특성이 아닌 것은?

① 층운형 구름
② 잔잔한 기류
③ 적운형 구름
④ 넓은 지역에 약한 비

> 안정된 대기란 공기의 대류현상이 거의 없는 상태이므로 보기에서 ①, ②, ④에 해당된다.
> • 층운형 구름은 안개와 비슷한 구름으로, 상승 기류가 약하고 옆으로 퍼지는 모양으로 발생하며, 넓은 지역에 이슬비가 내린다.
> • 적운형 구름은 수직으로 발달한 구름으로, 불안정한 기층에서 상승 기류가 발생하며 만들어진다.

3 구름과 강우

01 구름의 형성조건으로 맞는 것은?

① 공기 덩어리의 상승으로 단열 압축이 일어날 때
② 공기밀도가 높을 때
③ 수증기가 풍부할 때
④ 노점이 높을 때

> 구름의 형성 조건 : 풍부한 수증기, 단열팽창, 이슬점(노점)보다 낮은 기온, 응결핵
> ※ 지표의 따뜻한 공기는 단열 팽창에 의해 공기밀도가 낮아지고 기온이 내려간다.

02 구름의 생성과정을 올바르게 표현한 것은?

① 공기 상승 → 단열 팽창 → 이슬점 도달 → 수증기의 응결 → 구름 생성
② 공기 상승 → 이슬점 도달 → 단열 팽창 → 수증기의 응결 → 구름 생성
③ 공기 상승 → 단열 압축 → 이슬점 도달 → 수증기의 응결 → 구름 생성
④ 공기 상승 → 이슬점 도달 → 단열 압축 → 수증기의 응결 → 구름 생성

> 구름의 생성 과정
> 공기 상승 → 단열 팽창(기온 하강) → 이슬점 도달 → 수증기의 응결(물방울 생성) → 구름 생성

03 이슬, 안개, 구름이 형성될 수 있는 조건은?

① 수증기가 응축될 때
② 수증기가 존재할 때
③ 기온이 노점보다 높을 때
④ 공기가 하강할 때

> 이슬, 안개, 구름의 응결은 기온이 이슬점보다 낮을 때 수증기가 응축되어 발생한다.

04 짙은 회색의 구름층으로 강수를 동반한 구름은?

① ST   ② AS
③ NS   ④ CU

> 난층운은 비층구름이라고도 하며, 짙은 회색의 구름층으로 연속적인 비나 눈을 내리게 한다.
> ① ST : 층운   ② AS : 고층운
> ③ NS : 난층운   ④ CU : 적운

05 다음 중 태양을 완전히 가리며 짙고 어두운 구름은?

① CI(권운)   ② CC(권적운)
③ NS(난층운)   ④ ST(층운)

> 난층운(NS)은 태양을 완전히 가릴 정도로 짙고 어두운 층으로 된 구름으로 지속적인 강수의 원인이 된다.

06 6500ft 이하에서 발생하는 구름의 종류는?

① 권층운   ② 고층운
③ 적운   ④ 층운

> 6500ft 이하는 하층운에 해당하며 난층운, 층적운, 층운이 있다.

07 불안정한 공기가 존재하며 수직으로 발달한 구름으로 쎈구름이라고도 하는 구름은?

① 적운(CU)   ② 층운(ST)
③ 고층운(AS) ④ 권운(CI)

> 수직으로 발달한 구름에는 적운, 적란운이 있다.

정답 | 26 ③ **3** 01 ③ 02 ① 03 ① 04 ③ 05 ③ 06 ④ 07 ①

08 다음 중 하층운에 속하는 구름은?

① 층운 ② 고층운
③ 권적운 ④ 권운

하층운은 지표면과 고도 2km(6,500ft) 사이에 형성되는 구름으로 대부분 과냉각된 물로 이루어져 있다. 저층운은 난층운, 층적운, 층운이 있다.

09 주로 여름철 천둥이나 번개를 동반하여 소나기를 내리는 구름은?

① 층적운 ② 층운
③ 적란운 ④ 권층운

대류성 기류에 의해 발생하는 구름은 주로 하층운(난층운, 층적운, 층운)에서 발생한다.

10 다음 중 높은 구름의 대부분을 구성하고 있는 것은?

① 수증기 ② 응축핵
③ 빙정 ④ 미세먼지

높은 구름은 노점 이하의 온도이므로 주로 수증기보다 빙정으로 구성된다.

11 다음 중 서리에 대한 설명 중 틀린 것은?

① 날개의 양력 발생을 감소시키며 항력이 증가한다.
② 항공기 표면에 생성된 서리는 제거하지 않아도 된다.
③ 대기 중의 수증기가 승화작용에 의해 지표면이나 물체의 표면에 얼어붙는 것이다.
④ 늦가을 이슬점이 0°C 이하일 때 주로 발생한다.

서리는 대기 중 수증기가 많고 바람이 없는 맑은 날의 복사냉각으로 인해 기온이 낮아지며 발생하기 쉽다.

12 3/8~4/8 운량의 표기 내용이 의미하는 것은?

① FEW ② SCT
③ BKN ④ OVC

운량법 표기
• Sky Clear (SKC, CLR) : 구름없음, 0/8 또는 0/10
• Few Clouds (FEW) : 1/10~3/10 또는 1/8~2/8
• Scattered (SCT) : 4/10~5/10 또는 3/8~4/8
• broken (BKN) : 6/10~9/10 또는 5/8~7/8
• overcast (OVC) : 하늘을 뒤덮은 상태, 8/8 또는 10/10

13 운량 구분 시 구름의 상태가 5/8 ~ 7/8이 나타내는 것은?

① Sky Clear (SKC/CLR)
② overcast (OVC)
③ Scattered (SCT)
④ broken (BKN)

14 운량 구분 시 구름의 상태가 3/8~4/8이 나타내는 것은?

① SKC ② FEW
③ SCT ④ BKN

15 운량 측정 시 하늘의 상태가 overcast는 무엇인가?

① 1 ② 7/8
③ 0 ④ 1/10

'overcast'는 하늘을 뒤덮은 상태로 8/8, 10/10 즉 '1'을 의미하며, '0'은 '구름 없음'을 나타낸다.

16 다음 중 강수현상에 속하지 않은 것은?

① 우박 ② 가랑비
③ 빙정 ④ 안개

강수 : 가랑비, 비, 눈, 얼음조각, 우박, 빙정 등을 모두 포함한 용어

정답 | 08 ① 09 ③ 10 ③ 11 ② 12 ② 13 ④ 14 ③ 15 ① 16 ④

17 다음 중 강수 발생률이 높은 상태는?

① 온난한 하강기류
② 수직기류
③ 수평기류
④ 강한 상승기류

> • 대류성 : 복사열에 의한 공기 상승으로 소나기나 뇌우 발생
> • 저기압성 : 저기압 지역에서 공기상승으로 인해 생성된 전선에서 발생
> • 지형성(산악형) : 지형에 의해 습윤기단이 상승하여 발생

18 다음 중 이슬비로 분류되는 크기는?

① 직경 0.5mm 이하
② 직경 0.6mm 이하
③ 직경 0.9mm 이하
④ 직경 1mm 이하

19 항공기상에서 주변에 비해 기압이 상대적으로 낮은 영역을 무엇이라 하는가?

① 고기압   ② 바람
③ 저기압   ④ 기단

20 북반구 고기압에서의 바람방향 및 형태는?

① 시계방향으로 불며 중심 부근에서 발산한다.
② 반시계방향으로 불며 중심 부근에서 수렴한다.
③ 시계방향으로 불며 중심 부근에서 수렴한다.
④ 반시계방향으로 불며 중심 부근에서 발산한다.

> 북반구 고기압 : 시계방향으로 불며 가운데서 발산한다.

21 북반구의 고기압과 저기압의 회전방향으로 올바른 것은?

① 고기압 – 시계방향, 저기압 – 시계방향
② 고기압 – 시계방향, 저기압 – 반시계방향
③ 고기압 – 반시계방향, 저기압 – 시계방향
④ 고기압 – 반시계방향, 저기압 – 반시계방향

22 북반구 고기압의 특성으로 맞는 것은?

① 온난고기압은 키가 작고 중심이 주위보다 한랭하다.
② 공기의 수평수렴은 지표면 근처에서 일어나고, 상층에서는 수평발산에 의해 공기가 유출된다.
③ 북반구에서는 시계방향으로 중심부에서 분출한다.
④ 일반적으로 대기가 불안정하다.

> ① 온난고기압은 키가 크고 중심이 주위보다 온난하다.
> ②, ④ 저기압에 대한 설명이다.

23 북반구의 저기압에 대한 설명 중 올바르지 않은 것은?

① 강수는 공기를 수렴하는 저기압 중심에 발생한다.
② 저기압에 동반된 한랭전선은 저기압 중심에서 남서쪽으로 향한다.
③ 북반구에서 시계방향으로 분다.
④ 상승기류가 발생한다.

> 북반구에서 저기압은 반시계방향으로 분다.

24 키가 크고, 대기안정도가 가장 불안정한 기압은?

① 온난고기압
② 한랭저기압
③ 온난저기압
④ 한랭고기압

> 한랭저기압 : 동일한 고도에서 저기압 중심 부근의 기온이 주위보다 한랭하고 기온감률이 급하여 상층으로 갈수록 저기압성 순환이 증가하고 서서히 이동하는 저기압이다. 온난저기압에 비해 키가 크고 저기압 주변의 대기안정도는 일반적으로 불안정하다.
> ※ 키가 큰 기압 : 온난고기압, 한랭저기압

정답 | 17 ④ 18 ① 19 ③ 20 ① 21 ② 22 ③ 23 ③ 24 ②

4 공기의 흐름

01 대기를 움직이는 힘과 가장 거리가 먼 것은?

① 기압 경도력
② 전향력
③ 구심력
④ 지구의 공전

> **대기를 움직이는 힘**
> • 기압경도력 : 수평면 상 두 지점의 기압차로 발생하는 힘
> • 전향력 : 지구 자전으로 발생하는 힘
> • 원심력 및 구심력 : 원운동에서 밖으로 나가려는 힘(구심력의 경우 대기의 운동에서 등압선이 곡선일 때 나타나는 힘)
> • 마찰력 : 지표면과 공기의 마찰에 의해 발생하는 힘

02 바람을 일으키는 근본적인 원인은 무엇인가?

① 공기밀도 차이
② 고도 차이
③ 자전과 공전
④ 기압 차이

> 공기의 흐름, 즉 바람을 유발하는 근본적인 원인은 복사열이 지표면에 불균형하게 흡수됨에 따라 나타나는 기압의 차이에 의해 발생한다. (즉, 공기가 가열되면 상승하여 찬 성질의 고기압이 이동하며 바람이 발생한다.)

03 수평풍을 일으키는 힘 중 두 지점 사이에 압력이 다를 때 압력이 큰 쪽에서 작은 쪽으로 힘이 작용하게 되는 것은?

① 편향력
② 지향력
③ 기압경도력
④ 지면마찰력

> 기압경도력은 두 지점 사이에 압력이 다르면 압력이 큰 쪽에서 작은 쪽으로 힘이 작용하게 되는 것이다. 기압경도력은 두 지점 간의 기압차에 비례하고 거리에 반비례한다.

04 지구의 자전으로 인하여 지구의 표면을 따라 운동하는 물체의 진행방향을 휘게 만드는 가상의 힘은?

① 마찰력
② 원심력
③ 기압경도력
④ 전향력

05 전향력에 대한 설명으로 틀린 것은?

① 코리올리 힘이라 한다.
② 북반구에서 오른쪽으로 편향된다.
③ 위도가 증가함에 따라 전향력은 감소한다.
④ 남반구에서 왼쪽으로 편향된다.

> 전향력은 위도가 증가함에 따라 증가하여 극에서 최대가 된다.

06 지구에서 전향력이 최대인 지역은?

① 중위도
② 적도
③ 북극
④ 저위도

> 전향력은 적도에서 0, 극지방에서 최대이다.

07 바람에 대한 설명으로 틀린 것은?

① 풍향은 관측자를 기준으로 불어가는 방향이다.
② 바람은 공기의 흐름, 즉 운동하는 공기이다.
③ 지균풍은 상층대기에서 일정하게 부는 바람으로 마찰력이 작용하지 않는 바람이다.
④ 지상풍은 지표면에서 1km 이내의 지형, 굴곡, 건물 등과의 마찰력이 작용하는 바람이다.

> 풍향은 관측자를 기준으로 불어오는 방향이다.

08 다음 중 풍속의 단위가 아닌 것은?

① m/s
② kph
③ knot
④ mile

> mile은 거리의 단위이다.

09 주간에는 해수면에서 육지로 바람이 불며, 야간에는 육지에서 해수면으로 부는 바람은?

① 해풍
② 해륙풍
③ 계절풍
④ 국지풍

정답 | 4 01 ④ 02 ④ 03 ③ 04 ④ 05 ③ 06 ③ 07 ① 08 ④ 09 ②

10 다음 중 해풍에 해당하는 설명은?

① 밤에 해상에서 육지로 부는 바람
② 낮에 해상에서 육지로 부는 바람
③ 여름철에 육지에서 해상으로 부는 바람
④ 겨울철에 해상에서 육지로 부는 바람

> • 해풍 : (낮에) 바다 → 육지
> • 육풍 : (밤에) 육지 → 바다

11 다음 중 해풍의 특징으로 올바른 것은?

① 낮에 육지에서 바다로 부는 바람이다.
② 낮에 바다에서 육지로 부는 바람이다.
③ 낮에 육지가 바다보다 늦게 가열되어 바다로 부는 바람이다.
④ 낮에 바다에서 저기압이 발생되고 육지에는 고기압이 발생되어 부는 바람이다.

> 해풍은 낮에 육지가 바다보다 빨리 가열되므로 상승기류가 발생되어 저기압이 되고, 바다는 고기압이 되어 바다에서 육지로 분다. (고기압에서 저기압으로 이동하므로)

12 여름에는 해양에서 대륙으로, 겨울에는 대륙에서 해양으로 부는 바람은?

① 지상풍 ② 계절풍
③ 산곡풍 ④ 대륙풍

13 산바람과 골바람의 설명으로 맞는것은?

① 산바람은 산 정상부에서 아래로 불고, 골바람은 산 아래에서 정상부로 분다.
② 산바람은 낮에, 골바람은 밤에 생성된다.
③ 골바람은 낮에 하강기류가 발생하며 산 아래로 분다.
④ 산바람은 산악지역에서 낮에 가열된 공기의 상승기류로 산맥을 따라 분다.

> • 골바람(곡풍) : 낮, 골짜기 → 산 정상 (상승기류)
> • 산바람(산풍) : 밤, 산 정상 → 골짜기 (하강기류)

14 해륙풍과 산곡풍에 대한 설명으로 잘못 연결된 것은?

① 낮에 산 정상에서 골짜기로 공기가 이동하는 것을 산풍이라고 한다.
② 낮에 바다에서 육지로 공기가 이동하는 것을 해풍이라고 한다.
③ 낮에 골짜기에서 산 정상으로 공기가 이동하는 것을 곡풍이라고 한다.
④ 밤에 육지에서 바다로 공기가 이동하는 것을 육풍이라고 한다.

> • 해풍 : 낮에 바다 → 육지
> • 육풍 : 밤에 육지 → 바다
> • 곡풍 : 낮에 골짜기 → 산 정상
> • 산풍 : 밤에 산 정상 → 골짜기

15 보퍼트 풍력계급으로 풍속을 구분할 때 바람을 느끼고 나뭇잎이 흔들리기 시작할 때의 풍속은?

① 0~0.2 m/s
② 1.6~3.3 m/s
③ 5.5~7.9 m/s
④ 8.0~10.7 m/s

> 보퍼트 풍력계급
> ① 0~0.2 m/s : 고요(연기가 똑바로 올라감)
> ② 1.6~3.3 m/s : 남실바람(나뭇잎이 움직이며, 얼굴에 바람이 느껴짐)
> ③ 5.5~7.9 m/s : 건들바람(먼지가 일고 종이 조각이 날리며 작은 가지가 움직임)
> ④ 8.0~10.7 m/s : 흔들바람(작은 나무가 흔들리며, 강이나 호수에 물결이 일어남)

16 보퍼트 풍력 등급에서 작은 나무가 흔들리고 호수에 흰 물결이 일어날 때의 풍속은?

① 1.6~3.3 m/s
② 5.5~7.9 m/s
③ 8.0~10.7 m/s
④ 10.8~13.8 m/s

정답 | 10 ② 11 ② 12 ② 13 ① 14 ① 15 ② 16 ③

17 산 정상과 골짜기 사이의 온도차에 의한 기압차로 인해 발생하는 바람으로 국지풍인 것은?

① 지상풍
② 계절풍
③ 산곡풍
④ 푄(Foehn) 현상

18 순간 최대 풍속이 17knot 이상이며, 실제 바람관측 시간 10분 안에 최대풍속이 평균 풍속보다 10knot 이상이 될 때의 바람은?

① 돌풍　　　② 경도풍
③ 윈드시어　④ 지균풍

> 돌풍(gust)는 일정 시간 내(약 10분간)에 평균 풍속보다 10knot 이상의 차이가 있으며, 순간 최대 풍속이 17knot 이상의 강풍이다.

19 갑자기 불기 시작하여 몇 분 동안 계속된 후 갑자기 멈추는 바람을 무엇이라고 하는가?

① 돌풍(Gust)
② 스콜(Squall)
③ 윈드시어(Wind Shear)
④ 마이크로버스트(Microburst)

> 스콜은 풍속의 증가가 매초 8m 이상, 풍속이 매초 11m 이상에 달하고 적어도 1분 이상 그 상태가 지속되는 경우의 바람을 말하며, 갑자기 불기 시작하여 몇 분 동안 계속된 후 갑자기 멈추는 바람으로 풍향이 급변할 때가 많다.

20 바람에 대한 설명으로 틀린 것은?

① 윈드시어는 강한 상승기류에 의해 항공기의 이착륙 시 위험을 초래할 수 있다.
② 마이크로버스트는 강한 하강기류에 의해 발생한다.
③ 풍향은 기압경도력, 전향력, 마찰력에 영향을 받는다.
④ 등압선의 간격이 좁은 곳에서 바람의 세기는 강하다.

21 제트기류에 대한 설명으로 틀린 것을 고르면?

① 남북 간의 온도차가 큰 겨울철에 특히 빠르며 에너지 수송을 담당한다.
② 길이가 2,000~3,000km, 폭은 수백km, 두께는 수km의 강한 바람이다.
③ 제트기류 내의 거대한 저기압성 굴곡은 순환과 에너지를 공급함으로써, 거대한 중위도 저기압을 일으킨다.
④ 남반구에서는 겨울이 여름보다 강하고 남북의 기온 경도가 여름과 겨울이 크게 다르기 때문에 위치가 남으로 내려간다.

> 북반구에서는 겨울이 여름보다 강하고, 남북의 기온 경도가 여름과 겨울이 크게 다르므로 남으로 내려간다.

5 기단과 전선

01 한랭 다습하고 주로 장마철에 가장 큰 영향을 주는 기단은?

① 북태평양 기단
② 시베리아 기단
③ 양쯔강 기단
④ 오호츠크해 기단

> ① 북태평양 기단 : 고온, 다습(여름)
> ② 시베리아 기단 : 한랭, 건조(겨울)
> ③ 양쯔강 기단 : 고온, 건조(봄가을)
> ④ 오호츠크해 기단 : 한랭, 다습(장마기)

02 다음 우리나라에 영향을 미치는 기단 중 해양성 한대 기단으로 초여름 장마기에 불연속의 장마전선을 이루어 영향을 미치는 기단은?

① 북태평양 기단
② 양쯔강 기단
③ 오호츠크해 기단
④ 시베리아 기단

정답 | 17 ③　18 ①　19 ②　20 ①　21 ④　**5**　01 ④　02 ③

03 여름철에 우리나라에 가장 큰 영향을 주는 기단은?

① 북태평양 기단
② 시베리아 기단
③ 양쯔강 기단
④ 오호츠크해 기단

04 우리나라에서 봄이나 가을에 영향을 주는 기단은?

① 양쯔강 기단
② 시베리아 기단
③ 북태평양 기단
④ 오호츠크해 기단

05 주로 우리나라의 봄과 가을에 이동성 고기압과 함께 동진하여 따뜻하고 건조한 일기를 나타내는 기단은?

① 오호츠크해 기단   ② 양쯔강 기단
③ 북태평양 기단   ④ 적도 기단

06 성질이 서로 다른 기단 사이가 부딪쳐 발생되는 경계를 무엇이라 하는가?

① 전선 발생   ② 전선면
③ 전선   ④ 전선 충돌

- 전선면 : 성질이 다른(온도가 다른) 두 기단이 부딪쳐 경계를 이루는 면
- 전선 : 전선면이 지표면과 만나는 선

07 온난전선의 특징이 아닌 것은?

① 소나기나 뇌우·우박 등 궂은 날씨를 동반하는 경우가 많다.
② 따뜻한 공기가 차가운 공기 쪽으로 이동해 간다.
③ 더운 공기가 찬 공기 위를 타고 오른다.
④ 이동속도가 느리고 기울기가 적고, 넓은 지역에 걸쳐 강수가 나타나며 강수강도는 약하다.

①은 한랭전선에 대한 설명이다.

08 한랭 전선에 대한 설명으로 올바른 것은?

① 따뜻한 공기가 찬 공기의 아래로 들어갈 때 생기는 전선이다.
② 따뜻한 공기가 찬 공기의 위를 타고 올라가며 생기는 전선이다.
③ 찬 공기가 따뜻한 공기의 위를 타고 올라가면 생기는 전선이다.
④ 찬 공기가 따뜻한 공기의 아래로 들어갈 때 생기는 전선이다.

두 기단이 만날 때 찬 공기는 아래로, 따뜻한 공기는 위로 이동하며, 한랭전선은 찬 공기(주체)가 따뜻한 공기 아래로 파고들며 생긴다.

09 온난전선에 대한 설명으로 옳은 것은?

① 찬 공기가 더운 공기를 하단으로 밀어내며 빠르게 이동한다.
② 전선면의 기울기가 가파르고, 전선에 층운형 구름을 형성한다.
③ 온난전선이 통과하면 시정이 나쁘고 이슬비가 내린다.
④ 비교적 좁은 지역에 소나기와 같은 강한 비가 내린다.

① 북태평양 기단 : 고온다습
② 시베리아 기단 : 한랭
③ 양쯔강 기단 : 고온건조(봄가을)
④ 오호츠크해 기단 : 건기

10 한랭전선의 특징이 아닌 것은?

① 좁은 지역에 소나기나 우박이 내린다.
② 적운형 구름이 발생한다.
③ 따뜻한 기단이 찬 기단으로 이동할 때 생긴다.
④ 온난전선에 비해 이동속도가 빠르다.

- 한랭전선은 찬 공기가 따뜻한 공기 쪽으로 파고들 때 형성되는 전선을 말한다.
- 적운형 구름이 발생하며, 소나기나 뇌우·우박 등 궂은 날씨를 동반하는 경우가 많다.
- 찬 공기가 따뜻한 공기 속으로 파고들기 때문에 이동속도가 빠르고 경사도 급하다.

정답 | 03 ① 04 ① 05 ② 06 ② 07 ① 08 ④ 09 ③ 10 ③

11 한랭기단과 온난기단이 만날 때 한랭기단의 찬 공기가 온난기단의 따뜻한 공기 아래로 들어가며 발생하며, 전선 부근에 소나기나 뇌우나 우박 등을 동반하는 전선은?

① 온난전선
② 한랭전선
③ 정체전선
④ 폐색전선

- 온난 전선 : 따뜻한 공기가 찬공기 위를 타고 올라가며 생긴다.
- 한랭 전선 : 한랭기단이 온난 기단 밑으로 파고들어 따뜻한 공기를 밀어 올려 형성된다.
- 정체 전선 : 한랭기단과 온난 기단의 세력이 비슷할 때에는 전선이 이동하지 않고 대치된 상태로 장마전선이 해당된다.
- 폐색 전선 : 두 종류의 한랭기단이 만나는 곳에서 차가운 공기가 지표면으로 내려가면서 따뜻한 공기가 들어오는 것을 차단시켜 생긴다.

12 태풍이 발생하는 조건으로 알맞은 것은 어느 것인가?

① 열대성 저기압
② 열대성 고기압
③ 열대성 폭풍
④ 편서풍

태풍은 열대성 저기압의 한 종류로, 수온이 따뜻한 해상에서 발생한다.

13 다음 보기에서 설명한 전선에 해당하는 것은?

> 세력이 비슷한 두 전선이 만나 대치되며 생기는 전선으로 우리나라 부근에서는 초여름 장마전선이 이에 해당된다.

① 한랭전선
② 온난전선
③ 정체전선
④ 폐색전선

14 해양성 기단으로 매우 습하고 덥다. 주로 7~8월에 태풍과 함께 한반도 상공으로 이동하는 기단은?

① 오호츠크해기단
② 양쯔강기단
③ 북태평양기단
④ 적도기단

적도기단 : 적도 부근에 위치하는 고온 다습한 기단이다. 태평양, 인도양, 대서양에 띠모양으로 분포하며, 해양성 기단에 속한다. 해양에서 증발한 대량의 수증기를 포함하고 있는데, 우리나라에 태풍과 함께 북상하는 기단이다.

6 비행안전에 관련된 기상현상

01 난기류의 영향이 미치지 않은 것은?

① 소나기
② 뇌우
③ 저고도의 윈드시어
④ 안개

난류가 발생하는 기상 상황
① 적란운 구름이 형성될 때 발생하는 난류
② 산악파에서 의한 난류
③ 청천 난류
④ 지표면 전선에 의해 발생하는 난류 – 전선은 2개의 기단 사이에 생기는 윈드시어, 수직기류, 한랭전선에서 난류가 많이 발생한다.
⑤ 항공기 후류에 의해 발생하는 난류 – 항공기가 비행하며 발생하는 항적 난류에 의해 발생한다.
⑥ 저고도 윈드시어에 의해 발생하는 난류 – 저고도에서

02 난기류의 발생 조건과 거리가 먼 것은?

① 온난전선
② 이륙 직후의 대형 항공기 후류
③ 맑은 날 낮에 국부적으로 가열된 지역
④ 지표면 마찰에 의해 발생

일반적으로 한랭전선이 층상구름을 동반하는 온난전선에 비해 난류현상이 많이 발생한다.

정답 | 11 ② 12 ① 13 ③ 14 ④ 6 01 ④ 02 ①

03 난류의 강도 종류에 체감 정도로 올바르지 않는 것은?

① 약한 난류는 항공기 조종에 크게 영향을 미치지 않으며, 비행방향과 고도유지에 지장이 없다.
② 보통 난류는 상당한 흔들림을 느껴 조종통제력을 상실한다.
③ 심한 난류는 흔들림이 크고 고도변화가 있으며 순간적으로 조종통제력을 잃는다.
④ 극심한 난류는 항공기 손상을 초래할 수 있으며, 심하게 흔들리며 조종이 불가능하다.

보통 난류는 흔들림이 크나 조종통제력은 가능하다.

04 난류가 발생하는 상태로 틀린 것은?

① 적란운 구름이 형성될 때 발생한다.
② 지표면 형상에 따른 소용돌이로 발생한다.
③ 윈드시어가 발생한다.
④ 안정된 대기에서 주로 발생한다.

난류의 종류
- 적란운 구름이 형성될 때 발생하는 난류 – 대류성 난기류
- 산악파에서 기인한 난류
- 지표면 전선에 의해 발생하는 난류
- 항공기 후류에 의해 발생하는 난류
- 저고도 기온역전에 의해 발생하는 난류
- 저고도 윈드시어에 의해 발생하는 난류
- 청천 난기류 –제트기류와 관련

05 구름과 달리 안개의 가장 큰 특징은?

① 주변에 수증기 공급원이 있다.
② 대기 중에 수증기를 다량 포함한다.
③ 지표면에 접해 있으며, 시정이 1km 미만이다.
④ 공기가 이슬점 온도(노점) 이하로 냉각된다.

①, ②, ④는 구름과 안개의 공통된 발생원인이다.
구름은 주로 상승기류에 의한 공기의 단열팽창으로 공기가 냉각되며, 안개는 지표면 가까이에 접하며 시정이 1km 미만인 특징이 있다.

06 안개의 시정은 ( )km이다. 다음 중 ( ) 안에 들어갈 알맞은 것은?

① 0.5
② 1
③ 1.5
④ 2

안개의 시정조건 : 1km

07 안개에 대한 설명으로 틀린 것은?

① 물방울의 집단으로 지표면 가까이에서 발생한다.
② 안개의 수평가시거리가 2km 이하이다.
③ 안개가 발달하기 위해 응결핵이 많아야 한다.
④ 이류안개는 습윤한 공기가 한랭한 육지로 이동하면서 발생한다.

안개의 수평시정거리는 1km(1000m) 이하이다.

08 안개의 종류에 해당되지 않는 것은?

① 대류안개
② 이류안개
③ 복사안개
④ 증기안개

안개의 종류 : 복사안개, 증기안개, 이류안개, 증기안개, 활승안개

09 다음 보기에서 설명하는 안개에 해당하는 것은?

[보기] 야간에 지면 근처의 공기가 이슬점 이하로 냉각되어 수증기가 지상의 물체 위에 응결하여 이슬이나 서리가 되고 지면 근처 얇은 기층에 안개가 형성된다.

① 활승안개
② 복사안개
③ 증기안개
④ 이류안개

- 활승안개 : 산
- 복사안개 : 분지지역이나 농촌
- 증기안개 : 호숫가나 강 (수온차가 7°C에서 발생)
- 이류안개 : 해상, 해안가

정답 | 03 ② 04 ④ 05 ③ 06 ② 07 ② 08 ① 09 ②

10 복사안개의 발생 조건과 거리가 먼 것은?

① 전날 비가 와서 매우 습한 상태
② 구름이 없는 야간지역
③ 세찬 바람이 부는 상태
④ 드넓은 평야지역

> 복사안개는 낮동안 받은 태양의 복사에너지를 밤에 방출하는 과정에서 공기온도가 떨어지며 이슬점 온도 이하로 냉각될 때 포화되는 안개를 말한다. 복사냉각은 구름이 없고 바람이 거의 불지 않는 안정된 대기상태에서 발생한다.

11 습윤하고 온난한 공기가 한랭한 수면이나 육지를 이동할 때 생기며, 주로 바다에서 발생되는 안개는?

① 활승안개　　② 복사안개
③ 증기안개　　④ 이류안개

12 안개가 발생하기 적합한 조건이 아닌 것은?

① 대기의 성층이 안정할 것
② 냉각 작용이 있을 것
③ 강한 난류가 존재할 것
④ 바람이 없을 것

13 안개가 생성되는데 영향을 주지 않는 것은?

① 안정된 대기의 성층
② 대기의 냉각 작용
③ 공기 중에 수증기와 부유물질
④ 강한 바람

> 안개의 발생조건
> • 대기의 성층이 안정될 것
> • 바람이 없을 것
> • 다습할 것
> • 냉각작용이 있을 것

14 이류안개가 가장 많이 발생되는 지역은?

① 넓은 평야 지역　　② 산간 내륙지역
③ 산 경사면　　　　④ 해안지역

> 이류안개는 습윤하고 온난한 공기가 한랭한 육지나 수면으로 이동해 생기는 안개를 말한다. 해상에서 생기는 이류안개는 해무 즉 바다안개라 한다.

15 습한 공기가 산 경사면을 타고 상승하면서 팽창함에 따라 공기가 노점 이하로 단열냉각되면서 발생하며, 주로 산악지역에서 관찰되고 구름의 존재에 관계없이 형성되는 안개는?

① 이류안개　　② 증기안개
③ 복사안개　　④ 활승안개

16 뇌우의 형성 조건으로 적합하지 않은 것은?

① 강한 하강기류
② 높은 습도
③ 공기의 상승운동
④ 불안정한 대기

> 뇌우의 형성 조건 : 불안정한 대기, 공기의 상승운동, 높은 습도

17 뇌우 발생 시 동반되는 기상이 아닌 것은?

① 돌풍　　② 소나기
③ 안개　　④ 번개

18 뇌우의 성숙단계에서 발생하는 현상이 아닌 것은?

① 적란운이 발달한다.
② 소나기 또는 우박, 천둥, 번개를 동반한다.
③ 상승기류가 발생하고 빗방울이 굵어진다.
④ 뇌우 상부층에는 강한 하강풍이 분다.

> 뇌우는 강한 상승기류에 의해 적란운이 발달하며, 구름 정상부에는 과냉각된 빙정입자가 만들어져 구름 아래에서 소나기나 우박이 만들어진다.

정답 | 10 ③　11 ④　12 ③　13 ④　14 ④　15 ④　16 ①　17 ③　18 ④

19 뇌우의 활동 단계 중 그 강도가 최대이고 밑면에서는 강수현상이 나타나는 단계는?

① 생성 단계 ② 누적 단계
③ 성숙 단계 ④ 소멸 단계

> 성숙단계에서 상승기류와 하강기류가 함께 나타난다. 강한 상승기류로 적란운이 발달하여 구름의 윗면은 쇠모루(anvil) 형상이 되며, 소나기(번개, 천둥, 우박)가 떨어져 하강기류도 함께 발달한다.

20 우박의 형성과 가장 밀접한 구름은?

① 권층운 ② 적란운
③ 층적운 ④ 난층운

21 다음 중 뇌운과 같이 동반하지 않는 것으로 옳은 것은?

① 하강기류 ② 우박
③ 안개 ④ 번개

22 비행기를 외부점검할 때 날개 위에 서리(frost)를 발견되었다. 올바른 조치사항은?

① 날개의 양력감소를 유발하기 때문에 비행 전에 반드시 제거해야 한다.
② 날개가 두꺼워져 양력을 증가시키는 요소가 되므로 제거해서는 안 된다.
③ 비행기의 착륙과 관계가 없으므로 비행 중 제거되지 않으면 제거될 때까지 비행하면 된다.
④ 비행기의 이륙과 착륙에 무관하므로 정상절차만 수행하면 된다.

23 다음 중 항속거리가 가장 긴 바람의 방향은 무엇인가?

① 상공풍 ② 측풍
③ 정풍 ④ 배풍

> 배풍은 기체 뒤에서 앞으로 불어 활공거리(항속거리)가 가장 길다.

24 바람의 방향이나 세기가 갑자기 바뀌는 현상을 윈드시어(Wind shear)라고 한다. 윈드시어로 인한 발생되는 현상이 아닌 것은?

① 갑작스런 돌풍
② 강한 상승 기류
③ 청천난류
④ 항공기의 활주로 이탈

> 윈드시어
> • 강한 하강기류로 인해 바람 진행방향에 대한 수직 또는 수평방향의 풍속변화에 의해 발생되는 돌풍현상이다.
> • 항공기 이착륙 시 정풍이나 배풍의 급격한 증가로 인해 항공기 실속이나 활주로 이탈을 유발할 수 있다.

25 착빙현상(Icing)에 관한 설명 중 틀린것은?

① 표면에 마찰을 일으켜 항력을 증가시킨다.
② 양력을 감소시킨다.
③ 항공기의 비행에 영향을 미친다.
④ 착빙현상은 지표면의 기온이 추운 겨울철에만 조심하면 된다.

> 상공의 온도는 지표면과 달리 온도가 낮으므로 다른 계절에도 착빙이 나타날 수 있다.

26 다음 중 착빙에 대한 설명으로 틀린 것은?

① 착빙의 85%가 과냉각 수적 온도가 0~-10℃ 사이에서 발생한다.
② 빙결이하 온도에서 대기에 노출된 물체에 과냉각 물방울 또는 구름 입자가 충돌하여 기체 표면에 얼음피막이 형성된다.
③ 공기역학 특성이 저하되어 양력이 감소되고 항력은 증가된다.
④ 층운형 구름 속이나 평지 상공 위에서 착빙이 커진다.

> 착빙은 강한 비가 내리는 전선의 적운 속이나 산악에서 착빙성이 커진다.

정답 | 19 ③ 20 ② 21 ③ 22 ① 23 ④ 24 ② 25 ④ 26 ④

27 착빙의 종류가 아닌 것은?

① 거친 착빙　　② 이슬 착빙
③ 맑은 착빙　　④ 서리 착빙

> 착빙의 종류 : 구조 착빙(거친 착빙, 맑은 착빙, 혼합착빙), 서리 착빙, 유도 착빙

28 약 0~10°C 부근의 기온에서 입자가 큰 물방울이 충돌할 때 발생하고 비교적 무겁고 단단하며, 가장 위험한 형태의 착빙은?

① 서리 착빙　　② 거친 착빙
③ 맑은 착빙　　④ 구조 착빙

> 맑은 착빙은 거친 착빙에 비해 높은 온도에서 큰 입자의 과냉각 물방울이 충돌할 때 발생하며, 항공기 표면에 굳게 붙어 있어 가장 위험하다.

29 물방울이 비행장치의 표면에 부딪치면서 표면을 덮은 수막이 천천히 얼어붙고 투명하고 단단한 착빙은 무엇인가?

① 싸락눈　　② 거친 착빙
③ 서리　　　④ 맑은 착빙

30 맑은 착빙에 대한 설명이 아닌 것은?

① 수적에 공기를 포함하여 신속히 결빙하여 부서지기 쉽다.
② 항공기 표면에 붙어 항공기 날개의 형태를 변형시킨다.
③ 투명하고 견고하며, 매끄럽다.
④ 항공기 표면에 따라 고르게 흩어지며 천천히 결빙된다.

> ①은 거친 착빙에 대한 설명이다.

31 빙정이 백색의 깃털모양로, 포화 공기가 이슬점 온도까지 냉각되고, 그 이슬점 온도가 0°C 이하일 때 수증기가 직접 빙결 축적되어 발생하는 착빙은?

① 맑은 착빙　　② 거친 착빙
③ 서리 착빙　　④ 유도 착빙

> 서리 착빙의 특징은 수증기가 빙결한다.

32 기체의 착빙에 대한 설명 중 틀린 것은?

① 양력과 무게를 증가시켜 추진력을 감소시킨다.
② 습도가 많은 공기가 기체표면에 부딪치면서 결빙이 발생한다.
③ 착빙은 엔진장치 안에도 생긴다.
④ 거친 착빙도 날개의 공기역학에 영향을 줄 수 있다.

> 착빙으로 인한 영향
> 양력 및 출력 감소, 무게 및 항력 증가, 공기역학적 특성 저하

33 비행체에 착빙이 예상될 때 조치사항으로 맞는 것은?

① 정상속도보다 속도를 줄인다.
② 비행 전 얼음을 제거한다.
③ 저고도로 비행한다.
④ 고고도로 비행한다.

34 시정에 대한 설명으로 틀린 것은?

① 시정이란 정상적인 눈으로 먼 곳의 목표물을 볼 때 인식될 수 있는 거리이다.
② 시정은 한랭 기단 속에서 가장 나쁘고, 온란 기단 속에서 가장 좋다.
③ 습도가 90%를 넘거나 안개가 끼면 시정이 급격히 나빠질 수 있다.
④ 시정을 나타내는 단위는 '마일(mile)'이다.

> 일반적으로 기상상태에서 시정은 강우보다 안개에 가장 큰 영향을 미친다.
> 온란기단에서 안개가 발생하기 쉬우므로 가장 나쁘다.

정답 | 27 ② 28 ③ 29 ④ 30 ① 31 ③ 32 ① 33 ② 34 ②

35 다음 중 시정(Visibility)의 종류에 해당되지 않는 것은?

① 우시정
② 좌시정
③ 기상학적 시정
④ 활주로 시정

> 시정의 종류 : 기상학적 시정, 우시정, 활주로 시정, 수직 시정, 경사시정 등
> ※ 우시정의 '우'는 좌우 개념이 아니라, 'Prevailing, 우세한'을 의미한다.

36 다음 중 시정에 직접적인 영향을 미치지 않는 것은?

① 바람
② 황사
③ 연무
④ 안개

> 시정 장애를 일으키는 요소
> 안개, 연무(박무), 연기, 황사, 화산재 등

37 다음 중 우시정에 대한 설명에 해당하는 것은?

① 관측자가 서 있는 위치에서 시정이 가장 큰 각도부터 점차 작은 각도를 더해가서 합친 각도의 합계가 90도 이상이 될 때의 가장 낮은 시정값을 말한다.
② 관측자가 서 있는 위치에서 시정이 가장 작은 각도부터 점차 큰 각도를 더해가서 합친 각도의 합계가 90도 이상이 될 때의 가장 높은 시정값을 말한다.
③ 관측자가 서 있는 위치에서 시정이 가장 큰 각도부터 점차 작은 각도를 더해가서 합친 각도의 합계가 180도 이상이 될 때의 가장 낮은 시정값을 말한다.
④ 관측자가 서 있는 위치에서 시정이 가장 큰 각도부터 점차 작은 각도를 더해가서 합친 각도의 합계가 180도 이상이 될 때의 가장 높은 시정값을 말한다.

38 다음 중 관제권 안에 있는 비행장에서 이착륙하기 위한 시계방향 기상상태는?

① 운고 450m, 지상시정 1500m 이상
② 운고 540m, 지상시정 5000m 이상
③ 운고 450m, 지상시정 5000m 이상
④ 운고 540m, 지상시정 1500m 이상

> 제172조(시계비행의 금지)에 의해 시계비행방식으로 비행하는 항공기는 해당 비행장의 운고가 450m(1500ft) 미만 또는 지상시정이 5km 미만인 경우에는 관제권 안에 비행장에서 이착륙을 하거나, 관제권 안으로 진입할 수 없다.

39 등압선에 대한 설명 중 바른 것은?

① 등압선의 간격이 조밀하면 좁은 곳 강풍이 분다.
② 등압선이란 기압이 같은 지점을 연결해 놓은 선이다.
③ 조밀할 경우 기압경도력이 매우 작다.
④ 1,000hPa을 기준으로 하여 4hPa 간격으로 표현한다.

> 등압선의 간격이 좁을수록 기압의 차가 크므로 바람의 세기가 강하다.

40 METAR(항공기기상보고)에서 +RA FG는 무엇을 의미하는가?

① 보통 비와 안개가 낌
② 강한 비 이후 안개
③ 보통 비와 강안 안개
④ 강한 비와 강한 안개

41 항공정기 기상보고에서 풍향의 기준이 되는 것은?

① 자북
② 도북
③ 진북
④ 편차각

> • 진북 : 지리학적으로 북쪽으로 북극점이 있는 방향으로 지구가 자전할 때의 축이 되는 북극 방향이다.
> • 자북 : 나침판에서 가리키는 북쪽 방향으로, 위치가 달라지므로 절대적인 북쪽 위치를 나타내지 못한다.
> • 도북 : 지도상의 북쪽을 말한다.

정답 | 35 ② 36 ① 37 ③ 38 ③ 39 ① 40 ② 41 ③

CHAPTER 04

Ultra Light Vehicle - Drone Pilot

초경량비행장치 항공법규

Section 01 초경량비행장치의 기준
Section 02 항공안전법
Section 03 초경량비행장치 항공사업법

SECTION 01 | 초경량비행장치의 기준

Ultra Light Vehicle - Drone Pilot

동력

- **동력비행장치**
  - 자체중량 115kg 이하(탑승자, 연료 및 비상용 장비의 중량 제외)
  - 좌석이 1개일 것

- **회전익비행장치**
  - 자체중량 115kg 이하(탑승자, 연료 및 비상용 장비의 중량 제외)
  - 좌석이 1개인 동력을 이용하는 초경량 헬리콥터 또는 초경량 자이로플레인

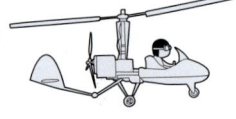

- **동력 패러글라이더**
  - 패러글라이더에 추진장치를 부착한 비행장치
  - 착륙장치가 없는 비행장치
  - 착륙장치가 있는 것으로서 자체중량 115kg 이하(탑승자, 연료 및 비상용 장비의 중량 제외), 좌석이 1개인 동력을 이용하는 비행장치

- **무인비행장치**
  - 사람이 탑승하지 않는 비행장치
  - **무인동력비행장치** : 연료의 중량을 제외한 자체중량 150kg 이하인 무인비행기, 무인헬리콥터 또는 무인멀티콥터
  - **무인비행선** : 연료의 중량을 제외한 자체중량 180kg 이하이고, 길이가 20m 이하인 무인비행선

무동력

- **행글라이더**
  - 자체중량 70kg 이하(탑승자 및 비상용 장비의 중량 제외)로서 체중이동, 타면조종 등의 방법으로 조종하는 비행장치

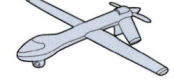

- **패러글라이더**
  - 자체중량 70kg 이하(탑승자 및 비상용 장비의 중량 제외)로서 날개에 부착된 줄을 이용하여 조종하는 비행장치

- **낙하산류**
  - 항력(抗力)을 발생시켜 대기(大氣) 중을 낙하하는 사람 또는 물체의 속도를 느리게 하는 비행장치 (공기의 저항)

- **기구류**
  - 기체의 성질·온도차 등을 이용하는 비행장치
  - 유인자유기구 또는 무인자유기구, 계류식(繫留式)기구
  - 야구장 광고용 열기구와 같이 바닥에 고정된 형태

※ 자체중량 = 자체무게

 초경량비행장치 ← 경량비행장치 ← 항공기

기준 : 150kg   기준 : 600kg

SECTION 02 항공안전법

Ultra Light Vehicle - Drone Pilot

Pass Key Point
- 항공안전법상의 용어
- 초경량비행장치의 신고
- 초경량비행장치의 안전성 인증
- 초경량비행장치 조종자 증명 구분
- 초경량비행장치의 비행승인
- 공역의 종류 및 구분
- 초경량비행장치 조종자의 준수사항
- 초경량비행장치의 특별비행승인
- 벌칙(벌금 및 과태료)

【 한눈에 보는 초경량비행장치의 신고에서 말소까지 과정 】

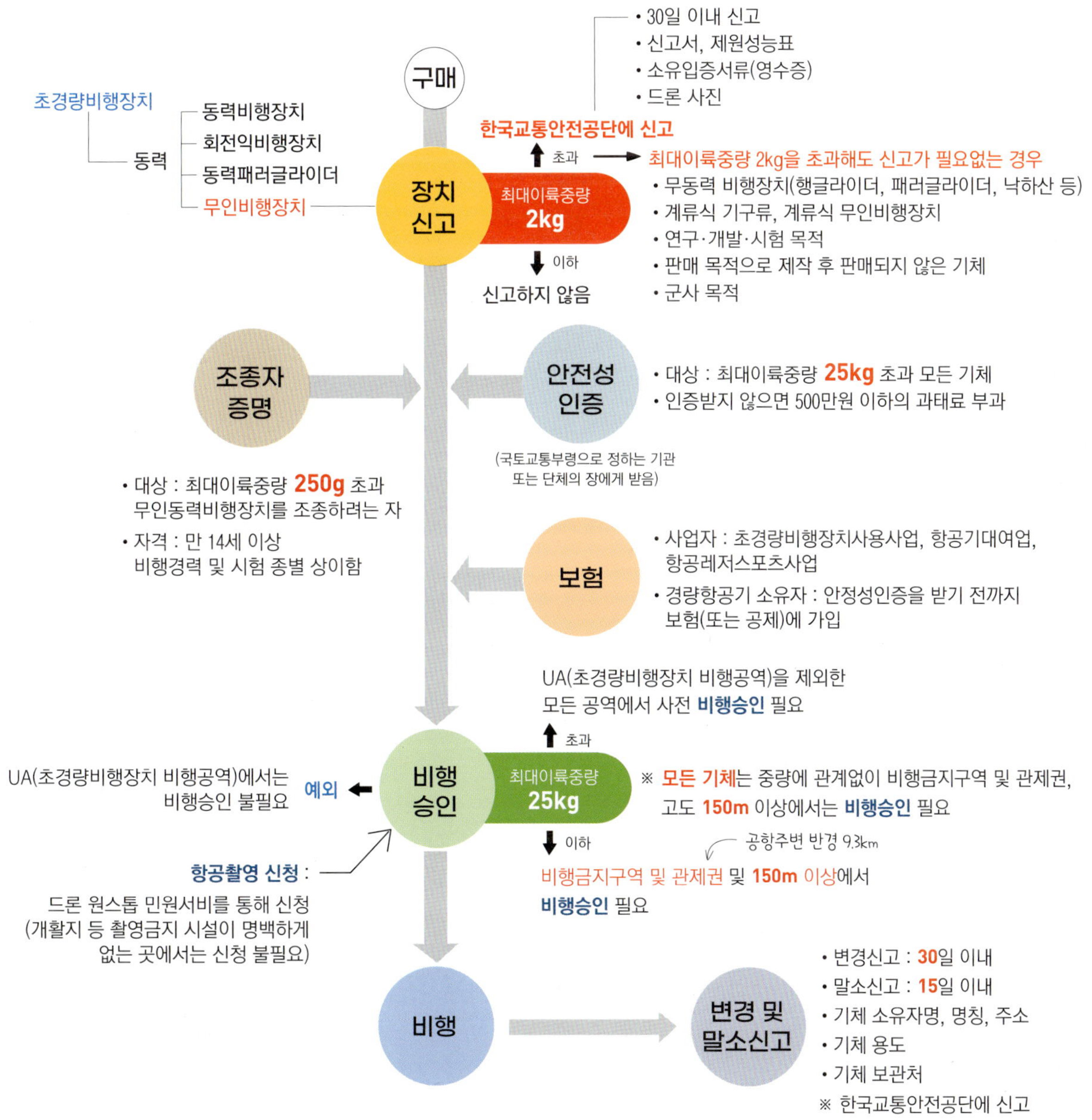

초경량비행장치 - 동력
- 동력비행장치
- 회전익비행장치
- 동력패러글라이더
- 무인비행장치

구매 → 장치 신고
- 30일 이내 신고
- 신고서, 제원성능표
- 소유입증서류(영수증)
- 드론 사진

한국교통안전공단에 신고

최대이륙중량 **2kg** 초과 → 최대이륙중량 2kg을 초과해도 신고가 필요없는 경우
- 무동력 비행장치(행글라이더, 패러글라이더, 낙하산 등)
- 계류식 기구류, 계류식 무인비행장치
- 연구·개발·시험 목적
- 판매 목적으로 제작 후 판매되지 않은 기체
- 군사 목적

2kg 이하 → 신고하지 않음

조종자 증명
- 대상 : 최대이륙중량 **250g** 초과 무인동력비행장치를 조종하려는 자
- 자격 : 만 14세 이상 비행경력 및 시험 종별 상이함

안전성 인증
- 대상 : 최대이륙중량 **25kg** 초과 모든 기체
- 인증받지 않으면 500만원 이하의 과태료 부과

(국토교통부령으로 정하는 기관 또는 단체의 장에게 받음)

보험
- 사업자 : 초경량비행장치사용사업, 항공기대여업, 항공레저스포츠사업
- 경량항공기 소유자 : 안정성인증을 받기 전까지 보험(또는 공제)에 가입

비행 승인

UA(초경량비행장치 비행공역)에서는 비행승인 불필요 ← 예외

UA(초경량비행장치 비행공역)을 제외한 모든 공역에서 사전 **비행승인** 필요

최대이륙중량 **25kg** 초과

※ **모든 기체**는 중량에 관계없이 비행금지구역 및 관제권, 고도 150m 이상에서는 **비행승인** 필요
(공항주변 반경 9.3km)

25kg 이하 → 비행금지구역 및 관제권 및 150m 이상에서 **비행승인** 필요

항공촬영 신청 :
드론 원스톱 민원서비스를 통해 신청
(개활지 등 촬영금지 시설이 명백하게 없는 곳에서는 신청 불필요)

비행 → 변경 및 말소신고
- 변경신고 : **30일** 이내
- 말소신고 : **15일** 이내
- 기체 소유자명, 명칭, 주소
- 기체 용도
- 기체 보관처
※ 한국교통안전공단에 신고

chapter 04

137

01 항공관련법령 및 용어

- 항공안전법은 **국제 민간항공법규에 근거**한다.
- 시카고 조약 : 1944년 12월 ICAO에서 제정, 미국 시카고에서 서명(1952.12 가입)
- **협약**(체약국 상공비행, ICAO 조직운영, 분쟁과 위약)과 **부속서**로 구성

- 항공안전법에서의 초경량비행장치 관련 법규 사항
- 항공안전법 : 초경량비행장치의 신고, 안전성 인증, 조종자증명 등
- 항공사업법 : 초경량비행장치사용사업의 등록, 준용규정
- 공항시설법 : 공항 및 비행장의 개발, 이착륙장, 항행안전시설 등

1 초경량항공기 관련 법률 (2017년 3월 항공법을 다음과 같이 구분)

- **항공안전법** : 국제민간항공협약에 따라 항공기, 경량항공기(초경량비행장치)가 안전하고 효율적인 항행을 위한 방법과 국가, 항공사업(종사)자 등의 의무에 관한 사항을 규정 → 생명 재산 보호 및 항공기술발전
- **항공사업법** : 항공운송사업, 사용사업, 취급, 대여, 초경량비행장치사용 항공 레저스포츠, 상업서류송달사업, 교통이용자 보호 등 항공정책 수립 및 항공사업에 관한 제반 여건 마련
- **공항시설법** : 공항 · 비행장 개발 · 관리 · 운영, 항행안전시설의 설치 · 운영

2 법령상 관련 용어

① **항공기** : 공기의 반작용으로 뜰 수 있는 기기로서 최대이륙중량, 좌석 수 등 국토교통부령으로 정하는 기준에 해당하는 기기와 그 밖에 대통령령으로 정하는 기기(비행기, 헬리콥터, 비행선, 활공기)

② **경량항공기** : 항공기 외에 공기의 반작용으로 뜰 수 있는 기기로서 최대이륙중량, 좌석수 등 국토교통부령으로 정하는 기준에 해당하는 비행기, 헬리콥터, 자이로플레인 및 동력패러슈트 등

③ **초경량비행장치** : 항공기와 경량항공기 외에 공기의 반작용으로 뜰 수 있는 장치로서 자체중량, 좌석 수 등 국토교통부령으로 정하는 기준에 해당하는 동력비행장치, 행글라이더, 패러글라이더, 기구류 및 무인비행장치 등

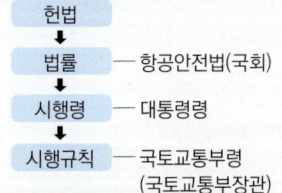

▶ 참고) 법령의 구조

즉, 세부규칙은 국토교통부에서 정한다.

④ **초경량비행장치사고** : 초경량비행장치를 사용하여 비행을 목적으로 이륙하는 순간부터 착륙하는 순간까지 발생한 다음의 어느 하나에 해당하는 것으로서 국토교통부령으로 정하는 것
- 초경량비행장치에 의한 사람의 사망, 중상 또는 행방불명
- 초경량비행장치의 추락, 충돌 또는 화재 발생
- 초경량비행장치의 위치를 확인할 수 없거나 초경량비행장치에 접근이 불가능한 경우

- 비행정보구역
  (FIR : Flight Information Region)
  - 해당구역을 비행 중인 항공기에서 항공교통업무를 제공하는 국제적 공역분할의 기본 단위 공역으로 로 한다.
  - 우리나라 공역 관할권은 인천 비행정보구역 내이며, 우리나라의 모든 공역들이 이 구역 내에 설정된다.

⑤ **비행정보구역**(FIR)* : 항공기, 경량항공기 또는 초경량비행장치의 안전하고 효율적인 운항과 수색 또는 구조에 필요한 정보를 제공하기 위한 공역(空域)

⑥ **영공** : 대한민국의 영토와 「영해 및 접속수역법」에 따른 내수 및 영해의 상공

⑦ **항공로** : 국토교통부장관이 항공기, 경량항공기 또는 초경량비행장치의 항행에 적합하다고 지정한 지구 표면상에 표시한 공간의 길

⑧ **항공종사자** : 항공업무에 종사하려는 사람은 국토교통부령으로 정하는 바에 따라 국토교통부장관으로부터 항공종사자 자격증명을 받아야 한다. (다만, 항공업무 중 무인항공기의 운항 업무인 경우 예외)

⑨ **비행장** : 항공기·경량항공기·초경량비행장치의 이·착륙을 위한 일정한 구역 (대통령령)

⑩ **이착륙장** : 비행장 외에 경량항공기 또는 초경량비행장치의 이·착륙을 위하여 사용되는 육지 또는 수면의 일정한 구역(대통령령)

⑪ **항행안전시설** : 유·무선통신, 인공위성, 불빛, 색채 또는 전파를 이용하여 항공기의 항행을 돕는 시설(국토교통부령)

▶ 항공등화
불빛, 색채 또는 형상을 이용하여 항공기의 항행을 돕기 위한 항행안전시설

⑫ **관제권** : 비행장 또는 공항과 그 주변의 공역으로서 항공교통의 안전을 위한 공역(국토교통부장관 지정·공고)

⑬ **관제구** : 지표면 또는 수면으로부터 200m 이상 높이의 공역으로서 항공교통의 안전을 위한 공역(국토교통부장관 지정·공고)

⑭ **초경량비행장치사용사업** : 타인의 수요에 맞추어 초경량비행장치를 사용하여 유상으로 농약살포, 사진촬영 등의 업무를 하는 사업(국토교통부령)

02 ▶ 초경량비행장치의 신고

1 초경량비행장치의 최초 신고

1) 무인동력비행장치 신고 대상
   ① 사업용 : 무게와 무관하며 모든 기체 신고
   ② 비사업용 : 최대이륙중량 2kg 초과 시 신고

▶ 무인동력비행장치 : 무인비행기, 무인헬리콥터, 무인멀티콥터(드론)

2) **신고방법** (항공안전법 시행규칙 제301조)
   ① 초경량비행장치소유자등은 안전성인증을 받기 전까지 초경량비행장치 신고서에 다음 서류를 첨부하여 **한국교통안전공단 이사장**에게 제출하여야 한다.
   - 초경량비행장치의 소유 또는 사용 권리가 증명하는 서류(매매계약서, 거래명세서, 영수증 등)
   - 초경량비행장치의 제원 및 성능표
   - 초경량비행장치 사진(가로 15cm, 세로 10cm의 측면사진)

   ② 초경량비행장치소유자등은 비행 시 신고증명서를 휴대해야 하며, **신고증명서의 신고번호를 해당 장치에 표시**해야 한다.

▶ 한국교통안전공단은 신고서 및 변경신고를 받고 7일 이내 신고 여부를 신고인에게 통지해야 한다.

▶ 신고 후에 신고번호를 표시하지 않은 경우 과태료 100만원 이하

▶ 이해) 신고가 필요없는 범위는 사고 시 인명·재산 피해가 최소인 초경량비행장치로 구분한다.

▶ 신고 기준 변경
초경량비행장치 중 무인동력비행장치는 자체중량이 아니라 최대이륙중량을 기준으로 2kg 이하이다.

3) 신고가 필요없는 범위(비사업용만 해당)
① 행글라이더, 패러글라이더 등 무동력 비행장치
② 기구류(사람이 탑승하는 것은 제외)
③ 계류식 무인비행장치
④ 낙하산류
⑤ 무인동력비행장치 중에서 최대이륙중량이 2kg 이하인 것
⑥ 무인비행선 중에서 연료의 무게를 제외한 자체무게가 12kg 이하이고, 길이가 7m 이하인 것
⑦ 연구기관 등이 시험·조사·연구 또는 개발을 위해 제작한 기체
⑧ 제작자가 판매를 목적으로 제작하였으나 판매되지 않고 비행에 사용되지 않은 기체
⑨ 군사목적으로 사용되는 초경량비행장치

▶ 말소신고를 하여야 하는 경우(초경량비행장치 신고 업무 운영세칙)
- 초경량비행장치가 멸실되었거나 해체된 경우
- 초경량비행장치의 존재 여부가 2개월 이상 불분명한 경우
- 초경량비행장치가 외국에 매도된 경우
- 신고 대상 기체가 소유자 변경 등으로 인하여 미신고 대상이 된 경우

▶ 말소의 의미
기체의 유실, 사고 등으로 인한 파손, 해체(정비나 보관을 위한 해체는 제외) 등의 사유로 기체를 사용하지 못하는 상태

▶ 말소신고를 하지 아니한 초경량비행장치소유자에 대한 벌칙: 과태료 30만원 이하

2 초경량비행장치의 변경 및 말소 신고
(항공안전법 시행규칙 제302, 303조)

① 변경 사항 : 용도, 소유자 성명·명칭·주소, 장치 보관장소
② 변경사유가 있는 날로부터 30일 이내
③ 말소사유가 있는 날로부터 15일 이내
④ 한국교통안전공단에 제출

03 초경량비행장치의 시험비행허가
(항공안전법 시행규칙 제304조)

▶ 시험비행허가 첨부 서류
- 장치 소개서
- 기술기준의 충족함을 입증할 서류
- 설계도면과 일치되게 제작되었음을 인정하는 서류
- 완성 후 상태, 지상 기능점검 및 성능시험 결과의 확인 서류
- 장치 조종절차 및 안전성 유지를 위한 정비방법을 명시한 서류
- 장치 사진(전체 및 측면사진)
- 시험비행계획서

▶ 인증담당 기관 : 항공안전기술원

① 시험비행 허가를 받으려면 시험비행허가 신청서에 국토교통부장관이 정한 초경량비행장치의 비행안전을 위한 기술상의 기준(초경량비행장치 기술기준)에 적합함을 입증할 수 있는 서류*를 첨부하여 국토교통부장관에게 제출하여야 한다.
② 대상
- 연구·개발 중에 있는 초경량비행장치의 안전성 여부를 평가하기 위하여 시험비행을 하는 경우
- 안전성인증을 받은 초경량비행장치의 성능개량을 수행하고 안전성여부를 평가하기 위하여 시험비행을 하는 경우
- 그 밖에 국토교통부장관이 필요하다고 인정하는 경우

04 초경량비행장치의 안전성 인증 (항공안전법 시행규칙 제305조)

1 개요

초경량비행장치로 비행하려면 국토교통부령으로 지정한 기관 또는 단체*에서 정한 유효기간, 절차·방법 등에 따라 비행안전을 위한 기술상의 기준에 적합하다는 안전성 인증을 받고 비행해야 한다.

▶ 안전성인증 기관 : 항공안전기술원

2 안전성 인증 대상

① 동력비행장치
② 행글라이더, 패러글라이더 및 낙하산류(항공레저스포츠사업에 사용되는 것만 해당)
③ 기구류(사람이 탑승하는 것만 해당)
④ 무인비행기, 무인헬리콥터, 무인멀티콥터 중에서 **최대이륙중량***이 **25kg을 초과**하는 것
⑤ 무인비행선 중에서 연료중량을 제외한 자체중량이 12kg을 초과하거나 길이가 7m를 초과하는 것
⑥ 회전익비행장치, 동력패러글라이더

▶ 최대이륙중량
 • 해당 기체가 이륙할 수 있는 최대중량
 • 예) 기체중량(기체만의 중량) + 배터리중량 + 임무수행을 위한 탑재물 중량

3 안전성 인증검사의 종류

① 초도 인증 : 국내에서 설계·제작하거나 외국에서 수입한 경우 최초로 실시
② 정기 인증 : 안전선 인증의 유효기간 만료일 도래되었을 때 새로운 안전성 인증을 받기 위해 실시
③ 수시 인증 : 비행의 안전에 영향을 미치는 대수리(개조) 후 기술기준에 적합여부를 확인하기 위해 실시
④ 재인증 : ①, ②, ③에서 부적합 판정을 받은 후 재인증을 위해 실시

▶ 정기 인증
 • 영리용 기체 : 1년마다 갱신
 • 비영리용 기체 : 2년마다 갱신

05 초경량비행장치의 조종자 증명 (항공안전법 시행규칙 제306조)

1 개요

초경량비행장치로 비행하려면 국토교통부령으로 지정한 기관 또는 단체에서 정한 자격기준 및 시험절차·방법에 따라 발급하는 증명을 받아야 하며, 해당 기관은 국토교통부의 승인에 의해 다음 사항을 변경·제출해야 한다.

① 증명 시험의 응시자격
② 증명 시험의 과목 및 범위
③ 증명 시험의 실시 방법과 절차
④ 증명 발급에 관한 사항
⑤ 그 밖에 국토교통부장관이 필요하다고 인정하는 사항

▶ **무인동력비행장치의 종 구분**

초경량비행장치 조종자 증명 규정 중 무인동력비행장치에 대한 자격기준, 시험실시 방법 및 절차 등은 다음 구분에 따른 장치별로 구분하여 정해야 한다.

구분	설명
1종	최대이륙중량 25kg 초과, 연료 중량을 제외한 자체중량이 150kg 이하인 무인동력비행장치
2종	최대이륙중량 7kg 초과, 25kg 이하인 무인동력비행장치
3종	최대이륙중량 2kg 초과, 7kg 이하인 무인동력비행장치
4종	최대이륙중량이 250g 초과, 2kg 이하인 무인동력비행장치

▶ **항공법상 음주 기준**
혈중 알코올농도 **0.02%** 이상
(참고 : 자동차 음주운전의 경우 0.03% 이상)

2 조종자 증명 구분

초경량비행장치의 안전성 인증 대상과 동일

3 조종자 증명의 취소 또는 1년 이내 효력정지의 경우

① 거짓이나 그 밖의 부정한 방법으로 증명을 받은 경우 (취소 대상)
② 다른 사람에게 자기의 성명을 사용하여 초경량비행장치 조종을 수행하게 하거나 초경량비행장치 조종자 증명을 빌려주거나 빌림 또는 이를 알선한 경우 (취소 대상)
③ 조종자 증명의 효력정지기간에 비행한 경우 (취소 대상)
④ 주류등의 섭취 및 사용 여부의 측정 요구에 따르지 아니한 경우 (취소 대상)
⑤ 초경량비행장치 조종자 증명의 효력정지기간에 초경량비행장치를 사용하여 비행한 경우 (취소 대상)
⑥ 항공안전법령을 위반하여 벌금 이상의 형을 선고받은 경우
⑦ 업무 수행 시 고의 또는 중대한 과실로 사고를 일으켜 인명피해나 재산피해를 발생시킨 경우
⑧ 안전교육을 받지 아니하고 비행을 한 경우
⑨ 초경량비행장치 조종자의 준수사항을 위반한 경우
⑩ 주류등의 영향으로 비행을 정상적으로 수행할 수 없는 상태에서 초경량비행장치를 사용하여 비행하거나 운전 중 주류 등을 섭취한 경우

06 초경량비행장치 전문교육기관 (항공안전법 시행규칙 제307조)

전문교육교관으로 지정받으려면 신청서에 전문교관의 현황, 교육시설 및 장비의 현황, 교육훈련계획 및 교육훈련규정에 관한 서류를 첨부하여 한국교통안전공단에 제출하여야 한다.

1) 전문교관
① 지도조종자 1명 이상 : 조종경력 **100시간** 이상, 조종교육교관과정 이수자
② 실기평가조종자 1명 이상 : 조종경력 **150시간** 이상, 실기평가과정 이수자

2) 시설 및 장비
① 강의실 및 사무실 각 1개 이상
② 이·착륙 시설
③ 훈련용 비행장치 1대 이상

▶ **전문교육기관의 교육과목, 교육시간, 평가방법 및 교육훈련규정 등**
교육훈련에 필요한 사항으로 국토교통부장관이 정하는 기준을 갖출 것

07 초경량비행장치의 비행승인

(항공안전법 시행규칙 제308조)

1 개요

① 관제권, 비행제한공역 및 비행금지구역에서 비행하려면 비행승인신청서를 지방항공청장에게 제출해야 한다.
② 지방항공청장은 제출된 신청서를 검토한 결과 비행안전에 지장을 주지 아니한다고 판단되는 경우에는 이를 승인하여야 한다.
  → 동일지역에서 반복적으로 이루어지는 비행에 대해서는 6개월의 범위에서 비행기간을 명시하여 승인할 수 있다.
③ 비행승인 신청요청서 기입 항목
  - 신청인 : 인적사항(성명, 생년월일, 주소, 연락처)
  - 비행장치 : 종류/형식, 용도, 소유자, 신고번호, 안전성인증번호
  - 비행계획 : 일시 또는 기간, 비행구역, 비행목적/방식, 비행경로/고도
  - 조종자 : 인적사항, 자격번호 또는 비행경력
  - 동승자 : 인적사항
  - 탑재장치 : 무선송수신기, 2차감시레이더용 트랜스폰더
④ 최대이륙중량 25kg 기준에 따른 비행승인

구분	승인 여부
최대이륙중량 25kg 이하	• 비행금지구역 및 관제권에서 비행하거나 그 밖의 일반공역에서 고도 150m(500ft) 이상에서 비행할 경우에만 승인이 필요 • 초경량비행장치 비행공역(UA)에서는 비행할 경우 승인이 필요없음
최대이륙중량 25kg 초과	• 모든 구역에서 승인이 필요 • 초경량비행장치 비행공역(UA)에서만 승인이 필요없음

▶ 즉, 최대이륙중량 25kg 이하일 경우 관제권 및 비행금지구역을 제외한 지역에서 150m 미만의 고도에서는 자유롭게 비행 할 수 있다. (단, 서울지역의 경우 관제권 및 비행금지구역 외에도 비행제한구역에서의 비행 시 수도방위사령부, 관할지역 항공청 등의 승인이 필요하다.)

⑤ 비행승인이 필요없는 경우
  - 군용·경찰용 또는 세관용 무인비행장치
  - 재해·재난 등으로 인한 수색·구조, 화재의 진화, 응급환자 후송, 그 밖에 국토교통부령으로 정하는 공공목적으로 긴급히 비행(훈련)하는 경우
  - 최저비행고도(150m) 미만의 고도에서 운영하는 계류식 기구
  - 관제권, 비행금지구역 및 비행제한구역 외의 공역에서 비행하는 무인비행장치
  - 가축전염병의 예방 또는 확산 방지를 위하여 소독·방역업무 등에 긴급하게 사용하는 무인비행장치
  - 무인동력비행장치(최대이륙중량 25kg 이하)
  - 무인비행선(자체중량 12kg 이하이고 길이 7미터 이하)

▶ 비행금지구역임에도 6개월의 범위에서 비행기간을 명시하여 승인할 수 있는 경우 (다음의 요건을 모두 충족하여야 함)
  • 교육목적을 위한 비행
  • 최대이륙중량이 7kg 이하
  • 비행구역 : 학교의 운동장
  • 비행시간 : 정규 및 방과 후 활동 중
  • 비행고도 : 고도 20m 이내
  • 안전·국방 등 비행금지구역의 지정 목적을 저해하지 않을 것

2 비행승인 대상이 아니더라도 비행승인이 필요한 경우

① 관제구(통제구역) : 국토교통부령으로 정하는 고도* 이상에서 비행
  → 비행하는 항공기와 충돌 위험 방지
② 관제권(통제구역) : 비행장으로부터 반경 9.3km 이내인 곳
  → 이착륙하는 항공기와 충돌 위험 방지
③ 비행금지구역(휴전선, 서울도심 상공 일부, 원전) → 국방보안상의 이유로 금지

▶ 국토교통부령으로 정하는 고도
- 사람 또는 건축물이 밀집된 지역 : 해당 초경량비행장치를 중심으로 수평거리 150m(500ft) 범위 안에 있는 가장 높은 장애물의 상단에서 150m
- 지표면·수면 또는 물건의 상단에서 150m → 예) 건물의 높이가 30m라면 180m

3 항공사진 촬영

① 2023년 1월 6일부터 항공촬영 허가제도가 신청사항으로 바뀌어 운영되고 있으며, 드론 원스톱 민원서비스(https://drone.onestop.go.kr)를 통해 항공촬영을 신청하도록 한다.
② 개활지 등 촬영금지 시설이 명백하게 없는 곳에서는 신청하지 않아도 된다.

08 공역

1 공역의 정의와 지정

① 항공기, 초경량 비행장치 등의 안전한 활동을 보장하기 위하여 지표면 또는 해수면으로부터 일정 높이의 특정범위로 정해진 공간
② 국가의 무형자원 중의 하나로 항공기 비행의 안전, 우리나라 주권보호 및 방위목적으로 지정하여 사용
③ 국토교통부장관은 공역을 체계적이고 효율적으로 관리하기 위해 비행정보구역을 다음과 같이 구분하여 지정·공고할 수 있다.

▶ 항공교통업무에 따른 공역 등급
공역에 따라 항공교통관제업무, 교통정보, 비행정보업무, 비행조언업무의 유무가 달라짐
- 관제공역 : A~E 등급
- 비관제공역 : F~G 등급

등급	설명
A	모든 항공기가 계기비행을 하여야 하는 공역
B	• 계기비행 및 시계비행을 하는 항공기가 비행 가능 • 모든 항공기에 분리를 포함한 항공교통관제업무가 제공
C	• 모든 항공기에 항공교통관제업무제공 • 시계비행 항공기 : 교통 정보만 제공
D	• 모든 항공기에 항공교통관제업무가 제공 • 계기비행 항공기와 시계비행 항공기에 교통정보만 제공
E	• 계기비행 항공기 : 항공교통관제업무 제공 • 시계비행 항공기 : 교통정보 제공
F	• 계기비행 항공기 : 비행정보업무와 항공교통조언 업무 제공 • 시계비행 항공기 : 비행정보업무 제공
G	모든 항공기에 비행정보업무만 제공

2 관제공역과 비관제공역

1) 관제공역(A~E 등급 공역)

① 항공기의 비행 순서·시기 및 방법 등에 관하여 국토교통부장관 또는 항공교통업무증명을 받은 자의 지시를 받아야 할 필요가 있는 공역으로, 관제권 및 관제구를 포함하는 공역(항공교통관제업무가 제공)

구분	내용
관제권	비행정보구역 내의 B, C 또는 D 등급 공역 중에서 시계 및 계기비행을 하는 항공기에 대한 항공교통관제업무를 제하는 공역
관제구	비행정보구역 내의 A~E 등급 공역에서 시계 및 계기비행을 하는 항공기에 대한 항공교통관제업무를 제하는 공역 (관제권보다 범위가 넓음)

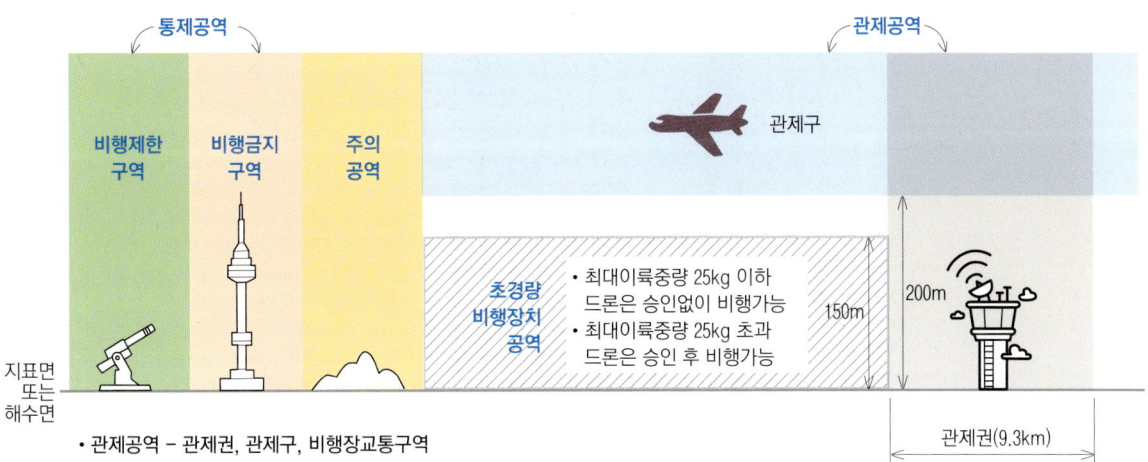

【공역 개념】

- 관제공역 – 관제권, 관제구, 비행장교통구역
- 비관제공역 – 조언구역, 정보구역
- 통제구역 – 비행금지구역, 비행제한구역, 초경량비행장치비행제한구역
- 주의공역 – 훈련구역, 군작전구역, 위험구역, 경계구역, 초경량비행장치비행구역
  ※ 국내 초경량 비행장치 공역 : 이 공역 내에는 승인없이 비행 가능

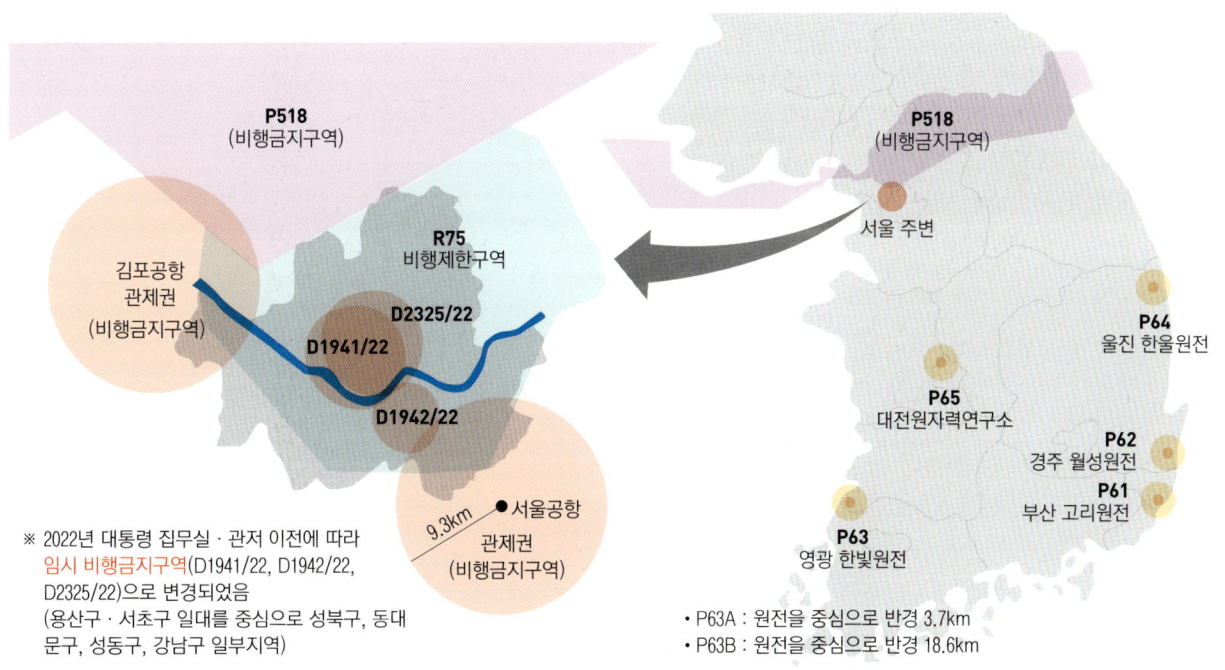

【비행금지구역】

2) 비관제공역(F~G 등급 공역)

관제공역 외의 공역으로서 조종사에게 비행에 관한 항공교통조언이나 비행정보를 제공할 필요가 있는 공역(항공교통관제업무가 제공되지 않음)

구분	내용
조언 구역	항공교통조언업무가 제공되도록 지정
정보 구역	비행정보업무가 제공되도록 지정

3) 통제공역

항공교통의 안전을 위하여 비행을 금지하거나 제한할 필요가 있는 공역

구분	내용
비행금지구역 (P, Prohibited Area)	안전, 국방상 그 밖의 이유로 항공기의 비행을 금지 (서울강북지역, 휴전선, 원전 주변) • D1941/22, D1942/22, D2325/22 : 대통령 집무실, 대통령 관저 및 사저 • P518 : 휴전선 기준 특정지역 위도와 경도를 이어 지정한 구역 – 관할 : 합동참모본부 • P61 : 부산 고리원전 • P62 : 경주 월성원전 • P63 : 영광 한빛원전 • P64 : 울진 한울원전 • P65 : 대전원자력연구소
비행제한구역 (R, Restricted Area)	항공사격·대공사격 등으로 인한 위험으로부터 항공기 안전을 보호하거나, 그 밖의 사유로 비행허가를 받지 않는 비행을 제한 • R75 : 서울 지역 및 경기도 일부지역
초경량비행장치 비행제한구역 (URA)	초경량비행장치의 안전확보를 위해 비행활동을 제한 (관제공역, 통제공역, 주의공역)

▶ 알파벳 약자의 의미
 • P– : Prohibited (금지)
 • R– : Restricted (제한)

▶ 비행금지구역에서의 비행 신청 :
지방항공청이나 국방부

▶ 비행제한구역에서의 비행 신청 :
지방항공청장

4) 주의공역

항공기의 조종사가 비행 시 특별한 주의·경계·식별 등이 필요한 공역

구역	내용
훈련구역	민간항공기의 훈련공역 계기비행 항공기로부터 분리를 유지할 필요가 있는 공역
군작전구역	군사작전을 위해 설정된 공역 계기비행 항공기로부터 분리를 유지할 필요가 있는 공역
위험구역	비행 시 항공기 또는 지상시설물에 대한 위험이 예상되는 공역

▶ 주의공역의 표시
 • CATA : 훈련구역, Civil Aviation Training Aea
 • MOA : 군작전구역, Military Operation Area
 • D8 : 한울원자로발전소
  – Danger(위험의 의미)
 • A20T : 20전투비행단
  – Alert(경계의 의미)

구역	내용
경계구역	대규모 조종사 훈련이나 비정상적인 항공활동이 수행되는 공역
초경량비행장치 비행구역	초경량비행장치의 비행활동이 수행되는 공역으로, 그 주변을 비행하는 자의 주의가 필요한 공역

5) 국내 초경량 비행장치 공역 (UA, Ultralight vehicle flight Area)

33개의 공역이 지정되어 있으며, 이 공역 내에서는 별도 승인없이 비행이 가능하다.

09 구조지원 장비 장착 의무 (항공안전법 시행규칙 제309조)

비행제한구역에서 비행 시 안전한 비행과 사고 시 신속한 구조활동을 위해 다음의 국토교통부령으로 정한 장비를 장착 또는 휴대해야 한다.

① 위치추적이 가능한 표시기 또는 단말기
② 조난구조용 장비 (①의 장비를 갖출 수 없는 경우만 해당)
③ 구급의료용품, 휴대용 소화기
④ 기상정보 확인 장비
⑤ 항공교통관제기관과 무선통신을 할 수 있는 장비

▶ ④, ⑤의 경우 무인비행장치 조종자는 적용하지 않는다.

▶ 구조지원장비 장착의무 대상 기체
• 동력을 이용하지 아니하는 비행장치
• 계류식 기구
• 동력패러글라이더
• 무인비행장치

10 초경량비행장치 조종자의 준수사항 (금지 행위) (항공안전법 시행규칙 제310조)

1 금지 행위

① 인명이나 재산에 위험을 초래할 우려가 있는 낙하물을 투하하는 행위
② 주거지역, 상업지역 등 인구가 밀집된 지역이나 그 밖에 사람이 많이 모인 장소의 상공에서 인명 또는 재산에 위험을 초래할 우려가 있는 방법으로 비행하는 행위(사람 또는 건축물이 밀집된 지역의 상공에서 건축물과 충돌할 우려가 있는 방법으로 근접하여 비행하지 말 것)
③ 관제공역, 통제공역, 주의공역에서 비행하는 행위 ──────→ 예외
  → 지방항공청장의 허가 필요
④ 안개 등으로 인하여 지상목표물을 육안으로 식별할 수 없는 상태에서 비행하는 행위
⑤ 비행시정 및 구름으로부터의 거리기준을 위반하여 비행하는 행위
  → 예) 해발고도 900m 또는 장애물 상공 300m 중 높은 고도 이하일 경우
    · 비행시정 : 5000m
    · 구름과의 거리 – B·C·D·E 등급 : 수평 1500m, 수직 300m
      – F·G 등급 : 지표면 육안 식별 및 구름을 피할 수 있는 거리

• 군사목적으로 비행하는 경우
• 다음 비행장치가 관제권 또는 비행금지구역이 아닌 곳에서 최저비행고도(150미터) 미만의 고도에서 비행하는 경우
  – 최대이륙중량 25kg 이하인 무인비행기, 무인헬리콥터, 무인멀티콥터
  – 연료 무게를 제외한 자체중량 12kg 이하이고, 길이 7m 이하인 무인비행선

⑥ **야간**(일몰 후~일출 전)에 **비행**하는 행위
  → 야간 비행을 하려면 국토교통부 승인이 필요하며, 승인받은 후 승인 범위 내에서 비행 가능
⑦ 주류, 마약류 또는 환각물질 등의 영향으로 조종업무를 정상적으로 수행할 수 없는 상태에서 조종하는 행위 또는 비행 중 주류등을 섭취하거나 사용하는 행위
  → 법으로 규정된 음주제한 알코올 농도 : 0.02% 미만
⑧ 비행승인을 받지 않고 비행하는 행위
⑨ 그 밖에 비정상적인 방법으로 비행하는 행위

2 기타 준수사항

① 초경량비행장치 조종자는 항공기 또는 경량항공기를 육안으로 식별하여 미리 피할 수 있도록 주의하여 비행하여야 한다.
② 동력을 이용하는 초경량비행장치 조종자는 모든 항공기, 경량항공기 및 동력을 이용하지 아니하는 초경량비행장치에 대하여 진로를 양보하여야 한다.
③ 무인비행장치 조종자는 해당 무인비행장치를 육안으로 확인할 수 있는 범위에서 조종하여야 한다.
④ 항공레저스포츠사업에 종사하는 초경량비행장치 조종자는 다음 각 호의 사항을 준수하여야 한다.
  • 비행 전에 해당 초경량비행장치의 이상 유무를 점검하고, 이상이 있을 경우에는 비행을 중단할 것
  • 비행 전에 비행안전을 위한 주의사항에 대하여 동승자에게 충분히 설명할 것
  • 해당 초경량비행장치의 제작자가 정한 최대이륙중량 및 풍속 기준을 초과하지 아니하도록 비행할 것
  • 다음 각 목의 사항을 기록하고 유지할 것
    가. 탑승자의 인적사항(성명, 생년월일 및 주소)
    나. 사고 발생 시 비상연락·보고체계 등에 관한 사항
    다. 해당 초경량비행장치의 제작사 매뉴얼에 따른 비행 전·후 점검결과 및 조치에 관한 사항
    라. 기상정보에 관한 사항
    마. 비행 시작·종료시간, 이륙·착륙장소, 비행경로 등 비행에 관한 사항
  • 기구류 중 계류식으로 운영되지 않는 기구류의 조종자는 다음 각 목의 구분에 따른 사항을 관할 항공교통업무기관에 통보할 것
    가. 비행 전 : 비행 시작시간 및 종료예정시간
    나. 비행 후 : 비행 종료시간

※ 다목부터 마목까지의 사항은 기구류 중 계류식으로 운영되지 않는 기구류의 조종자에게만 해당

11 초경량비행장치사고의 보고 (항공안전법 시행규칙 제312조)

초경량비행장치사고를 일으킨 조종자 또는 그 초경량비행장치 소유자등은 다음 각 호의 사항을 지방항공청장에게 보고하여야 한다.

① 조종자 및 그 초경량비행장치소유자등의 성명 또는 명칭 (누가)
② 사고 발생 일시 및 장소 (언제, 어디서)
③ 초경량비행장치의 종류 및 신고번호 (무엇으로)
④ 사고의 경위 (어떻게)
⑤ 사람의 사상(死傷) 또는 물건의 파손 개요 (얼마나)
⑥ 사상자의 성명 등 사상자의 인적사항 파악을 위하여 참고가 될 사항

▶ 사고 발생 후 가입 보험사에 연락하여 보상 및 절차 진행

12 무인비행장치의 특별비행승인 (항공안전법 시행규칙 제312조의 2)

야간 비행이나 육안으로 확인할 수 없는 범위에서 비행할 경우 **특별비행승인** 신청서에 다음 서류를 첨부하여 국토교통부장관에게 제출해야 한다.

① 장치의 종류·형식 및 제원에 관한 서류
② 장치의 성능 및 운용한계에 관한 서류
③ **장치의 조작방법**에 관한 서류
④ **비행계획서**(비행절차, 비행지역, 운영인력 등 포함)
⑤ **안전성 인증서**(안전성인증 대상에 해당하는 장치만 한정)
⑥ 조종자의 조종 능력 및 경력 등 증명 서류
⑦ 보험 또는 공제 등의 가입을 증명하는 서류
⑧ 초경량비행장치 비행승인신청서
⑨ 그 밖에 국토교통부장관이 정하여 고시하는 서류

▶ 지방항공청장은 신청서를 제출받은 날부터 30일 이내에 특별비행을 위한 안전기준에 적합한지 여부를 검사·인정한 경우 무인비행장치 특별비행승인서를 발급한다.

13 초경량비행장치사용사업자에 대한 안전개선명령 (항공안전법 시행규칙 제313조)

초경량비행장치의 비행안전에 대한 방해 요소를 제거하기 위하여 필요한 사항으로서 다음의 사항에 대해 안전개선명령을 명할 수 있다.

① 초경량비행장치사용사업자가 운용중인 초경량비행장치에 장착된 안전성이 검증되지 아니한 장비의 제거
② 초경량비행장치 제작자가 정한 정비절차의 이행
③ 그 밖에 안전을 위하여 지방항공청장이 필요하다고 인정하는 사항

14 국가기관등 무인비행장치의 긴급비행 (항공안전법 시행규칙 제313조의 2)

국가, 지방자치단체, 공공기관은 대통령령으로 정하는 공공기관이 소유하거나 임차한 무인비행장치를 재해·재난 등으로 다음의 국토교통부령으로 정하는 공공목적으로 긴급한 비행을 하는 경우

    ① 재해·재난으로 인한 수색·구조 및 화재의 진화·예방
    ② 시설물 붕괴·전도 우려가 있을 시 안전진단
    ③ 응급환자 후송 또는 응급환자를 위한 장기(臟器) 이송 및 구조·구급활동
    ④ 산림 방제(防除)·순찰·산림보호사업을 위한 화물 수송
    ⑤ 대형사고 등으로 인한 교통장애 모니터링
    ⑥ 풍수해 및 수질오염 등이 발생하는 경우 긴급점검
    ⑦ 테러 예방 및 대응

15 벌칙(벌금 및 과태료)

1 벌칙 (항공안전법 제161조)

▶ 조종자 증명만 받지 않은 경우 300만원

위반사항	벌칙
• 주류등의 영향으로 초경량비행장치를 사용하여 비행을 정상적으로 수행할 수 없는 상태에서 초경량비행장치를 사용하여 비행을 한 사람(음주 비행) • 초경량비행장치를 사용하여 비행하는 동안에 주류 등을 섭취하거나 사용한 사람(비행 중 음주) • 음주 측정 요구에 따르지 아니한 사람	3년 이하 징역 또는 3천만원 이하의 벌금
• 안전성인증을 받지 아니한 초경량비행장치를 사용하여 조종자 증명을 받지 아니하고 비행을 한 사람	1년 이하 징역 또는 1천만원 이하의 벌금
• 초경량비행장치의 신고 또는 변경신고를 하지 아니하고 비행한 사람	6개월 이하 징역 또는 500만원 이하의 벌금
• 국토교통부장관의 승인을 받지 아니하고 초경량비행장치 비행제한공역을 비행한 사람 • 국토교통부장관의 허가를 받지 아니하고 무인자유기구를 비행시킨 사람 • 국토교통부장관의 승인을 받지 아니하고 초경량비행장치를 이용하여 관제권에서 비행함으로써 항공기 이착륙을 지연 또는 회항하게 하는 등 비행장 운영에 지장을 초래한 사람	500만원 이하의 벌금

2 과태료 (항공안전법 시행령 별표5)

위반사항	과태료(만원) 1차 위반	2차 위반	3차 위반
• 안전성인증을 받지 않고 비행한 경우	250	375	500
• 초경량비행장치 조종자 증명을 받지 않고 초경량비행장치를 사용하여 비행을 한 경우	200	300	400
• 150m 이상의 고도 이상에서 비행승인을 받지 않고 비행한 경우 • 다른 사람에게 자기의 성명을 사용하여 초경량비행장치 조종을 수행하게 하거나 초경량비행장치 조종자 증명을 빌려 준 경우 • 다른 사람의 성명을 사용하여 초경량비행장치 조종을 수행하거나 다른 사람의 초경량비행장치 조종자 증명을 빌린 경우 • 조종자 준수사항을 따르지 않고 초경량비행장치를 이용하여 비행을 한 경우	150	225	300
• 신고번호를 발급받은 초경량비행장치소유자등이 신고번호를 해당 초경량비행장치에 표시하지 않거나 거짓으로 표시한 경우 • 국토교통부령으로 정하는 장비*를 장착하거나 휴대하지 않고 초경량비행장치를 사용하여 비행을 한 경우	50	75	100
• 초경량비행장치사고에 관한 보고를 하지 않거나 거짓으로 보고한 경우 • 초경량비행장치의 말소신고를 하지 않은 경우	15	22.5	30

▶ 과태료 암기법
- 3차위반을 암기한 후 1차 위반은 3차위반 금액의 50%, 2차 위반은 75%에 해당한다.
- 예를 들어 3차 위반이 500만원 일 경우
  1차 위반은 500×1/2 = 250만원
  2차 위반은 500×3/4 = 375만원

▶ 조종자의 준수사항
→ 147페이지 참조

▶ 국토교통부령으로 정하는 장비 → 위치추적이 가능한 표시기 또는 단말기(조난구조용 장비)

▶ 위반행위의 횟수에 따른 과태료의 가중된 부과기준은 최근 5년간 같은 위반행위로 과태료 부과처분을 받은 경우에 적용

무인동력장치의 주요 내용 종합

| 항목 | 구분 | 최대이륙중량 기준 주1) | | | | | 담당기관 | 벌칙 |
		250g 이하	250g 초과 2kg 이하	2kg 초과 7kg 이하	7kg 초과 25kg 이하	25kg 초과		
장치 신고	비사업	×	×	○	○	○	한국교통안전공단	6개월 이하 징역 또는 500만원 이하 벌금
	사업	○	○	○	○	○		
사업등록		○	○	○	○	○	지방항공청	1년 이하 징역 또는 1천만원 이하 벌금
안전성인증		×	×	×	×	○	항공안전기술원	500만원 이하 과태료
조종자증명		×	○(4종)	○(3종)	○(2종)	○(1종)	한국교통안전공단	400만원 이하 과태료
항공촬영 신청		○	○	○	○	○	국방부	
비행요령		조종자 준수비행에 따라 비행						300만원 이하 과태료

주1) 상기 기준은 자체중량 150kg 이하인 무인동력비행장치(무인멀티콥터, 무인헬리콥터, 무인비행기)에 적용

SECTION 03 초경량비행장치 항공사업법

Ultra Light Vehicle - Drone Pilot

Pass Key Point

- 항공기사용사업이란
- 초경량비행장치 사용사업의 사업범위
- 초경량비행장치 사용사업의 자격요건
- 신규 등록 시 서류
- 사업자 변경신고 : 30일
- 보험 가입 대상

01 관련 용어

① **항공운송사업** : 국토교통부장관의 면허, 허가 또는 인가를 받거나 국토교통부장관에게 등록 또는 신고하여 경영하는 사업

② **항공기사용사업** : 항공운송사업 외의 사업으로서 유상으로 농약살포, 건설자재 등의 운반, 사진촬영 또는 항공기를 이용한 비행훈련 등 국토교통부령으로 정하는 업무를 하는 사업

③ **항공기대여업** : 유상으로 항공기, 경량항공기 또는 초경량비행장치를 대여하는 사업

④ **초경량비행장치사용사업** : 국토교통부령으로 정하는 초경량비행장치를 사용하여 유상으로 농약살포, 사진촬영 등 국토교통부령으로 정하는 업무 등을 하는 사업

⑤ **항공레저스포츠사업**
  - 항공기(비행선과 활공기에 한정), 경량항공기 또는 국토교통부령으로 정하는 초경량비행장치를 사용하여 조종교육, 체험 및 경관조망을 목적으로 사람을 태워 비행하는 서비스
  - 항공레저스포츠를 위하여 대여하여 주는 서비스 : 활공기 등 국토교통부령으로 정하는 항공기, 경량항공기, 초경량비행장치
  - 경량항공기 또는 초경량비행장치에 대한 정비, 수리, 또는 개조서비스

▶ 법으로 정한 사업범위를 위반하여 초경량비행장치를 영리 목적으로 사용한 자는 6개월 이하의 징역 또는 500만원 이하의 벌금에 처한다.

02 초경량비행장치사용사업

1 초경량비행장치사용사업의 사업범위 (항공사업법 시행규칙 제6조)

① 비료 또는 농약 살포, 씨앗 뿌리기 등 농업 지원
② 사진촬영, 육상·해상 측량 또는 탐사
③ 산림 또는 공원 등의 관측 또는 탐사
④ 조종교육 외

2 초경량비행장치사용사업의 자격요건

① 법인은 납입자본금 3천만원 이상, 개인은 자산평가액 3천만원 이상일 것 (다만, 최대이륙중량이 25kg 이하인 무인비행장치만을 사용하여 초경량비행장치사용사업을 하려는 경우는 제외)
② 초경량비행장치(무인비행장치로 한정) 1대 이상
③ 그 밖에 국토교통부령으로 정하는 요건을 갖출 것

3 경량항공기 등의 영리 목적 금지

항공기대여업, 초경량비행장치사용사업, 항공레저스포츠사업 이 외의 영리를 목적으로 초경량비행장치의 사용은 금지한다.

▶ 항공레저스포츠사업에 사용되는 기체
(항공사업법 시행규칙 제7조)
- 인력활공기
- 기구류
- 착륙장치가 없는 동력패러글라이더
- 낙하산류

03 사업자 등록과 보험

1 신규 등록 시 서류 (항공사업법 시행규칙 제47조)

① 사업계획서
② 자본금 입증서류 : 최대이륙중량 25kg 이하 사용 시 제외
③ 조종자 증명 : 배터리 포함 자체중량 12kg 이하 사용 시 제외
④ 신고증명서 : **최대이륙중량 25kg 초과 사용 시 안전성 인증서 추가**
⑤ 보험가입증명서 (대인 1억5천이상 가입, 장치의 제작번호 반드시 표기)
⑥ 사업자등록증 (법인의 경우 법인 등기사항 전부증명서)
⑦ 사업장 임대차 계약서 등 부동산을 사용할 수 있음을 증명하는 서류

▶ 초경량비행장치사용사업의 등록 요건
- 3천만원 이상, 대통령령으로 정한 금액 이상일 것
- 다만, 최대이륙중량이 25kg 이하인 무인비행장치만을 사용하여 초경량비행장치사용사업은 제외
- 초경량비행장치 1대 이상 등 대통령령으로 정하는 기준에 적합할 것

2 사업자 변경신고

① 변경 사유가 발생한 날부터 30일 이내
② 변경신고서에 변경 사실을 증명할 수 있는 서류를 첨부하여 지방항공청장에게 제출

▶ 사업 변경신고 사항
(항공사업법 시행규칙 제48조)
- 자본금의 감소
- 사업소의 신설 또는 변경
- 대표자 또는 상호의 변경
- 대표자의 대표권 제한 및 그 제한변경
- 사업 범위의 변경

3 보험

항공운송사업, 항공기사용사업, 항공기대여업을 할 경우 반드시 보험에 가입해야 하며, 보험가입 신고서를 국토교통부장관에게 제출해야한다. (변경 또는 갱신의 경우도 동일)

▶ 초경량비행장치사용사업자는 보험(또는 공제) 가입하지 않으면 영리로 기체를 운용할 수 없음

제4장 | 항공법규
출제예상문제

1 초경량비행장치의 기준

01 다음 중 초경량비행장치에 해당하지 않는 것은?

① 좌석인 1개이고, 자체중량 115kg 이하의 동력비행장치
② 좌석이 1개이고, 자체중량 115kg 이하의 회전익비행장치
③ 자체중량 70kg 이하의 행글라이더
④ 최대이륙중량 600kg 이하의 경량항공기

> **경량항공기와 초경량비행장치의 구분**
> • 경량항공기 : 2인승 이하의 최대이륙중량 600kg 이하
> • 초경량비행장치 : 1인승의 자체중량 115kg 이하

02 초경량비행장치에 해당하지 않는 것은?
(단, 자체중량은 연료, 탑승자, 장비 등을 제외한 무게이다)

① 자체중량 115kg 이하의 동력고정익항공기
② 자체중량 70kg 이하의 행글라이더
③ 자체중량 115kg 이하의 무인멀티콥터
④ 자체중량 115kg 이하의 초경량 자이로플레인

> • 유인(1인승) 동력비행장치, 회전익비행장치, 동력패러글라이더 : 자체중량 115kg 이하
> • 무인 동력비행장치 : 150kg 이하
> • 무인 비행선 : 180kg 이하, 길이 20m 이하

03 초경량비행장치의 범위에 포함되지 않는 것은?

① 패러글라이더 ② 항공기
③ 낙하산   ④ 행글라이더

> 초경량비행장치란 항공기와 경량항공기 외에 공기의 반작용으로 뜰 수 있는 장치로서 자체중량, 좌석 수 등 국토교통부령으로 정하는 기준에 해당하는 동력비행장치, 행글라이더, 패러글라이더, 기구류 및 무인비행장치 등을 말한다.

04 초경량비행장치 중 동력비행장치는 자체중량이 몇 kg 이하이어야 하는가?

① 70 kg   ② 100 kg
③ 115 kg   ④ 150 kg

> **초경량비행장치의 기준(자체중량 제한)**
> • 인력활공기 : 70 kg 이하
> • 동력비행장치 : 115 kg 이하
> • 무인동력 비행장치 : 150 kg 이하
> • 무인 비행선 : 180 kg 이하

05 초경량비행장치에 해당하지 않는 것은?

① 좌석이 1개이고 자체중량이 100kg인 동력비행장치
② 자체중량 70kg 이하의 패러글라이더
③ 낙하산류
④ 좌석이 1개이고, 자체중량 150kg의 자이로플레인

> **초경량비행장치의 기준**
> • 동력비행장치 : 동력을 이용하는 것으로서 좌석 1개, 자체중량 115kg 이하인 고정익비행장치
> • 행글라이더 : 자체중량이 70kg 이하로서 체중이동, 타면조종 등의 방법으로 조종하는 비행장치
> • 패러글라이더 : 자체중량이 70킬로그램 이하로서 날개에 부착된 줄을 이용하여 조종하는 비행장치
> • 기구류 : 기체의 성질·온도차 등을 이용하는 유인자유기구, 무인자유기구(기구 외부에 2kg 이상의 물건을 매달고 비행하는 것만 해당), 계류식(繫留式)기구
> • 무인비행장치
> − 자체중량이 150kg 이하인 무인비행기, 무인헬리콥터 또는 무인멀티콥터
> − 자체중량이 180kg 이하이고, 길이가 20m 이하인 무인비행선
> • 회전익비행장치 : 좌석 1개, 자체중량 115kg 이하인 헬리콥터 또는 자이로플레인
> • 동력패러글라이더 : 패러글라이더에 추진장치를 부착한 것으로서 자체중량 115kg에 좌석 1개 이하인 비행장치
> • 낙하산류 : 항력(抗力)을 발생시켜 대기(大氣) 중을 낙하하는 사람 또는 물체의 속도를 느리게 하는 비행장치

정답 | **1** 01 ④ 02 ③ 03 ② 04 ③ 05 ④

2 항공안전법 및 용어

01 항공안전법에서 규정하는 항공기의 정의는?

① 공기보다 가벼운 기기로 조종에 의해서 비행할 수 있는 비행장치이다.
② 국토부령으로 지정하는 비행이 가능한 모든 기체를 말한다.
③ 공기의 반작용으로 뜰 수 있는 기기로 비행기, 헬리콥터, 비행선, 활공기 등이 있다.
④ 사람이 탑승하여 항공 운송용으로 사용할 수 있는 기기이다.

> 항공기란 공기의 반작용(지표면 또는 수면에 대한 공기의 반작용은 제외)으로 뜰 수 있는 기기로서 최대이륙중량, 좌석 수 등 국토교통부령으로 정하는 기준에 해당하는 비행기, 헬리콥터, 비행선, 활공기 등의 기기를 말한다.

02 우리나라 항공안전법의 목적 중 가장 알맞은 것은?

① 항공정책의 수립 및 항공사업에 관한 필요한 사항을 정함
② 항공기의 안전한 항행과 항공기술 발전에 이바지
③ 공항비행장 및 항행안전시설의 설치 및 운영 등에 관한 사항을 정함
④ 항공사업의 질서유지 및 건전한 발전을 도모하고 이용자의 편의를 향상

> - 항공안전법 : 「국제민간항공협약」 및 같은 협약의 부속서에서 채택된 표준과 권고되는 방식에 따라 항공기, 경량항공기 또는 초경량비행장치의 안전하고 효율적인 항행을 위한 방법과 국가, 항공사업자 및 항공종사자 등의 의무 등에 관한 사항을 규정함
> - 항공사업법 : 항공정책의 수립 및 항공사업에 관하여 필요한 사항을 정하여 항공사업의 체계적인 성장과 경쟁력 강화 기반을 마련하는 한편, 항공 사업의 질서유지 및 건전한 발전을 도모하고, 이용자의 편의를 향상시켜 국민경제의 발전과 공공복리의 증진에 이바지함

03 다음 항공안전법에 정한 용어에 대한 설명이 틀린 것은?

① 관제구 : 지표면 또는 수면으로부터 150m 이상 높이의 공역으로서 항공교통의 안전을 위하여 국토교통부장관이 지정·공고한 공역
② 관제권 : 비행장 또는 공항과 그 주변의 공역으로서 항공교통의 안전을 위하여 국토교통부장관이 지정·공고한 공역
③ 항행안전시설 : 유선통신·무선통신·불빛·색채 또는 형상에 의하여 항공기의 항행을 돕기 위한 시설
④ 비행정보구역 : 항공기, 경량항공기 또는 초경량비행장치의 안전하고 효율적인 비행과 수색 또는 구조에 필요한 정보를 제공하기 위한 공역

> 관제구 : 지표면 또는 수면으로부터 200m 이상 높이의 공역으로서 항공교통의 안전을 위하여 국토교통부장관이 지정·공고한 공역

04 다음 중 항공안전법에서 정한 용어의 정의로 옳은 것은?

① 관제구 : 지표면 또는 수면으로부터 300미터 이상 높이의 공역으로서 항공교통의 통제를 위하여 지정된 공역을 말한다.
② 항행안전시설 : 불빛, 색채 또는 형상을 이용하여 항공기의 항행을 돕기 위한 시설이다.
③ 관제권 : 비행장 및 그 주변의 공역으로서 항공교통의 안전을 위하여 지정된 공역을 말한다.
④ 항공등화 : 유선통신, 무선통신, 인공위성, 불빛, 색채 또는 전파(電波)를 이용하여 항공기의 항행을 돕기 위한 시설이다.

> ① 관제구 : 지표면 또는 수면으로부터 200m 이상 높이의 공역, 항공교통의 통제를 위하여 지정된 공역
> ② 항행안전시설 : 유선통신, 무선통신, 인공위성, 불빛, 색채 또는 전파(電波)를 이용하여 항공기의 항행을 돕기 위한 시설
> ④ 항공등화 : 불빛, 색채 또는 형상을 이용하여 항공기의 항행을 돕기 위한 항행안전시설에 속함.

정답 | 2 01 ③ 02 ② 03 ① 04 ③

05 항공법에 대한 내용 중 바르지 못한 것은?

① 국제 민간 항공조약의 규정과 동 조약의 부속서로서 채택된 표준과 방식에 따른다.
② 항공기 항행의 안전을 도모하기 위한 방법을 정한 것이다.
③ 시행령과 시행규칙은 국토교통부령으로 제정되었다.
④ 항공운송사업의 질서 확립과 항공시설의 설치, 관리의 효율화를 목적으로 한다.

> 시행령 : 대통령령, 시행규칙 : 국토교통부령

06 비행정보구역 안에서 비행을 하려는 사람은 비행을 시작하기 전 비행계획을 제출하여야 한다. 비행계획에 포함되어야 할 사항이 아닌 것은?

① 항공기의 식별부호
② 보안 준수사항
③ 출발비행장 및 출발예정시간
④ 항공기의 탑재 장비

> 비행계획에 포함되어야 할 필수 사항
> • 항공기의 식별부호
> • 비행의 방식 및 종류
> • 항공기의 대수·형식 및 최대이륙중량 등급
> • 탑재장비
> • 출발비행장 및 출발 예정시간
> • 순항속도, 순항고도 및 예정항공로
> • 최초 착륙예정 비행장 및 총 예상 소요 비행시간
> • 교체비행장(시계비행방식에 따라 비행하려는 경우는 제외)

07 비행정보구역(FIR)을 지정하는 목적과 거리가 먼 것은?

① 영공통과료 징수를 위한 경계 설정
② 항공기 수색, 구조에 필요한 정보 제공
③ 항공기 안전을 위한 정보 제공
④ 항공기의 효율적인 운항을 위한 정보 제공

> 비행정보구역(FIR)
> 항공기, 경량항공기 또는 초경량비행장치의 안전하고 효율적인 운항과 수색 또는 구조에 필요한 정보를 제공하기 위한 공역이다.

3 무인비행장치의 신고

01 기체신고가 필요한 비사업용 무인동력비행장치의 최대이륙중량 기준으로 옳은 것은?

① 250g 초과
② 2kg 초과
③ 7kg 초과
④ 12kg 초과

종 구분	최대이륙중량	기체 신고	자격 취득 조건
-	250g 이하	신고 불필요	자격 불필요
4종	250g 초과 2kg 이하	신고 불필요	온라인 교육
3종	2kg 초과 7kg 이하	소유자 신고	필기시험 합격 + 비행경력(6시간)
2종	7kg 초과 25kg 이하		필기시험 합격 + 비행경력(10시간)+ 실기(약식)
1종	25kg 초과 자체중량 150kg 이하		필기시험 합격 + 비행경력(20시간)+ 실기

※ 법 개정에 따라 비사업용은 최대이륙중량 2kg 초과시, 사업용은 무게와 무관하게 신고하여야 한다.

02 다음 중 무인비행장치 중 신고 대상이 아닌 것은?

① 최대이륙중량 2kg 이하의 사업용 무인동력비행장치
② 최대이륙중량 2kg 초과로 개인 여과활동으로 사용되는 무인동력비행장치
③ 최대이륙중량 2kg 초과로 농약살포용으로 사용되는 무인동력비행장치
④ 최대이륙중량 5kg의 조종교육용 무인동력비행장치

03 신고를 필요로 하지 아니하는 초경량 비행장치는?

① 연구기관 등이 시험·조사·연구 또는 개발을 위해 제작한 장치
② 7m를 초과하는 무인비행선
③ 초경량 헬리콥터
④ 사용하지 않고 보관해 놓은 동력비행기

정답 | 05 ③ 06 ② 07 ① 3 01 ② 02 ① 03 ①

04 개인레저용으로 이용할 때 신고하지 않아도 되는 초경량비행장치에 해당되지 않는 것은?

① 자체중량 70kg 이하인 패러글라이더
② 최대이륙중량 2kg 이하인 무인멀티콥터
③ 자이로플레인
④ 계류식 무인비행장치

신고 대상이 아닌 초경량비행장치의 범위 (비사업용인 경우로 한정)
• 행글라이더, 패러글라이더 등 동력을 이용하지 아니하는 비행장치
• 사람이 탑승하지 않는 기구류
• 계류식(繫留式) 무인비행장치
• 낙하산류
• 무인동력비행장치 중에서 최대이륙중량이 2kg 이하인 것
• 무인비행선 중에서 연료의 무게를 제외한 자체무게가 12kg 이하이고, 길이가 7m 이하인 것
• 연구기관 등이 시험·조사·연구 또는 개발을 위하여 제작한 초경량비행장치
• 제작자 등이 판매를 목적으로 제작하였으나 판매되지 아니한 것으로서 비행에 사용되지 아니하는 초경량비행장치
• 군사목적으로 사용되는 초경량비행장치

05 25kg를 초과하는 드론을 조종할 때 필요한 초경량비행장치 조종자의 자격 요건은?

① 1종   ② 2종   ③ 3종   ④ 4종

구분	최대이륙중량	자격 취득 조건
–	250g 이하	자격 불필요
4종	250g 초과 2kg 이하	온라인 교육
3종	2kg 초과 7kg 이하	필기시험 합격 + 비행경력(6시간)
2종	7kg 초과 25kg 이하	필기시험 합격 + 비행경력(10시간) + 실기(약식)
1종	25kg 초과 자체중량 150kg 이하	필기시험 합격 + 비행경력(20시간) + 실기

06 초경량비행장치 중 신고 대상인 것은?
(단, 비사업용인 경우이다.)

① 제작자가 판매를 목적으로 제작하였으나 판매되지 않고 비행에 사용되지 않은 기체
② 12kg 초과, 길이 7m 초과의 무인비행선
③ 낙하산류
④ 최대이륙중량 2kg 이하 무인동력비행장치

07 항공안전법상 신고가 필요한 초경량비행장치는?

① 계류식 무인비행장치
② 동력을 이용하지 않는 패러글라이더
③ 군사목적으로 사용하지 않는 최대이륙중량 25kg를 초과하는 무인비행장치
④ 사람이 탑승하지 않는 기구류

군사목적으로 사용되는 초경량비행장치는 신고가 필요없다.

08 초경량비행장치의 기체 등록은 누구에게 신청하는가?

① 한국교통안전공단 이사장
② 국토교통부 장관
③ 국방부장관
④ 지방경찰청장

기체 등록, 신고사항의 변경은 한국교통안전공단 이사장에게 신고해야 하며, 초경량비행장치의 신고번호는 한국교통안전공단 이사장이 발급한다.

09 비행제한공역에서 비행을 하기 위해 승인절차를 거쳐야 한다. 누구에게 신청을 하여야 하는가?

① 지방항공청장
② 국토교통부장관
③ 국방부장관
④ 지방경찰청장

비행제한공역에서의 비행 승인은 지방항공청장에게 받아야 하며, 촬영을 하려면 국방부에 따로 신청해야 한다.

10 안전성인증 대상 초경량비행장치의 신고는 언제 하여야 하는가?

① 안정성인증을 받은 후에 한다.
② 안전성인증 신청과 동시에 한다.
③ 안전성인증을 받기 전에 한다.
④ 어느 것을 먼저 해도 관계없다.

안전성인증 대상은 안전성인증을 받기 전에 신고하여야 한다.

정답 | 04 ③   05 ①   06 ②   07 ③   08 ①   09 ①   10 ③

11 12kg를 초과하는 무인멀티콥터 신고 시 갖춰야 할 서류가 아닌 것은?

① 신고서 및 제원·성능표
② 기체의 구입 영수증
③ 비행 조종 자격증명서
④ 가로 15cm×세로 10cm의 기체 측면 사진

> 무인멀티콥터 신고 시 필요서류
> • 신고서 - 기체 측면 사진
> • 비행장치 제원 및 성능표
> • 비행장치를 소유하고 있음을 증명하는 서류(거래명세서 등)
> • 안전성 인증서 - 25kg 이하 해당없음
> • 보험가입 증명서류 - 사업용에만 해당
> ※ 기체의 소유와 비행 자격과 무관하다.
> ※ 2021년 부터 최대이륙중량 2kg 초과 기체는 모두 신고 대상이다.

12 다음 중 초경량비행장치 신고 시 필요한 서류가 아닌 것은?

① 초경량비행장치의 측면 사진
② 초경량비행장치의 소유를 증명하는 서류
③ 초경량비행장치의 제원 및 성능표
④ 초경량비행장치의 보험가입증서

13 초경량비행장치 조종 자격 시험 응시자의 자격으로 맞는 것은?

① 만 12세 이상   ② 만 14세 이상
③ 만 18세 이상   ④ 만 20세 이상

> 경량항공기 조종사는 만 17세 이상, 초경량비행장치 조종자는 만 14세 이상 응시가능하다.

14 초경량비행장치 지도조종자가 되기 위한 최소 실무 비행시간은?

① 20시간   ② 50시간
③ 70시간   ④ 100시간

> 초경량비행장치 지도조종자(일명 드론교관)이 되기 위해서는 최소 100시간(조종자자격 취득 시의 20시간 비행경력 포함) 이상의 비행경력이 요구된다.

15 최대이륙중량 2kg을 초과하는 초경량비행장치를 소지했을 때 누구에게 신고해야 하는가?

① 국토교통부장관
② 한국교통안전공단 이사장
③ 시·도지사
④ 지방경찰청장

> 기체 신규 신고 및 변경·이전·말소 신고는 한국교통안전공단 이사장에게 한다.

16 초경량비행장치의 변경신고는 사유 발생일로부터 몇 일 이내에 신고하여야 하는가?

① 30일   ② 60일
③ 90일   ④ 180일

> 초경량비행장치의 신고업무는 한국교통안전공단이 업무수행기관으로 신규신고, 변경 및 이전신고는 해당 사유가 발생한 날부터 30일 이내, 말소신고는 말소 사유가 발생한 날부터 15일 이내에 신고하여야 한다.

17 신고한 무인멀티콥터의 비행 중 기체를 잃어버렸을 때 분실한 날부터 며칠 이내에 한국교통안전공단에 말소 신고서를 제출하여야 하는가?

① 5일
② 10일
③ 15일
④ 30일

18 국토교통부장관은 초경량비행장치의 소유자로부터 기체의 신고를 받은 날부터 며칠 이내에 신고수리 여부를 신고인에게 통지하여야 하는가?

① 5일   ② 7일
③ 15일   ④ 30일

> 국토교통부장관은 신고를 받은 날부터 7일 이내에 신고수리 여부를 신고인에게 통지하여야 한다. ※ 참고로 초경량비행장치 신고업무와 관련한 사항은 한국교통안전공단이 맡고 있다.

정답 | 11 ③   12 ④   13 ②   14 ④   15 ②   16 ①   17 ③   18 ②

19 초경량비행장치의 소유자가 주소 이전했을 때 신고 기간은?

① 30일　② 60일
③ 90일　④ 180일

20 초경량비행장치의 신고 구분이 아닌 것은?

① 매매신고　② 신규신고
③ 이전신고　④ 말소신고

4 무인비행장치의 안전성 인증

01 초경량비행장치 중 안전성 인증 대상이 아닌 것은?

① 연료제외 자체중량 115kg 이하인 동력비행장치
② 최대이륙중량 25kg 초과하는 무인멀티콥터
③ 무인 기구류
④ 연료제외 자체중량 115kg 이하의 동력패러글라이더

> 안전성 인증 대상 – 항공안전법 시행규칙 제305조
> • 동력비행장치(1인승, 연료제외 자체중량 115kg 이하)
> • 무인비행장치(최대이륙중량 25kg 초과)
> • 무인비행선(자체중량 12kg 초과 또는 길이 7m 초과)
> • 행글라이더, 패러글러이더 및 낙하산류(자체중량 70kg 이하, 항공레저스포츠사업에만 해당)
> • 기구류(사람이 탑승하는 것만)
> • 동력패러글라이더(1인승, 연료제외 자체중량 115kg 이하)
> • 회전익비행장치(1인승, 연료제외 자체중량 115kg 이하)

02 초경량비행장치 안전성인증 대상이 아닌 것은?

① 동력비행장치
② 행글라이더
③ 자체중량이 25kg 이상인 무인멀티콥터
④ 무인비행선 중에서 연료의 중량을 제외한 자체중량이 12킬로그램을 초과하거나 길이가 7미터를 초과하는 것

> 무인비행장치(무인비행기, 무인헬리콥터, 무인멀티콥터)의 안전성인증 대상은 최대이륙중량 25kg을 초과하는 기체이다.

03 초경량비행장치의 안전성 인증을 실시하는 기관은?

① 항공안전기술원
② 국방부 장관
③ 교통안전공단
④ 지방항공청장

> 안전성인증은 비행안전을 위한 기술상의 기준에 적합한가를 인증하는 것으로 항공안전기술원에서 실시하고 있다.

04 초경량비행장치의 안전성 인증검사의 유효기간으로 적당하지 않은 것은?

① 영리목적일 경우 발급일로부터 1년으로 한다.
② 비영리목적일 경우 발급일로부터 2년으로 한다.
③ 영리목적일 경우 발급일로 2년으로 한다.
④ 부적합 판정을 받은 후 불합격 통지 6개월 이내 다시 검사한다.

> 안전성 인증검사 유효기간(발급일로부터)
> • 영리용 기체 : 1년마다
> • 비영리용 기체 : 2년마다

05 국내에서 설계·제작하거나 외국에서 국내로 도입한 초경량비행장치의 안전성인증을 받기 위하여 최초로 실시하는 인증은?

① 초도인증　② 정기인증
③ 수시인증　④ 재인증

06 초경량비행장치 조종자 전문교육기관 지정을 위해 국토교통부 장관에게 제출할 서류가 아닌 것은?

① 전문교관의 현황
② 교육시설 및 장비의 현황
③ 보유한 비행장치의 제원
④ 교육훈련계획 및 교육훈련 규정

> 기체의 제원은 사업용 신고시 제출하였기 때문에 신고할 필요가 없다.

정답 | 19 ① 20 ① 4 01 ③ 02 ③ 03 ① 04 ③ 05 ① 06 ③

07 초경량비행장치의 인증검사 종류 중 초도 검사 이후 안전성 인증서의 유효기간이 돌아올 때 새로운 안전성 인증서를 교부받기 위해 실시하는 검사는?

① 정기인증　② 초도인증
③ 수시인증　④ 재인증

08 초경량비행장치의 안전성 인증 유효기간은?

① 6개월　② 12개월
③ 18개월　④ 24개월

> 25kg를 초과한 초경량비행장치의 안전성 인증 유효기간은 **1년**이다.

5 무인비행장치조종자 전문교육기관

01 초경량비행장치 조종자 전문교육기관의 지정 기준으로 가장 적합한 것은?

① 지도조종자(비행시간 50시간 이상) 1명 이상 + 실기평가 조종자(비행시간 100시간 이상) 1명 이상
② 지도조종자(비행시간 50시간 이상) 1명 이상 + 실기평가 조종자(비행시간 150시간 이상) 1명 이상
③ 지도조종자(비행시간 100시간 이상) 1명 이상 + 실기평가 조종자(비행시간 150시간 이상) 1명 이상
④ 지도조종자(비행시간 150시간 이상) 1명 이상 + 실기평가 조종자(비행시간 100시간 이상) 1명 이상

02 초경량비행장치 조종자 전문교육기관이 확보해야 할 지도조종자의 최소비행시간은?

① 50시간
② 100시간
③ 150시간
④ 200시간

> • 4종 조종자 : 20시간
> • 지도 조종자 : 20 + 80 = 100시간
> • 실기 조종자 : 20 + 80 + 50 = 150시간

03 초경량비행장치 조종자 전문교육기관의 지정기준 중 무인비행장치의 경우 실기평가조종자의 조종경력시간은?

① 100시간 이상　② 150시간 이상
③ 200시간 이상　④ 300시간 이상

04 초경량비행장치 조종자 전문교육기관 지정기준으로 맞는 것은?

① 비행시간 100시간 이상인 지도조종자 1명 이상 보유
② 비행시간 300시간 이상인 지도 조종자 2명 보유
③ 비행시간 200시간 이상인 실기평가 조종자 1명 보유
④ 비행시간 300시간 이상인 실기평가 조종자 2명 보유

05 드론 전문교육기관 설립조건으로 틀린 것은?

① 강의장 1개 이상　② 사무실 1개
③ 이착륙 시설　④ 기체 격납시설

> 전문교육기관의 시설 조건
> • 강의장 및 사무실 1개 이상
> • 이착륙 시설
> • 훈련용 비행장치 1대 이상

06 초경량비행장치 조종자 전문교육기관으로 지정받기 위해서는 어디에 신청하여야 하는가?

① 항공안전기술원
② 한국교통안전공단
③ 교육기관 연합회
④ 행정안전부

> 초경량비행장치 조종자 전문교육기관으로 지정받으려는 자는 초경량비행장치 조종자 전문교육기관 지정신청서에 다음 각 호의 사항을 적은 서류를 첨부하여 한국교통안전공단에 제출하여야 한다.
> • 전문교관의 현황
> • 교육시설 및 장비의 현황
> • 교육훈련계획 및 교육훈련규정

정답 | 07 ①　08 ②　5　01 ③　02 ②　03 ②　04 ①　05 ④　06 ②

6 무인비행장치의 비행승인

01 초경량비행장치를 사용하여 비행제한공역을 비행하려면 비행승인신청서를 누구에게 제출해야 하는가?

① 지방경찰청장　② 국방부장관
③ 국토교통부장관　④ 지방항공청장

> 초경량비행장치를 사용하여 비행제한공역을 비행하려는 사람은 초경량비행장치 비행승인신청서를 지방항공청장에게 제출하여야 한다. 이 경우 비행승인신청서는 서류, 팩스 또는 정보통신망을 이용하여 제출할 수 있다.

02 초경량비행장치의 비행계획승인 시 서류에 포함되지 않는 사항은?

① 동승자의 소지자격
② 조종자의 비행경력
③ 비행경로 및 고도
④ 비행장치의 종류 및 형식

> 초경량비행장치 비행승인신청서는 신청인 정보, 비행장치 정보, 비행계획 정보, 조종자 정보, 탑재장치 항목으로 구성되어 있으며, 비행장치 정보에는 비행장치의 종류/형식, 용도, 소유자, 신고번호 및 안정성인증서번호 등이 있다.

03 비행금지구역을 비행할 때 필요한 서류는?

① 동력을 이용하지 않은 비행장치
② 특별비행승인 신청서
③ 비행승인 신청서
④ 비행계획서

04 비행제한공역에서 150m 미만의 고도로 비행 시 비행승인을 받지 않아도 되는 무인동력비행장치의 최대이륙중량 기준은?

① 5kg 이하　② 7.5kg 이하
③ 15kg 이하　④ 25kg 이하

> 비행제한공역에서 비행 시 최대이륙중량이 25kg 이하인 무인동력비행장치와 연료의 중량을 제외한 자체중량이 12kg 이하이고 길이가 7m 이하인 무인비행선은 비행승인을 받지 않아도 된다.

05 야간에 비행하거나 육안으로 확인할 수 없는 범위에서 비행하고자 할 때 필요한 조치는?

① 안전성 인증 검사는 필요없다.
② 무인비행장치 신고 서류를 국토교통부장관에게 제출한다.
③ 무인비행장치 비행승인 신청서와 신고 서류를 첨부하여 지방항공청장에게 제출한다.
④ 무인비행장치 특별비행승인 신청서 및 첨부 서류를 첨부하여 국토교통부장관에게 제출한다.

> 무인비행장치 특별비행승인 신청서 및 필수 서류를 첨부하여 국토교통부장관에게 제출한다.
> 국토교통부에 접수 → 안전기준 검사 → 승인서 검토 및 발급

06 초경량비행장치의 비행승인 특정한 요건을 모두 만족하는 경우 지방항공청장은 6개월의 범위에서 비행기간을 명시하여 비행을 승인할 수 있다. 특정한 요건에 해당되지 않는 것은?

① 교육목적을 위한 비행일 것
② 무인비행장치는 최대이륙중량이 7kg 이상일 것
③ 비행구역이 학교의 운동장일 것
④ 비행고도는 지표면으로부터 고도 20m 이내일 것

> 비행승인 신청이 다음 각 호의 요건을 모두 충족하는 경우에는 6개월의 범위에서 비행기간을 명시하여 승인할 수 있다.
> • 교육목적을 위한 비행일 것
> • 무인비행장치는 최대이륙중량이 7kg 이하일 것
> • 비행구역은 학교의 운동장일 것
> • 비행시간은 정규 및 방과 후 활동 중일 것
> • 비행고도는 지표면으로부터 고도 20m 이내일 것
> • 비행방법 등이 안전·국방 등 비행금지구역의 지정 목적을 저해하지 않을 것

07 초경량비행장치를 이용하여 비행 정보 구역 내에 비행 시 비행계획을 제출하여야 하는데 포함사항이 아닌 것은?

① 예상 소요비행시간
② 연료 재보급 비행장 또는 지점
③ 기장의 성명
④ 교체비행장

정답 | 6　01 ④　02 ①　03 ③　04 ④　05 ④　06 ②　07 ①

7 공역

01 관제권 및 비행금지구역을 제외한 지역에서 25kg 이하 무인동력비행장치의 비행승인 없이 비행 가능한 고도는?

① 해발고도 500ft 미만
② 해발고도 300ft 미만
③ 지면에서 300ft 미만
④ 지면에서 150m 미만

> 초경량비행장치의 비행가능 고도 : 150m(500ft) 미만
> ※ 해발고도 : 평균해수면을 기준으로 측정한 고도

02 다음 공역 중 주의공역에 해당하지 않는 것은?

① 군사작전을 위해 설정된 공역으로서 계기비행 항공기로부터 분리를 유지할 필요가 있는 공역
② 항공교통의 안전, 국방상 그 밖의 이유로 항공기의 비행을 금지하는 공역
③ 민간항공기의 훈련공역으로서 계기비행 항공기로부터 분리를 유지할 필요가 있는 공역
④ 비행 시 항공기 또는 지상시설물에 대한 위험이 예상되는 공역

> ① : 군작전 구역   ② : 비행금지구역(통제공역에 해당)
> ③ : 훈련구역   ④ : 위험구역

03 다음 중 비행금지구역, 비행제한구역 등에 대한 설명으로 틀린 것은?

① 군·민간 비행장의 관제권은 주변 9.3km까지의 구역이다.
② 원자력 발전소·연구소는 주변 19km까지의 구역이다.
③ 서울지역 R-75 내에서는 비행승인과 관계없이 비행 자체가 금지되어 있다.
④ P-518 지역은 비행금지구역이다.

> 서울지역 R-75 내에서는 비행제한구역이다.
> R-제한(Restriction), P-금지(Prohibition)를 의미한다.
> ※ P-518 지역 : 휴전선 인근

04 다음 중 비행금지구역에 해당하는 것은?

① P518   ② R10
③ UA2   ④ URA

구분	약자	예
비행금지구역	P (Prohibited)	P518, P61
비행제한구역	R (Restricted)	R10, R17
위험구역	D (Danger)	D1, D22
경계구역	A (Alert)	A2
훈련구역	CATA (Civil Aircraft Training Area)	CATA1~CATA9
군작전구역	MOA (Military Operation Area)	MOA4, MOA15A
초경량비행장치 비행구역	UA (Ultra light vehicle flight Area)	UA2~UA40
초경량비행장치 비행제한구역	URA (Ultra light vehicle flight Restrited Area)	

05 다음 중 지표면 또는 해수면으로부터 200미터 이상 높이의 공역으로서 항공교통의 안전을 위하여 지정한 공역은?

① 주의공역
② 비행정보구역
③ 관제구
④ 관제권

06 다음 중 비관제공역에 대한 설명에 해당하는 것은?

① 비행 시 항공기 또는 지상시설물에 대한 위험이 예상되는 공역
② 사격 등의 위험으로부터 항공기 안전을 보호하거나, 그 밖의 사유로 비행허가를 받지 않는 항공기의 비행을 제한하는 공역
③ 관제공역 외의 공역으로서 조종사에게 비행에 관한 항공교통조언이나 비행정보를 제공할 필요가 있는 공역
④ 지표면 또는 수면으로부터 200m 이상 높이의 공역으로서 항공교통 통제를 위해 지정한 공역

> ① 위험구역, ② 비행제한구역, ④ 관제구

정답 | **7** 01 ④ 02 ② 03 ③ 04 ① 05 ③ 06 ③

07 비행장 및 그 주변의 공역으로서 항공교통의 안전을 위하여 지정한 공역은?

① 관제구
② 항공로
③ 항공공역
④ 관제권

관제권 : 비행장으로부터 반경 9.3km 이내의 공역

08 R-75 비행제한구역에 대한 설명으로 맞는 것은?

① 청와대 중심의 강북지역 및 경기 일부지역의 비행금지구역이다.
② 청와대를 중심으로 한 서울 전지역 및 수도권 지역의 비행제한구역이다.
③ 휴전선 주변의 비행금지구역이다.
④ 12kg 미만의 무인비행장치는 150m 미만의 고도에서 비행이 가능하다.

① R-73 (비행금지구역)
③ P-518 (비행금지구역)
④ 비행제한구역은 원칙적으로 12kg 미만의 비사업용 무인비행장치는 150m 미만에서 비행이 가능하나 R-73, R-75에서는 수도방위사령관(작전처 화력과)의 승인 요청이 필요하다.

09 사격, 대공사격 등으로 인한 위험으로부터 항공기의 안전을 보호하거나 그 밖의 이유로 비행허가를 받지 아니한 항공기의 비행을 제한하는 공역은?

① 비행금지구역
② 비행제한구역
③ 비행위험구역
④ 군작전구역

10 다음 공역 중 통제공역에 해당하는 것은?

① 훈련구역
② 초경량비행장치 비행제한구역
③ 군작전구역
④ 위험구역

주의공역의 종류 : 훈련구역, 군작전구역, 위험구역, 경계구역, 초경량비행장치비행구역

11 항공안전법령상 공역의 사용목적에 따른 공역의 구분이 아닌 것은?

① 보안공역
② 관제공역
③ 통제공역
④ 주의공역

사용목적에 따른 공역의 구분 : 관제공역, 비관제공역, 통제공역, 주의공역

12 다음 중 통제공역에 해당되지 않는 것은?

① 비행금지구역
② 비행제한구역
③ 군작전구역
④ 초경량비행장치 비행제한구역

- 관제공역 : 관제권, 관제구, 비행장교통구역
- 비관제공역 : 조언구역, 정보구역
- 통제공역 : 비행금지구역, 비행제한구역, 초경량비행장치 비행제한구역
- 주의공역 : 훈련구역, 군작전구역, 위험구역, 경계구역, 초경량장치비행구역

13 항공기, 경량항공기 또는 초경량비행장치의 안전하고 효율적인 비행과 수색 또는 구조에 필요한 정보를 제공하기 위한 공역에 해당하는 것은?

① 제한식별구역
② 영공구역
③ 방공식별구역
④ 비행정보구역

비행정보구역 : 국가 간 경계선과는 관련이 없으며, 해당 국가의 항공교통관제, 비행정보 제공업무, 경보업무 능력 등을 고려하여 국제민간항공기구에서 설정한다.

14 초경량비행장치를 150m 미만의 고도로 주간에 비행하고자 할 때 별도의 비행승인을 받지 않아도 되는 공역은?

① 통제공역
② 주의공역
③ 초경량비행장치비행공역
④ 관제공역

정답 | 07 ④ 08 ② 09 ② 10 ② 11 ① 12 ③ 13 ④ 14 ③

8 초경량비행장치조종자 준수사항

01 초경량비행장치 조종자의 준수사항에 관한 설명 중 틀린 것은?

① 국토교통부장관의 승인없이 일몰시부터 일출시까지의 야간에 비행해서는 안된다.
② 초경량비행장치 조종자는 모든 항공기에 대하여 진로를 우선한다.
③ 안개 등으로 인하여 지상목표물을 육안으로 식별 할 수 없는 상태에서 비행해서는 안된다.
④ 항공교통관제기관의 승인을 얻지 아니하고 관제공역을 비행해서는 안 된다.

> 초경량비행장치 조종자 준수사항
> ● 야간비행 금지 (일몰 후~일출 전)
> ● 비행금지 장소
>   • 관제권(비행장으로부터 반경 9.3 km 이내)
>   • 비행금지구역 (휴전선 인근, 서울도심 상공 일부)
>   • 150m 이상의 고도 → 항공기 비행항로가 설치된 공역
>   • 인구밀집지역 또는 사람이 많이 모인 곳의 상공
> ● 비행금지 행위
>   • 비행 중 낙하물 투하 금지
>   • 음주 상태에서 비행 금지 및 조종 중 음주행위
>   • 조종자가 육안으로 장치를 직접 볼 수 없을 때 비행 금지
> ● 동력 초경량비행장치 조종자는 모든 항공기, 경량항공기 및 무동력 초경량비행장치에 대해 주의 비행 및 진로를 양보한다.

02 초경량비행기를 이용하여 비행할 때 유의사항이 아닌 것은?

① 태풍 및 돌풍 등 악기상 조건하에서는 비행하지 말 것
② 제원표에 제시된 최대이륙중량을 초과하여 비행하지 말 것
③ 주변에 지상 장애물이 없는 장소에서만 이착륙을 할 것
④ 날씨가 맑거나 보름달 등으로 시야가 확보될 때에만 야간비행을 실시할 것

> 야간비행 시 특별비행승인을 받아야 한다.

03 드론을 비행하기 적정한 곳은?

① 원자력 발전소 주변
② 사람이 산책하는 한산한 공원
③ 고층빌딩 주변
④ 전파방해를 받지 않는 개활지

04 다음 중 초경량무인비행장치 비행허가 승인에 대한 설명으로 틀린 것은?

① 비행금지구역(P-73, P-61)의 비행허가는 군에 받아야 한다.
② 공역이 두 개 이상 겹 칠 때는 우선하는 기관에 허가를 받아야 한다.
③ 군 관제권 지역의 비행허가는 군에서 받아야 한다.
④ 민간 관제권 지역의 비행허가는 국토부의 비행 승인을 받아야 한다.

> 공역이 2개 이상 겹칠 경우 각 기관의 비행승인을 모두 받아야 한다.

05 다음 중 초경량비행장치 조종자의 준수사항에 맞지 않는 것은?

① 공항 비행장의 반경 9.3km 이내에서는 비행을 금지한다.
② 안개 등으로 인하여 시정이 나쁘면 비행을 금지해야 한다.
③ 일몰 후 1시간 이내에는 낮과 같은 밝은 조명장치를 설치하여 비행한다.
④ 인명이나 재산에 위험을 초래할 우려가 있는 낙하물을 투하해서는 안된다.

> ①은 관제권에 대한 설명으로, 관제권은 비행금지구역이다.
> ② 일몰 후부터 일출 전까지는 비행을 해서는 안된다.

06 항공종사자의 혈중 알코올농도 제한 기준으로 맞는 것은?

① 혈중 알코올 농도 0.02% 이상
② 혈중 알코올 농도 0.06% 이상
③ 혈중 알코올 농도 0.03% 이상
④ 혈중 알코올 농도 0.05% 이상

정답 | **8** 01 ② 02 ④ 03 ④ 04 ② 05 ③ 06 ①

07 동력 초경량비행장치의 항공기 통행 우선순위로 맞는 것은?

① 모든 항공기와 초경량 무동력비행장치에 대해 진로를 양보해야 한다.
② 항공기보다 우선하며 초경량 무동력비행장치에 대해 진로를 양보해야 한다.
③ 초경량 무동력비행장치 보다 우선하여 항공기에 대해 진로를 양보해야 한다.
④ 모든 항공기와 무동력 초경량비행장치 보다 진로에 우선권이 있다.

08 초경량비행장치 조종사의 준수사항 중 금지행위가 아닌 것은?

① 사람 또는 건축물이 밀집된 지역의 상공에서 건축물과 충돌될 우려가 있는 방법으로 근접하여 비행하는 행위
② 최대이륙중량 25kg 이하인 무인멀티콥터로 관제권이나 비행금지구역이 아닌 곳에서 최저비행고도(150m) 미만의 고도에서 비행하는 행위
③ 인명이나 재산에 위험을 초래할 우려가 있는 낙하물을 투여하는 행위
④ 비행시정 및 구름으로부터의 거리기준을 위반하여 비행하는 행위

> 관제공역, 통제공역, 주의공역의 비행은 금지행위이나 최대이륙중량 25kg 이하인 무인비행기, 무인헬리콥터, 무인멀티콥터의 경우 관제권 또는 비행금지구역이 아닌 곳에서 최저비행고도(150미터) 미만의 고도에서 비행하는 경우 제외된다.

09 초경량비행장치의 운용시간으로 맞는 것은?

① 일출부터 일몰까지
② 일출부터 일몰 30분 전까지
③ 일출 30분 전부터 일몰까지
④ 일출 30분 전부터 일몰 30분 전까지

> 야간비행(일몰 후~일출 전까지)은 원칙적으로 금지된다. 다만, 특별비행승인을 받은 경우 가능하다.

9 초경량비행장치의 사고 보고

01 초경량비행장치 비행 중 사고가 발생할 경우 사고를 조사하는 담당기관은?

① 도로교통공단
② 경찰청
③ 항공·철도사고조사위원회
④ 지방항공청

> 항공·철도사고조사위원회는 항공·철도 사고 등의 원인규명과 예방을 위한 사고조사를 독립적으로 수행하기 위해 국토교통부에 소속된 기관이다.

02 초경량비행장치 사고를 일으킨 조종자 또는 소유자는 사고 발생 즉시 지방항공청에게 보고하여야 하는데 그 내용이 아닌 것은?

① 초경량비행장치 소유자의 성명 또는 명칭
② 사고가 발생한 일시 및 장소
③ 사고의 정확한 원인분석 결과
④ 초경량비행장치의 종류 및 신고번호

> **사고 시 보고사항**
> • 조종자 및 그 초경량비행장치 소유자등의 성명 또는 명칭
> • 사고 발생 일시 및 장소
> • 초경량비행장치의 종류 및 신고번호
> • 사고의 경위
> • 사람의 사상(死傷) 또는 물건의 파손 개요
> • 사상자의 성명 등 사상자의 인적사항 파악을 위하여 참고가 될 사항

정답 | 07 ① 08 ② 09 ① 9 01 ③ 02 ③

10 초경량비행장치의 과태료

01 초경량비행장치 조종자 또는 그 초경량비행장치소유자가 초경량비행장치사고에 관한 보고를 하지 않거나 거짓으로 보고한 경우 1차 과태료는?

① 15만원　　　② 50만원
③ 75만원　　　④ 100만원

> 초경량비행장치 조종자 또는 그 초경량비행장치소유자등이 초경량비행장치사고에 관한 보고를 하지 않거나 거짓으로 보고한 경우 1차 15만원, 2차 22만5천원, 3차 30만원의 과태료가 부과된다.

02 초경량비행장치의 비행안전을 위한 기술상의 기준에 적합하다는 안전성인증을 받지 않고 비행한 경우 3차 위반 시 과태료는? (단, 해당 초경량비행장치는 안전성인증을 받아야 하는 기체이다.)

① 200만원 이하의 과태료
② 300만원 이하의 과태료
③ 400만원 이하의 과태료
④ 500만원 이하의 과태료

> 1차 : 250만원 | 2차 : 375만원 | 3차 이상 : 500만원

03 항공안전법상 국토교통부장관의 승인을 받지 아니하고 초경량비행장치 비행제한공역을 비행한 사람에 대한 벌칙은?

① 500만원 이하의 벌금
② 300만원 이하의 벌금
③ 200만원 이하의 벌금
④ 100만원 이하의 벌금

> 국토교통부장관의 승인을 받지 아니하고 초경량비행장치 비행제한공역을 비행한 사람은 500만원 이하의 벌금에 처한다.

04 신고한 초경량비행장치를 사용하여 비행하던 중 장치를 분실하였다. 기간 내 말소신고를 하지 않았을 때 1차 과태료는 얼마인가?

① 15만원　　　② 22.5만원
③ 30만원　　　④ 50만원

> 1차 : 15만원 | 2차 : 22만5천원 | 3차 : 30만원

05 비행승인 없이 비행금지구역에서 비행했을 때 최대 과태료는 얼마 이하인가?

① 50만원　　　② 100만원
③ 200만원　　④ 300만원

> 비행승인 없이 비행금지구역 비행 시 과태료
> 1차 : 150만원 | 2차 : 225만원 | 3차 : 300만원
> ※ 최대이륙중량 25kg 이하인 무인멀티콥터는 관제권 또는 비행금지구역이 아닌 장소에서 고도 150m 미만으로 비행승인 없이 비행이 가능하다.

06 국토교통부령으로 정하는 조종사의 준수사항을 따르지 않고 초경량비행장치를 이용하여 비행한 경우 1차 과태료는?

① 50만원　　　② 100만원
③ 150만원　　④ 200만원

> 1차 : 150만원 | 2차 : 225만원 | 3차 : 300만원

07 사람이 많은 주말 강변공원에서 허가없이 무인비행장치를 비행했을 경우 3차 과태료는 얼마인가?

① 50만원　　　② 100만원
③ 150만원　　④ 300만원

> 주거지역, 상업지역 등 인구가 밀집된 지역이나 그 밖에 사람이 많이 모인 장소의 상공에서의 비행 금지는 초경량비행장치 조종자의 준수사항에 해당되며, 위반 시 다음의 과태료가 부과된다.
> 1차 : 150만원 | 2차 : 225만원 | 3차 : 300만원

정답 | 10　01 ①　02 ④　03 ①　04 ①　05 ④　06 ③　07 ④

08 위반행위에 대한 과태료 금액이 잘못된 것은?

① 조종자 준수사항을 위반한 경우 1차 위반은 50만원이다.
② 말소신고를 하지 않은 경우 1차 위반은 15만원이다.
③ 조종자 증명을 받지 아니하고 비행한 경우 1차 위반은 200만원이다.
④ 신고번호를 표시하지 않았거나 거짓으로 표시한 경우 1차 위반은 50만원이다.

조종자 준수사항을 위반한 경우 1차 위반은 150만원이다.

09 초경량비행장치로 법규를 위반한 경우 지방항공청장이 고지한 과태료 처분에 대한 이의를 제기할 수 있는 기간은?

① 고지를 받은 날로부터 10일 이내
② 고지를 받은 날로부터 15일 이내
③ 고지를 받은 날로부터 30일 이내
④ 고지를 받은 날로부터 60일 이내

10 다음 중 과태료 중 금액이 가장 큰 것은?

① 조종자 준수사항을 지키지 않았을 때
② 안전성 인증검사를 받지 않고 비행했을 때
③ 초경량비행장치 자격증명이 없이 비행했을 때
④ 초경량비행장치의 말소 신고를 하지 않았을 때

① 최대 300만원
② 최대 500만원
③ 최대 400만원
④ 최대 30만원

11 초경량비행장치의 사업

01 초경량비행장치의 사업범위에 해당하지 않는 것은?

① 산림 또는 공원 등의 관측 또는 탐사
② 자격 취득을 위한 조종 교육
③ 인명 구조를 위한 수송
④ 비료 또는 농약 살포

③의 경우 공공기관의 긴급비행에 해당되며, 초경량비행장치의 사업범위에 해당되지 않는다.

02 다음 중 항공사업법에서 규정한 항공기사용사업에 해당하지 않는 것은?

① 유상으로 송전탑 건설을 위한 자재 운반
② 유상으로 농약 살포
③ 항공기를 이용해 유상으로 여객 또는 화물을 운송하는 사업
④ 항공기를 이용한 비행훈련

"항공기사용사업"이란 항공운송사업 외의 사업으로서 타인의 수요에 맞추어 항공기를 사용하여 유상으로 농약살포, 건설자재 등의 운반, 사진촬영 또는 항공기를 이용한 비행훈련 등의 업무를 하는 사업을 말한다.

03 초경량비행장치 사용사업계획서에 포함하는 사항이 아닌 것은?

① 초경량비행장치의 안전성 검점 계획 및 사고 대응 매뉴얼 등을 포함한 안전관리대책
② 사용시설·설비 및 장비 개요
③ 보험 또는 공제에 가입하였음을 증명하는 서류
④ 사업체 종사자 인력의 개요

초경량비행장치 사용사업계획서에 포함할 내용
• 사업목적 및 범위
• 초경량비행장치의 안전성 점검 계획 및 사고 대응 매뉴얼 등을 포함한 안전관리대책
• 자본금, 사용시설·설비 및 장비 개요
• 상호·대표자의 성명과 사업소의 명칭 및 소재지
• 종사자 인력의 개요
• 사업 개시 예정일

정답 | 08 ① 09 ③ 10 ② 11 01 ③ 02 ③ 03 ③

04 초경량비행장치의 시험비행허가 서류에 포함되지 않는 사항은?

① 시험비행계획서
② 초경량비행장치 사진
③ 해당 초경량비행장치에 대한 소개서
④ 항공안전관리시스템 매뉴얼

> **시험비행허가 서류**
> 시험비행 등을 위한 허가를 받으려는 자는 초경량비행장치 시험비행허가 신청서에 해당 초경량비행장치가 국토교통부장관이 정하여 고시하는 초경량비행장치의 비행안전을 위한 기술상의 기준에 적합함을 입증할 수 있는 다음의 서류를 첨부하여 국토교통부장관에게 제출하여야 한다.
> • 해당 초경량비행장치에 대한 소개서
> • 초경량비행장치의 설계가 초경량비행장치 기술기준에 충족함을 입증하는 서류
> • 설계도면과 일치되게 제작되었음을 입증하는 서류
> • 완성 후 상태, 지상 기능점검 및 성능시험 결과를 확인할 수 있는 서류
> • 초경량비행장치 조종절차 및 안전성 유지를 위한 정비방법을 명시한 서류
> • 초경량비행장치 사진(전체 및 측면사진)
> • 시험비행계획서

05 무인멀티콥터의 사용 사업 범위와 거리가 먼 것은?

① 농약 입제 살포
② 저고도 항공 촬영
③ 건축물 안전 조사
④ 야간 정찰

> **초경량비행장치사용사업의 사업범위**
> • 비료 또는 농약 살포, 씨앗 뿌리기 등 농업 지원
> • 사진촬영, 육상·해상 측량 또는 탐사
> • 산림 또는 공원 등의 관측 또는 탐사
> • 조종교육

06 다음 중에서 보험에 가입할 필요가 없는 경우는?

① 항공기 대여업
② 초경량비행장치의 판매사업
③ 초경량비행장치의 조종 교육
④ 항공레저스포츠사업

> 초경량비행장치를 이용하여 초경량비행장치사용사업, 항공기대여업, 항공레저스포츠사업 등 영리를 목적으로 사용할 경우 보험에 가입해야 한다. 단, 판매사업에는 보험가입이 필요가 없다.

07 무인멀티콥터의 보험에 대한 설명으로 틀린 것은?

① 사업자는 기체의 보유 수에 관계없이 일괄로 보험에 가입해야 한다.
② 개인 취미용의 경우 보험에 가입할 필요가 없다.
③ 사업용 초경량비행장치를 사용하려면 보험에 가입해야 한다.
④ 사업용의 경우 보험을 들지 않으면 500만원 이하의 과태료가 부과된다.

> 보험은 기체별로 전부 가입해야 한다.
> ※ 현재까지 개인 취미용의 경우 의무대상은 아니나 일상생활 배상보험에 가입할 수 있다.

08 다음 중 국토교통부령으로 정하는 보험 또는 공제에 가입하여야 할 경우는?

① 영리 목적으로 사용되는 인력활공기
② 개인의 취미생활에 사용되는 자이로 플레인
③ 초경량비행장치사용사업용 동력비행장치
④ 개인의 취미생활에 사용되는 낙하산류

> 초경량비행장치사용사업, 항공기대여업, 항공레저스포츠사업에 초경량비행장치를 사용하려면 국토교통부령으로 정하는 보험 또는 공제에 가입해야 한다.

09 다음 초경량 동력비행장치 중 항공안전법으로 정한 보험에 가입해야 하는 경우는?

① 영리목적으로 사용하는 동력비행장치
② 동호인이 공동으로 사용하는 패러글라이더
③ 국제대회에 사용하고자 하는 행글라이더
④ 모든 초경량비행장치

> 영리를 목적으로 하면 보험 가입은 필수다.

정답 | 04 ④ 05 ④ 06 ② 07 ① 08 ③ 09 ①

CHAPTER 05

Ultra Light Vehicle - Drone Pilot

실전모의고사
8회분

무인동력비행장치 필기시험
실전모의고사 | 01회

해설

01 보퍼트 풍력계급에 의해 구분할 때 바람을 느끼고 나뭇잎이 흔들리기 시작할 때의 풍속은?

① 0.3~1.5m/sec
② 1.6~3.3m/sec
③ 3.4~5.4m/sec
④ 5.5~7m/sec

01 보퍼트 풍력계급
① 0~0.2 m/s : 고요(연기가 똑바로 올라감)
② 1.6~3.3 m/s : 남실바람(나뭇잎이 움직이며, 얼굴에 바람이 느껴짐)
③ 5.5~7.9 m/s : 건들바람(먼지가 일고, 종이 조각이 날리며 작은 가지가 움직임)
④ 8.0~10.7 m/s : 흔들바람(작은 나무가 흔들리며, 강이나 호수에 물결이 일어남)

02 초경량비행장치의 비행 전 조종기의 거리 테스트의 방법으로 적당한 것은?

① 기체와 30m 떨어진 거리에서 레인지 모드로 테스트한다.
② 기체와 100m 떨어져서 일반 모드로 테스트 한다.
③ 기체 바로 옆에서 테스트를 한다.
④ 기체를 이륙해서 조종기를 테스트를 한다.

02 무인비행장치에는 송·수신 거리 테스트 전용인 레인지 체크모드가 탑재되어 있다. (송신출력을 감소시켜 테스트를 한다)
▶ 절차 : 비행 전 지상에서 드론의 모터는 정지시키고 수신기 전원을 켜고 약 30m 떨어진 위치에서 조종기에서 레인지 체크 모드에서 정상 작동 여부를 확인한다.

03 무인멀티콥터에 사용하는 배터리의 종류가 아닌 것은?

① 리튬 폴리머 (Li-Po)
② 니켈 카드뮴 (Ni-Cd)
③ 니켈 수소 (Ni-MH)
④ 알카라인

03 무인멀티콥터에는 충전이 가능한 2차 전지를 사용하며, ④는 1차 전지에 해당한다.

04 고도 지상 11km 이하로 대부분의 기상현상이 일어나는 곳은?

① 대류권
② 중간권
③ 열권
④ 성층권

04 대류권은 지표면에서부터 평균고도 11km 이하로 대부분의 기상현상이 일어난다.

05 다음 항공계기 중 정압 또는 동압에 영향을 받지 않는 계기는?

① 대기속도계
② 선회경사계
③ 고도계
④ 승강계

05
• 대기속도계 : 전압과 정압의 차이를 이용
• 고도계, 승강계(수직속도계) : 정압을 이용
• 선회경사계 : 자이로를 이용하여 선회각 속도를 측정

정답 | 01 ② 02 ① 03 ④ 04 ① 05 ②

06 다음 중 개인레저용으로 이용할 때 신고하지 않아도 되는 초경량비행장치에 해당되지 않는 것은?

① 자체중량 70kg 이하인 패러글라이더
② 최대이륙중량 2kg 이하인 무인멀티콥터
③ 자이로플레인
④ 계류식 무인비행장치

07 항공종사자의 혈중 알코올농도가 0.02% 이상, 0.06% 미만인 경우의 행정처분은?

① 조종자격의 효력 정지 60일
② 조종자격의 효력 정지 120일
③ 조종자격의 효력 정지 180일
④ 조종자 자격 취소

08 초경량 비행장치의 착륙장소로 적당하지 않은 곳은?

① 장애물이 없는 넓은 개활지
② 해변의 모래사장
③ 고압선이 없고 평평한 지역
④ 수풀이 없는 평지

09 날개에 발생하는 항력 중 날개 끝에 발생하는 와류로 인하여 발생하는 항력은?

① 마찰항력
② 유도항력
③ 압력항력
④ 조파항력

10 항공기의 안정성과 조종성에 관한 설명으로 틀린 것은?

① 안정성이 증가하려면 조종성이 증가해야 한다.
② 조종성이 증가하면 안정성이 감소한다.
③ 안정성에는 정적 안정성과 동적 안정성이 있다.
④ 조종성과 안정성은 반비례 관계이다.

11 다음 중 드론의 명칭으로 사용하지 않는 것은?

① UAV (Unmanned Aerial Vehicle)
② UAS (Unmanned Aircraft System)
③ RPAS (Remote Piloted Aircraft System)
④ ULP (Ultra Light Plane)

해설

06 신고가 필요없는 초경량비행장치의 범위
- 행글라이더, 패러글라이더 등 동력을 이용하지 아니하는 비행장치
- 사람이 탑승하지 않는 기구류
- 계류식(繫留式) 무인비행장치
- 낙하산류
- 무인동력비행장치 중 최대이륙중량이 2kg 이하
- 무인비행선 중에서 연료의 무게를 제외한 자체무게가 12kg 이하이고, 길이가 7m 이하인 것 등

07
- 0.02% 이상, 0.06% 미만 : 효력정지 60일
- 0.06% 이상, 0.09% 미만 : 효력정지 120일
- 0.09% 이상 : 효력정지 180일

08 모래사장은 착륙지가 불균형하므로 로터가 지면에 닿을 수 있으므로 위험하다.

09 유도항력은 날개에서 발생하는 양력에 의해 날개끝에 발생한다.

10 조종성과 안정성은 상반되는 성질이 있다. 예를 들어, 조종사 의도대로 비행기의 기수를 쉽게 바꿀 수 있다면 그만큼 비행의 안정성이 감소하여 승차감이 떨어진다.

11 ULP는 초경량항공기를 의미한다. 드론은 초경량항공기의 무인멀티콥터에 속한다.

정답 | 06 ③ 07 ① 08 ② 09 ② 10 ① 11 ④

12 무인회전익 비행장치의 비행 특징이 아닌 것은?
① 전진 비행   ② 후진 비행
③ 회전 비행   ④ 배면 비행

13 최대이륙중량이 2kg를 초과하는 드론은 신고 대상이다. 신고는 어디에 하여야 하는가?
① 국방부장관
② 도로교통공단
③ 한국교통안전공단
④ 항공기술안전원

14 베르누이 정의에 대한 설명으로 틀린 것은?
① 비압축성이고 비점성인 유체에서 만족한다.
② 정압과 동압의 합은 일정하다.
③ 날개의 상하부를 흐르는 공기의 압력차에 의해 발생하는 양력의 기본 원리이다.
④ 유체의 속도가 증가하면 압력이 증가하고, 속도가 감소하면 압력도 감소한다.

15 인적요인의 대표적인 모델인 쉘 모델의 구성요소가 아닌 것은?
① Liveware
② Software
③ Human
④ Envioroment

16 일정한 조건에서 비행체가 가장 멀리 갈 수 있는 바람은?
① 정풍
② 배풍
③ 측풍
④ 하강풍

17 비행 단계 교육에서 올바르지 않은 태도는?
① 시야를 좁혀 기체의 비행에 집중하도록 한다.
② 교관의 개인적인 비행노하우를 교육할 필요는 없다.
③ 교육생보다 한 걸음 뒤에서 가급적 교육생 스스로 조종한다는 느낌이 들도록 교육한다.
④ 통제권 전환 시 복명복창으로 확인시킨 후 전환하도록 한다.

해설

12 배면 비행은 뒤집힌 자세로 비행하는 것으로, 고정익 항공기에서 가능한 비행이다.

13 신고 대상 기체의 신고업무는 한국교통안전공단이 담당하고 있다.

14 정압과 동압의 합은 일정하므로 유체의 속도가 증가하면 압력이 감소하고, 속도가 감소하면 압력도 증가한다.
▶ 베르누이 법칙의 조건 (이상 유체)
• 비압축성 : 압력이 변해도 밀도가 일정함
• 비점성 : 마찰이 없음
• 하나의 유선에 대해서만 적용한다.
• 정상 흐름 : 시간에 따른 변화가 없음

15
• H(Hardware) – 항공기의 기계적인 부분
• S(Software) – 운항분야의 각종 규정, 절차 등
• E(Environment) – 기상 등의 물리적 환경
• L(Liveware) – 운항업무 관계자

16 바람의 방향이 배풍(항공기 뒤에서 앞으로 부는 바람)일 때 더 느린 속도와 연료를 유지해도 최대항속거리를 얻을 수 있다.

17 기본 비행단계에서 기체에만 집중하지 말고 점점 주위의 비행환경에 시야를 확대하여 분배하는 훈련이 필요하다.

정답 | 12 ④ 13 ③ 14 ④ 15 ③ 16 ② 17 ①

18 우리나라에 영향을 끼치는 기단 중 여름철 더위, 폭염과 관계가 깊은 것은?

① 양쯔강 기단
② 시베리아 기단
③ 북태평양 기단
④ 오호츠크해 기단

해설
18 • 양쯔강 기단 : 봄·가을
 • 시베리아 기단 : 겨울
 • 북태평양 기단 : 여름
 • 오호츠크해 기단 : 초여름(장마)

19 비행 후 점검 내용으로 옳지 않은 것은?

① 열이 식을 때까지 점검하지 않는다.
② 기체를 안전한 곳으로 옮긴다.
③ 수신기를 먼저 끈다.
④ 송신기를 먼저 끈다.

19 비행 후 수신기를 끄기 전에 송신기를 먼저 끄면 비행체가 다른 신호에 간섭을 받을 수 있어 오작동의 위험이 있으므로 기체의 수신기를 끄고 송신기를 가장 나중에 끈다.

20 비행체에 착빙 발생 시 조치사항으로 맞는 것은?

① 정상속도보다 속도를 줄인다.
② 비행 전 얼음을 제거한다.
③ 저고도로 비행한다.
④ 고고도로 비행한다.

20 착빙은 양력을 감소시키고 항력을 증가시키므로 비행 전 제거하는 것이 좋다.

21 다음 중 항공기에 작용하는 힘에 대한 설명으로 틀린 것은?

① 받음각이 증가하면 양력은 증가한다.
② 공기의 밀도가 커지면 양력은 증가한다.
③ 양력이 증가하면 항력도 증가한다.
④ 고도가 높아지면 추력도 증가한다.

21 고도가 높아지면 공기밀도가 낮아져 추력도 감소하고, 양력도 감소하지만, 공기저항으로 인한 항력도 감소된다.
※ 유도항력은 양력에 비례하여 증가한다.

22 다음 중 지면효과가 발생하지 않는 것은?

① 착륙하고 있는 항공기
② 지면 가까이에서 비행하는 항공기
③ 산악지형에서 수직하강하고 있는 항공기
④ 지면 가까이에서 정지비행을 하는 헬리콥터

22 지면효과는 지면 가까이에 이착륙하는 고정익 또는 지면 가까이 정지비행하는 회전익 항공기에서 발생하며, 날개에서 양력이 증가하고 유도항력이 감소하는 효과가 있다.

23 다음 중 초경량비행장치에 해당하지 않는 것은?

① 자체중량 70킬로그램을 초과하는 활공기
② 탑승자 및 비상용 장비의 중량을 제외한 자체중량이 70킬로그램 이하로서 체중이동, 타면조종 등의 방법으로 조종하는 행글라이더
③ 탑승자, 연료 및 비상용 장비의 중량을 제외한 자체중량이 115킬로그램 이하의 좌석이 1개인 동력비행장치
④ 계류식 기구

23 자체중량 70kg을 초과하는 활공기는 항공기에 해당한다.

정답 | 18 ③   19 ④   20 ②   21 ④   22 ③   23 ①

24 다음 중 통제공역에 해당하는 것은?
① 작전구역
② 위험구역
③ 비행제한구역
④ 훈련구역

25 뇌우의 성숙단계에서 나타나는 현상은?
① 하강기류가 약해지며 약한 비가 내린다.
② 난류가 약해진다.
③ 뇌우 상부층에서 강한 하강풍이 불며 소나기가 내린다.
④ 강한 상승기류만 나타난다.

26 다음 기압고도계 설정방식에 대한 설명 중 관제탑에서 제공하는 고도 압력으로 항공기의 기압고도계를 맞추는 방식으로 옳은 것은?
① QNH 방식　　② QNE 방식
③ QFH 방식　　④ QFE 방식

27 무인멀티콥터의 비행 전 점검으로 적합하지 않은 것은?
① 배터리 온도, 가시거리, 풍속, 지자기 수치가 적당한지 확인한다.
② 지자기 캘리브레이션을 해준다.
③ 배터리 충전율이 70% 이상이면 비행이 가능하다.
④ 주변에 송전탑 등 고전압이 흐르는 장소에서의 비행은 자제한다.

28 프로펠러가 8개인 무인멀티콥터를 일컫는 것은?
① 쿼드콥터
② 옥토콥터
③ 헥사콥터
④ 듀얼콥터

29 다음 중 배터리 충전방법 중 옳은 것은?
① 배터리의 효율을 위해 완전방전 후 충전시킨다.
② 배터리 외형이 손상되어 충전해도 무관하다.
③ 장기간 미사용 시 100%로 충전하여 보관한다.
④ 충전 시 자리를 비우지 않는다.

해설

24 통제공역
- 비행금지구역
- 비행제한구역
- 초경량비행장치비행제한구역

25 뇌우의 성숙단계
- 구름 꼭대기에 심한 난류로 평평한 형태이다.
- 상승 기류와 함께 하강기류도 공존하며, 천둥·번개를 동반한 강한 소나기가 내린다.

26 QNH는 해수면에서 항공기까지의 높이(진고도)로 설정하는 것으로 관제탑으로부터 정보를 받아 기압 눈금을 수정함으로써 다른 항공기와 일정한 고도의 차이가 유지될 수 있다.

27 ① 배터리 온도는 약 20~30℃가 적당하며, 풍속은 약 6m/s 이하, 지자기 수치(Kp)는 약 5 미만에서 비행한다.
② 지자기 오차로 인한 오작동 방지를 위해 캘리브레이션을 해준다.
③ 배터리는 완충상태에서 비행한다.
④ 고전압은 지자기 간섭으로 인한 오작동을 초래할 수 있으므로 비행을 금지한다.

28 로터 갯수에 따른 무인 멀티콥터의 명칭
- 3개 : 트라이콥터(tri-copter)
- 4개 : 쿼드콥터(quad-copter)
- 6개 : 헥사콥터(hex-copter)
- 8개 : 옥토콥터(octo-copter)

29 ① 완전방전시키면 수명단축 및 성능저하가 초래되므로 용량의 10~20% 정도 남았을 때 충전하는 것이 좋다.
③ 장기간 미사용 시 40~65% 수준까지 방전시켜 보관한다.
④ 과충전으로 인한 화재 발생 우려가 있으므로 충전 시 충전 장소를 이탈하지 않도록 한다.

정답 | 24 ③　25 ③　26 ①　27 ③　28 ②　29 ④

30 위성항법시스템(GNSS)에 대한 설명으로 틀린 것은?

① 3개 이상의 위성 신호가 수신되면 무인비행장치의 위치 측정이 가능하다.
② 무인비행장치의 위치와 속도를 제어하기 위해 활용한다.
③ 이론적으로 1개 이상의 위성신호가 수신되면 무인비행장치의 위치를 측정할 수 있다.
④ 수평위치보다 수직위치의 오차가 상대적으로 크다.

31 토크 반작용에 대한 설명으로 틀린 것은?

① 뉴턴의 제3법칙 '작용-반작용 법칙'에 의해 설명된다.
② 한쪽 방향으로 회전하면 동일한 힘이 회전하는 반대방향으로 작용한다.
③ 인위적 조작이나 외부 영향을 무시했을 때 기체가 좌측으로 선회하려는 원인이 된다.
④ 오른쪽으로 회전하는 프로펠러는 회전의 결과 오른쪽으로 반작용 힘이 생겨 항공기 기수를 왼쪽으로 틀어지게 한다.

32 대기의 열전달에 대한 설명으로 옳지 않은 것은?

① 대류는 유체의 가열이나 냉각에 따른 밀도 변화로 인해 이동하는 것이다.
② 전도는 물체의 저온부에서 고온부로 이동하는 현상이다.
③ 열은 복사, 전도, 대류의 3가지 방법으로 전달되며, 실제로는 복합적으로 동시에 일어난다.
④ 복사는 물체로부터 방출되는 전자파를 총칭한 것이다.

33 초경량비행장치소유자 등은 신고한 초경량비행장치가 멸실되었을 경우 며칠 이내 신고해야 하는가?

① 5일
② 10일
③ 15일
④ 30일

34 관성측정장치(IMU)에 대한 설명으로 옳지 않은 것은?

① 일반적으로 3축 가속도계, 3축 자이로스코프 또는 3축 지자기계 센서를 통합한 장치이다.
② 진동에 매우 강하여 진동에 큰 영향을 받지 않는다.
③ 무인비행장치의 자세, 가속도, 가속도 등을 측정하는 센서이다.
④ 무인비행장치의 자세를 안정화하고 제어하기 위해 사용한다.

해설

30 GNSS를 구동하려면 최소 4개의 위성이 필요하다. 이 중 3개 이상의 위성이 정확한 시간과 변위를 측정한 뒤 삼각점의 위치를 구하는 삼변 측량기법으로 위치를 파악한다. 3개 위성이 각각 측정하는 세 개의 범위가 서로 교차되는 지점이 수신기의 위치가 된다. 나머지 1개 위성은 오차 보정용이다.

31 토크 반작용은 뉴턴의 제3법칙인 작용-반작용 법칙으로 설명된다. 한쪽 방향으로 회전하면 동일한 힘이 회전하는 반대방향으로 작용한다. 오른쪽으로 회전하는 프로펠러는 회전의 결과 왼쪽으로 반작용 힘이 생겨 항공기 기수를 왼쪽으로 틀어지게 만든다.
또한, 항공기가 공중에 있을 때, 이 힘은 세로축을 기준으로 발생하고, 항공기를 왼쪽으로 틀어지게 하고 Roll에 들어가게 한다.

32 전도는 물체의 고온부에서 저온부로 이동하는 현상이다.

33 초경량비행장치 변경신고(항공안전법 제123조) 초경량비행장치소유자 등은 신고한 초경량비행장치가 멸실되었거나 초경량비행장치를 해체(정비 등, 수송 또는 보관하기 위한 해체는 제외)한 경우에는 그 사유가 발생한 날부터 15일 이내에 국토교통부장관에게 말소신고를 하여야 한다.(한국교통안전공단에 위임)

※ 함께 알아두기) 변경신고 : 30일 이내

34 IMU(Inertial Measurement Unit)는 기체상태를 감지하는 센서로, 진동에 의해 자세오차가 발생할 수 있다.

정답 | 30 ③ 31 ④ 32 ② 33 ③ 34 ②

35 비행제한공역에서 초경량비행장치로 비행하려면 누구에게 비행승인 신청을 하여야 하는가?

① 국토교통부장관
② 지방항공청장
③ 지방경찰청장
④ 국방부장관

36 항공교통업무에 따른 공역 등급 중 모든 항공기가 계기비행을 하여야 하는 공역은?

① A 등급
② B 등급
③ C 등급
④ D 등급

37 항공안전법상 초경량비행장치 조종자 증명을 받지 않고 초경량비행장치를 이용하여 비행하는 경우 과태료 부과기준은? (단, 안전성인증을 받은 경우이다.)

① 30만원 이하
② 200만원 이하
③ 100만원 이하
④ 400만원 이하

38 안전성인증의 유효기간 만료일이 도래되어 새로운 안전성 인증을 받기 위하여 실시하는 인증은?

① 초도인증
② 정기인증
③ 수시인증
④ 재인증

39 다음 중 150m 미만의 고도에서 비행승인을 받지 않고 자유롭게 비행할 수 있는 구역(공역)은?

① UA
② P-518
③ A810
④ R-35

40 등압선이 조밀한 지역의 특징으로 옳은 것은?

① 바람이 강하게 분다.
② 비가 강하게 내린다.
③ 비와 바람이 동반한다.
④ 바람이 약해진다.

해설

35 초경량비행장치를 사용하여 비행제한공역을 비행하려는 사람은 초경량비행장치 비행승인신청서를 지방항공청장에게 제출하여야 한다.

36 A 공역 : 모든 항공기가 계기비행을 하여야 하는 공역
- 관제구 : A, B, C, D, E 등급
- 관제권 : B, C, D 등급

37
- 안전성인증을 받지 아니한 초경량비행장치를 사용하여 초경량비행장치 조종자 증명을 받지 아니하고 비행을 한 사람 : 1년 이하의 징역 또는 1천만원 이하의 벌금
- 초경량비행장치 조종자 증명을 받지 아니하고 초경량비행장치를 사용하여 비행을 한 사람 : 400만원 이하의 과태료

38
- 초도인증 : 국내에서 설계·제작하거나 외국에서 국내로 도입한 초경량비행장치의 안전성인증을 받기 위하여 최초로 실시하는 인증
- 정기인증 : 안전성인증의 유효기간 만료일이 도래되어 새로운 안전성인증을 받기 위하여 실시하는 인증
- 수시인증 : 초경량비행장치의 비행안전에 영향을 미치는 대수리 또는 대개조 후 기술기준에 적합한지를 확인하기 위하여 실시하는 인증
- 재인증 : 초도, 정기 또는 수시인증에서 기술기준에 부적합한 사항에 대하여 정비한 후 다시 실시하는 인증

※ 정기인증과 수시인증 비교 확인할 것

40 비행금지구역
- P(Prohibited) : 비행금지구역 미확인 시 경고사격 및 경고 없이 사격 가능
- R(Restricted) : 비행 제한구역, 지대지, 지대공, 공대지 공격 가능
- D(Danger) : 비행위험구역, 실탄 배치
- A(Alert) : 비행경보구역
※ UA(Ultralight vehicle flight Area) : 초경량비행장치 비행공역

정답 | 35 ② 36 ① 37 ④ 38 ② 39 ① 40 ①

실전모의고사 02회

무인동력비행장치 필기시험

01 무인멀티콥터로 비행금지구역을 비행할 경우 누구에게 승인을 받아야 하는가?
① 지방항공청장
② 항공안전기술원 원장
③ 도로교통공단 이사장
④ 국토교통부장관

02 바람이 부는 가장 근본적인 원인으로 적합한 것은?
① 지구의 회전
② 태양 에너지에 의한 지표면의 불균형 가열
③ 해수면의 온도 상승
④ 고도의 차이

03 블레이드 종횡비의 비율이 커지면 나타나는 현상이 아닌 것은?
① 유해항력이 증가한다.
② 활공성능이 좋아진다.
③ 유도항력이 감소한다.
④ 양항비가 작아진다.

04 무인멀티콥터의 모터 과열의 원인으로 거리가 먼 것은?
① 모터의 출력에 비해 탑재물 중량이 클 때
② 고온에서 장시간 비행했을 때
③ 착륙 직후
④ 블레이드 피치각이 맞지 않을 때

05 다음 중 신고하지 않아도 되는 초경량비행장치는?
(단, 비사업용인 경우이다.)
① 동력비행장치
② 행글라이더
③ 초경량 헬리콥터
④ 회전익비행장치

해설

01 • 최대이륙중량 25kg 이하인 경우 : 비행금지구역, 관제권에서 비행하거나, 일반공역에서 150m 이상 고도에서 비행 시 지방항공청 또는 국방부의 비행승인이 필요
• 최대이륙중량 25kg 초과인 경우 : 초경량비행장치비행공역 이외에는 비행승인이 필요

02 바람이 부는 근본적인 원인을 묻는 문제가 나오면 다음 사항을 체크한다.
태양에 의한 지표면의 불균형한 가열, 온도 변화, 기압 변화, 기압경도력(두 지점 사이의 기압 차이로 나타나는 힘), 대류 현상

03 종횡비(가로세로비)
날개 길이와 폭의 비율을 말하며, 종횡비가 클수록 양력 발생이 증가한다. 또한, 날개 끝에 발생하는 익단 와류의 영향이 적어 유도항력이 감소한다. 그러므로 작은 받음각에도 활공능력이 향상된다.
하지만 날개 길이가 길어지므로 공기흐름과 닿는 부위가 커져 유해항력(형상항력)이 증가한다.
양항비는 양력과 항력의 비율을 말하며, 종횡비가 클수록 양항비도 커진다.

04 ①, ②에 의해 모터에 과부하가 걸릴 수 있으며, 비행 직후에도 모터가 과열될 수 있다.

05 신고 대상이 아닌 초경량비행장치의 범위 (비사업용인 경우로 한정)
• 행글라이더, 패러글라이더 등 동력을 이용하지 아니하는 비행장치
• 사람이 탑승하지 않는 기구류
• 계류식(繫留式) 무인비행장치
• 낙하산류
• 무인동력비행장치 중에서 최대이륙중량이 2kg 이하인 것
• 무인비행선 중에서 연료의 무게를 제외한 자체무게가 12kg 이하이고, 길이가 7m 이하인 것
• 연구기관 등이 시험·조사·연구 또는 개발을 위하여 제작한 초경량비행장치
• 제작자 등이 판매를 목적으로 제작하였으나 판매되지 아니한 것으로서 비행에 사용되지 아니하는 초경량비행장치
• 군사목적으로 사용되는 초경량비행장치

정답 | 01 ① 02 ② 03 ④ 04 ④ 05 ②

06 초경량비행장치 운영 시 과태료가 가장 높은 것은?
① 장치신고, 멸실신고 및 변경신고를 하지 않을 경우
② 조종자 증명 없이 비행한 경우
③ 조종자 비행준수사항을 위반한 경우
④ 안전성 인증검사를 받지 않고 비행한 경우

07 초여름 장마와 동해안 습한 기후의 원인이 되는 기단은?
① 시베리아 기단
② 양쯔강 기단
③ 오호츠크해 기단
④ 북태평양 기단

08 회전익 비행장치의 정지 비행(hovering)에서 전진 비행으로 바뀌는 과도적인 상태를 무엇이라 하는가?
① 전이비행
② 자동회전
③ 지면 효과
④ 횡단류 효과

09 초경량비행장치 중 조종자 증명이 필요하지 않은 것은?
① 초경량비행장치 사용사업에 사용되는 무인멀티콥터 중에서 연료중량을 포함한 최대이륙중량이 250g 이하인 것
② 항공레저스포츠사업에 사용되는 행글라이더
③ 동력패러글라이더
④ 동력비행장치

10 착륙 후 해야 할 일이 아닌 것은?
① 수신기를 먼저 끈다.
② 송신기를 먼저 끈다.
③ 안전한 장소로 옮긴다.
④ 모터가 식을 때까지 만지지 않는다.

11 시정에 직접적인 원인을 미치는 것이 아닌 것은?
① 황사
② 바람
③ 눈
④ 먼지

해설

06 ① : 3차 위반 시 30만원
② : 3차 위반 시 400만원
③ : 3차 위반 시 300만원
④ : 3차 위반 시 500만원

07
• 봄가을 : 양쯔강
• 초여름 : 오호츠크해
• 여름 : 북태평양
• 겨울 : 시베리아

08 헬리콥터나 드론과 같은 회전익 비행장치가 정지 비행에서 전진비행으로 바뀌는 상태를 전이비행이라 한다.

09 조종자 증명이 필요한 초경량비행장치
(항공안전법 시행규칙 제306조)
1. 동력비행장치, 유인자유기구, 동력패러글라이더, 회전익비행장치
2. 행글라이더, 패러글라이더 및 낙하산류(항공레저스포츠사업에 사용되는 것만 해당)
3. 무인비행장치(다만, 다음 사항은 제외)
   가. 무인비행기, 무인헬리콥터 또는 무인멀티콥터 중에서 연료 중량을 포함한 최대이륙중량이 250g 이하인 것
   나. 무인비행선 중에서 연료의 중량을 제외한 자체중량이 12킬로그램 이하이고, 길이가 7미터 이하인 것

10 착륙 후 바로 송신기를 끄면 외부 신호에 의해 기체가 오작동할 수 있으므로 송신기는 가장 나중에 끈다.

11 시정장애를 일으키는 요소
안개, 연무(박무), 연기, 황사, 눈, 비, 화산재 등

정답 | 06 ④ 07 ③ 08 ① 09 ① 10 ② 11 ②

12
착빙 중 투명하고 단단하며 표면이 매끄러운 특징이 있으며, 항공기 날개의 형태를 크게 변형시키는 가장 위험한 착빙은?

① 서리 착빙
② 맑은 착빙
③ 거친 착빙
④ 이슬 착빙

13
무인멀티콥터의 구동계통에 해당하지 않는 것은?

① 모터
② ESC
③ 프로펠러
④ GPS 수신기

14
현행 항공사업법령상 초경량비행장치사용사업의 사업범위에 해당되지 않는 것은?

① 비료 또는 농약살포
② 산림 또는 공원 관측
③ 조종교육
④ 승객 수송

15
공기밀도가 높아지면 공기입자가 (   )하고, 양력이 (   )한다. 다음 중 (   )안에 적합한 것은?

① 감소, 감소
② 감소, 증가
③ 증가, 감소
④ 증가, 증가

16
초경량 비행장치의 비행 중 기체에 이상이 생겼을 때 가장 먼저 조치해야 할 사항은?

① 주위 사람들에게 큰소리로 "비상"을 외친다.
② 에티모드로 전환하여 조종을 한다.
③ 가장 가까운 곳으로 비상 착륙을 한다.
④ 사람이 없는 안전한 곳에 착륙을 한다.

17
무인멀티콥터의 무게중심(C.G)의 위치는?

① 동체 중앙
② 비행제어보드
③ 프로펠러의 중앙
④ 배터리

18
초경량비행장치 조종자 전문교육기관의 지정기준 중 무인비행장치의 경우 실기평가조종자의 조종경력시간은?

① 100시간 이상
② 150시간 이상
③ 200시간 이상
④ 300시간 이상

해설

12 착빙의 종류
- 맑은 착빙 : 투명, 견고함, 매끄럽고 단단함
- 거친 착빙 : 백색, 우윳빛, 불투명, 부서지기 쉬움
- 서리 착빙 : 백색, 얇고 부드러움

13 구동계통은 FC → 변속기(ESC) → 모터 → 프로펠러이다.

14 초경량비행장치사용사업의 사업범위
(항공사업법 시행규칙 제6조)
1. 비료 또는 농약 살포, 씨앗 뿌리기 등 농업 지원
2. 사진촬영, 육상·해상 측량 또는 탐사
3. 산림 또는 공원 등의 관측 또는 탐사
4. 조종교육

15
- 밀도(단위부피당 질량)가 높다는 것은 같은 부피에 대해 무게가 무겁다는 의미로, 공기입자가 증가한다.
- '양력 = 1/2×밀도×날개면적×속도^2'에 의해 양력은 밀도에 비례한다.

16 기체 이상 또는 기체 통제가 어렵거나 사고발생 우려가 있을 시 가장 먼저 주위에 비상상황을 알린다.

17 C.G (Center of gravity)
물체를 공중에 매달았을 때 한쪽으로 기울어지지 않는 평형이 되는 지점을 말하며, 보기에서는 드론의 동체중앙이 적합하다.

18
- 4종 조종자 : 20시간
- 지도 조종자 : 20+80 = 100시간
- 실기 조종자 : 20+80+50 = 150시간

정답 | 12 ② 13 ④ 14 ④ 15 ④ 16 ① 17 ① 18 ②

19 초경량비행장치 사용사업의 변경신고에 대한 설명으로 틀린 것은?

① 초경량비행장치의 용도가 변경되었을 때 신고해야 한다.
② 사업 소재지가 변경된 경우 신고를 하지 않아도 된다.
③ 변경사유가 발생한 날로부터 30일 이내 신고해야 한다.
④ 변경신고서를 한국교통안전공단이사장에게 제출해야 한다.

19 초경량비행장치 사용사업의 변경 시 신고 사항
- 사업 소재지의 신설 또는 변경
- 대표자 변경
- 상호 변경
- 사업 범위 변경
- 자본금의 감소

20 항공기에 작용하는 힘에 대한 설명 중 옳은 것은?

① 양력의 크기는 속도의 제곱에 비례한다.
② 항력은 비행기의 받음각에 따라 변하지 않는다.
③ 추력은 비행기의 받음각에 따라 변한다.
④ 중력은 속도에 비례한다.

20 ② 받음각이 커지면 양력, 항력 모두 증가한다. 하지만 일정 각도를 넘어서면 양력은 급격히 떨어지고, 항력이 증가하여 실속이 발생한다.
③ 추력과 받음각은 무관하다.
④ 중력은 속도에 반비례한다.

21 다음 중 최대이륙중량이 15kg인 무인멀티콥터를 비행할 때 비행승인을 받아야 하는 공역이 아닌 것은?

① 관제권
② 비행금지구역
③ 지표면에서부터 200m 고도
④ ①, ②가 아닌 150m 미만의 구역

21 최대이륙중량 25kg 미만인 초경량비행장치는 비행금지구역 및 관제권 및 150m 이상의 공역에서는 비행승인이 필요하며, 비행금지구역 및 관제권 공역이 아닌 구간에서 150m 미만의 공역에서는 승인없이 비행이 가능하다.

22 다음 중 리튬 폴리머 배터리의 보관 방법으로 적합하지 않은 것은?

① 4.2V로 보관한다.
② 장시간 비행하지 않을 경우 40~65% 수준까지 방전시켜 보관한다.
③ 실온상태를 유지하며, 건조한 장소에 보관한다.
④ 배터리 보관 케이스에 보관한다.

22 리튬 폴리머 배터리는 3.7V로 보관한다. 참고로 4.2V는 배터리 완충 시의 전압이다.

23 무선비행장치의 상승 또는 하강을 위한 조종기 스틱의 명칭은?

① 러더(rudder)
② 에일러론(Aileron)
③ 엘리베이터(elevator)
④ 스로틀(throttle)

23 ① 러더 : 제자리 회전 (Yaw 제어)
② 에일러론 : 좌우 (Roll 제어)
③ 엘리베이터 : 전후진 (Pitch 제어)
④ 스로틀 : 상승/하강

24 고기압의 설명이 아닌 것은?

① 전선 형성이 잘 된다.
② 주변보다 기압이 높고 하강기류가 발달한다.
③ 북반구에서 시계방향으로 불며 발산한다.
④ 비교적 공기가 차갑고, 구름이 없다.

24 한랭전선/온난전선은 저기압에서 발생한다.

정답 | 19 ② 20 ① 21 ④ 22 ① 23 ④ 24 ①

25 다음 공역 중 통제 공역에 해당하지 않는 것은?

① 비행금지구역
② 초경량비행장치 비행제한구역
③ 비행제한구역
④ 군작전구역

해설

25 공역의 사용목적에 따른 구분
- 관제공역 : 관제권, 관제구, 비행장교통구역
- 비관제공역 : 조언구역, 정보구역
- 통제공역 : 비행금지구역, 비행제한구역, 초경량비행장치비행제한구역
- 주의공역 : 훈련구역, 군작전구역, 위험구역, 경계구역, 초경량비행장치비행구역

26 착륙장치 있는 동력 패러글라이더가 초경량비행장치에 해당하려면 자체중량이 얼마이어야 하는가?

① 70g 이하
② 115kg 이하
③ 150kg 이하
④ 180kg 이하

26 초경량비행장치에 해당하는 동력패러글라이더는 패러글라이더에 추진력을 얻는 장치를 부착한 착륙장치가 없는 비행장치 또는 착륙장치가 있는 것으로서 자체중량 115kg 이하이고 좌석이 1개 이하인 비행장치를 말한다.

27 다음 중 초경량비행장치에 해당하지 않은 것은?

① 70kg 이하인 행글라이더
② 115kg 이하인 회전익비행장치
③ 250kg 이하인 무인비행기
④ 180kg 이하이고 길이가 20m 이하인 무인비행선

27 무인비행장치(무인비행기, 무인 헬리콥터, 무인 멀티콥터)는 연료 중량을 제외한 자체중량이 150kg 이하이다.

28 기체에 작용하는 힘에 대한 설명 중 비행 중 기체에 작용하는 힘이 아닌 것은?

① 기체속도에 따라 무게중심 기준으로 상승하는 힘을 양력이라 한다.
② 기체의 양력을 방해하는 힘은 중력이다.
③ 항력을 이기고 전진하는 힘을 추력이라 한다.
④ 기체에 작용하는 힘은 CG 점보다는 추력이 우선한다.

28 무게는 항공기 자체의 무게, 탑승자, 연료, 화물 등의 무게를 합한 것으로, 항공기 무게중심(C.G)를 통하여 지구중심을 향해 작용한다.

29 다음 중 적합하게 초경량비행장치를 운용하는 경우는?

① A씨는 이착륙장을 관리하는 사람과 사전에 협의하여, 비행승인 없이 이착륙장에서 반경 2.5km 범위에서 100m 고도로 비행하였다.
② B씨는 비행승인 없이 초경량비행장치 비행제한구역에서 200m 고도로 비행하였다.
③ C씨는 비행승인 없이 비행금지구역에서 500m 고도로 비행하였다.
④ D씨는 비행승인 없이 관제권이 운용되는 공항으로부터 8.2km 지점에서 100m 고도로 비행하였다.

29 고도에 관계없이 초경량비행장치 비행제한구역, 비행금지구역, 관제권(반경 9.3km 미만)은 비행승인이 있어야 한다.

정답 | 25 ④ 26 ② 27 ③ 28 ① 29 ①

30 다음 중 무인멀티콥터 동체의 좌우 흔들림을 조정하여 수평을 잡아주는 역할을 하는 것은?

① 자이로 센서
② 지자기 센서
③ 기압센서
④ GPS 센서

31 무인비행장치 이륙 전 조종사의 안전을 위해 이격 거리는 얼마 이상이 되어야 하나?

① 10m 이상
② 15m 이상
③ 50m 이상
④ 100m 이상

32 날개골(airfoil)의 모양을 결정하는 요소가 아닌 것은?

① 두께
② 받음각
③ 캠버
④ 시위선

33 다음은 비행 중 세로축으로 뱅크시킨 기체에 나타난 현상이다. 옳은 것은?

① 합력의 방향이 아래를 향함으로 기수가 내려간다.
② 뱅크시킨 기체는 엔진 또는 모터가 회전하는 한 속도와 관성이 있음으로 선회를 지속한다.
③ 뱅크시킨 기체는 모터가 회전하는한 속도와 관성이 있음으로 직진한다.
④ 뱅크를 주더라도 상반각으로 인해 복원한다.

34 항공기의 무게와 균형을 고려할 때 가장 큰 영향을 주는 요소는?

① 양력 중심
② 무게 중심
③ 압력 중심
④ 공력 중심

35 비행기의 안정성을 향상시키기 위한 방법으로 틀린 것은?

① 꼬리날개 효율이 클수록 안정성에 좋다.
② 꼬리날개 면적을 크게 할수록 안정성에 좋다.
③ 날개가 항공기 무게 중심보다 높은 위치에 있을 때가 안정성이 좋다.
④ 항공기 무게 중심이 날개의 공기역학적 중심 보다 뒤에 위치하는 것이 안정성에 좋다.

해설

30 ① 자이로센서 : 기울어짐을 감지하여 비행자세를 제어
② 지자기 센서 : 지구의 자기를 측정하여 기체의 기수방향을 제어
③ 기압센서 : 고도를 제어하는 역할
④ GPS : 기체의 위치를 파악하는 역할

31 비행 전 점검 후 조종기 전원을 켠 후 기체 전원을 연결한다. 그리고 GPS 수신을 완료되면 안전거리 15m 이상 이격한다.

32 에어포일의 모양을 결정하는 요소
시위선, 두께, 캠버, 평균캠버, 앞전원

33 뱅크란 보조익(에일러론)을 이용하여 한쪽으로 기울어지는 것을 말한다. 선회 시 양력은 수직양력과 수평양력으로 나뉘어지므로 수직양력이 중력에 비해 작아져 기수는 아래로 향한다.

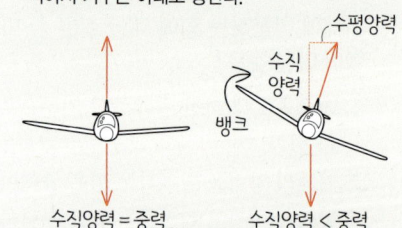

34 • 무게 중심 : 비행체의 각 부위에 작용하는 중력에서 중력이 대표적으로 작용하는 한 지점
• 공력 중심 : 받음각이 변해도 피칭모멘트의 값이 변하지 않는 지점(비행체의 각 부위에 작용하는 양력에서 양력이 대표적으로 작용하는 한 지점)
• 압력 중심 : 에어포일 표면에 분포된 압력이 어느 한 점에 집중적으로 작용한다고 가정할 때 앞전에서 이 힘의 작용점까지의 거리를 말한다.

35 일반적으로 세로 안정성을 위해 무게 중심(C.G)는 공력 중심(A.C)보다 조금 앞에 위치한다.

정답 | 30 ① 31 ② 32 ② 33 ① 34 ② 35 ④

36. 유체의 흐름이 층류에서 난류로 변하는데 관계되는 요소에 속하지 않는 것은?

① 유체의 속도
② 유체의 양
③ 유체의 점성
④ 물체의 형상

37. 공항시설법에서 규정하는 용어의 의미가 틀린 것은?

① 비행장 – 항공기, 경량항공기, 초경량비행장치의 이륙과 착륙을 위해 사용되는 육지 또는 수면의 일정한 구역
② 항행안전시설 – 유·무선통신, 불빛, 색채, 전파를 이용하여 항공기의 항행을 돕는 시설
③ 관제권 – 지표면 또는 수면으로부터 200m 이상 높이의 공역으로서 항공 교통의 안전을 위한 공역
④ 활주로 – 항공기의 이·착륙을 위하여 국토교통부령으로 정하는 크기로 이루어지는 공항 또는 비행장에 설치된 구역

38. 다음 중 키가 크고, 대기안정도가 가장 불안정한 기압은?

① 온난고기압
② 한랭저기압
③ 온난저기압
④ 한랭고기압

39. 산바람과 골바람의 설명으로 옳은 것은?

① 산바람은 산 정상부에서 아래로 불고, 골바람은 산 아래에서 정상부로 분다.
② 산바람은 낮에, 골바람은 밤에 생성된다.
③ 골바람은 낮에 하강기류가 발생하며 산 아래로 분다.
④ 산바람은 산악지역에서 낮에 가열된 공기의 상승기류로 산맥을 따라 분다.

40. 다음 중 불안정한 공기가 존재하며 수직으로 발달하는 수직운에 속하는 것은?

① 층적운
② 고층운
③ 적란운
④ 권적운

해설

36 층류에서 난류로 변할 때 실속이 발생하며, 층류와 난류를 구분하는 기준을 레이놀즈 수라고 하며, 물체의 형상, 유체의 속도 및 점성 등에 영향을 받는다.

37 관제권과 관제구의 비교
- 관제권 : 비행장 또는 공항과 그 주변의 공역으로서 항공교통의 안전을 위한 공역
- 관제구 : 지표면 또는 수면으로부터 200m 이상 높이의 공역으로서 항공교통의 안전을 위한 공역

38 한랭저기압 : 동일한 고도에서 저기압 중심 부근의 기온이 주위보다 한랭하고 기온감률이 급하여 상층으로 갈수록 저기압성 순환이 증가하고 서서히 이동하는 저기압이다. 온난저기압에 비해 키가 크고 저기압 주변의 대기안정도는 일반적으로 불안정하다.
※ 키가 큰 기압 : 온난고기압, 한랭저기압

39
- 골바람(곡풍) : 낮, 골짜기 → 산 정상(상승기류)
- 산바람(산풍) : 밤, 산 정상 → 골짜기(하강기류)

40 수직운은 보통 하층운의 고도로부터 상층운의 고도에까지 확장하는 수직으로 발달하는 구름이며, 불안정한 공기와 아주 밀접하게 관련되어 있다. 수직운에는 적운, 적란운이 있다.

정답 | 36 ② 37 ③ 38 ② 39 ① 40 ③

무인동력비행장치 필기시험
실전모의고사 03회

01 지구 대기권을 고도에 따라 지표면에서부터 5개 권역으로 분류할 때 순서대로 나열한 것은?

① 대류권 - 중간권 - 성층권 - 열권 - 외기권
② 대류권 - 성층권 - 중간권 - 열권 - 외기권
③ 성층권 - 대류권 - 중간권 - 열권 - 외기권
④ 성층권 - 중간권 - 대류권 - 열권 - 외기권

02 대기의 열전달에 대한 설명으로 옳지 않은 것은?

① 대류는 유체의 가열이나 냉각에 따른 밀도 변화로 인해 이동하는 것이다.
② 열은 복사, 전도, 대류의 3가지 방법으로 전달되며, 실제로는 복합적으로 동시에 일어난다.
③ 전도는 물체의 저온부에서 고온부로 이동하는 현상이다.
④ 복사는 물체로부터 방출되는 전자파를 총칭한 것이다.

03 다음 중 기압에 대한 설명으로 옳지 않은 것은?

① 등압선의 간격이 클수록 바람이 강하게 분다.
② 북반구 고기압 지역에서 시계방향으로 불며 중심 부근에서 발산한다.
③ 해수면 기압 또는 동일한 기압대를 형성하고 있는 지역을 따라서 그은 선을 등고선이라 한다.
④ 지구상에 모든 물체에 작용하는 공기의 압력을 말한다.

04 다음 구름의 분류에 대한 설명 중 옳지 않은 것은?

① 구름은 상층운, 중층운, 수직운으로 분류하며, 운형은 10종류가 있다.
② 상층운은 운저고도가 보통 6km 이상으로 권운, 권적운, 권층운이 있다.
③ 중층운은 중위도지방 기준 구름높이가 2~6km이고, 고적운, 고층운이 있다.
④ 하층운은 운저고도가 보통 2km 이하이며 적운, 적란운이 있다.

해설

01 지구 대기권은 지표면에서부터 대류권, 성층권, 중간권, 열권, 외기권으로 나누고 있다.

02 전도는 물체의 고온부에서 저온부로 이동하는 현상이다.

03 등압선의 간격이 클수록 바람이 약하다.

04 하층운은 난층운, 층적운, 층운이 있다.

정답 | 01 ② 02 ③ 03 ① 04 ④

해설

05 안개가 발생하기 적합한 조건이 아닌 것은?
① 대기의 성층이 안정할 것
② 냉각 작용이 있을 것
③ 강한 난류가 존재할 것
④ 바람이 없을 것

05 안개는 바람이 없는 대기안정 상태에서 냉각작용에 의해 발생한다.

06 다음 중 3/8~4/8 운량의 표기 내용이 의미하는 것은?
① FEW
② SCT
③ BKN
④ OVC

06 **운량법**
- Sky Clear(SKC, CLR) : 구름없음, 0/8 또는 0/10
- Few Clouds(FEW) : 1/10~3/10 또는 1/8~2/8
- Scattered(SCT) : 4/10~5/10 또는 3/8~4/8
- broken(BKN) : 6/10~9/10 또는 5/8~7/8
- overcast(OVC) : 하늘을 뒤덮은 상태, 8/8 또는 10/10

07 물질 1g의 온도를 1℃ 올리는데 필요한 열량을 무엇이라 하는가?
① 증발열
② 잠열
③ 비열
④ 현열

07
- 비열 : 어떤 물질 1g의 온도를 1℃ 올리는데 필요한 열량
- 잠열 : 열이 온도를 올리는데 사용하는 것이 아니라 상태를 변화시키는 데 사용되는 열량
- 현열 : 물질을 가열·냉각했을 때 상태변화 없이 온도변화에 사용되는 열량

08 다음 중 강수현상에 속하지 않은 것은?
① 우박
② 이슬비
③ 빙정
④ 안개

08 강수 : 가랑비, 비, 눈, 얼음조각, 우박, 빙정 등을 모두 포함

09 복사안개의 발생 조건과 거리가 먼 것은?
① 전날 비가 와서 매우 습한 상태
② 구름이 없는 야간지역
③ 세찬 바람이 부는 상태
④ 드넓은 평야지역

09 복사안개는 낮동안 받은 태양의 복사에너지를 밤에 방출하는 과정에서 공기온도가 떨어지며 이슬점 온도 이하로 냉각될 때 포화되는 안개를 말한다. 복사냉각은 구름이 없고 바람이 거의 안 부는 안정된 대기상태에서 발생한다.

10 다음 지구대기권에 대한 설명으로 옳지 않은 것은?
① 지구대기권은 물리적 특성에 따라 극외권, 열권, 중간권, 성층권, 대류권으로 구분한다.
② 대류권은 평균 높이 11km까지이며, 대류 및 기상현상이 발생되는 구역이다.
③ 성층권은 약 11~50km까지이며, 상승할수록 온도가 강하한다.
④ 중간권은 약 50~80km까지이며, 상승할수록 온도가 강하한다.

10 성층권은 위쪽으로 올라갈수록 따뜻해지고, 가까워질수록 온도가 내려가는 특성이 있다.

11 다음 중 항공기의 양력 발생에 영향을 미치지 않는 것은?
① 기압
② 기온
③ 습도
④ 바람

11 항공기의 양력은 날개 위 아래의 국부적인 압력차로 발생하는 것이고, 기압은 거대한 공기 압력이므로 상대적으로 매우 작은 양력 발생에 영향을 미치지 않는다.

정답 | 05 ③   06 ②   07 ③   08 ④   09 ③   10 ③   11 ①

12 대기압이 높아지면 양력과 항력은 어떻게 되는가?

① 양력은 감소하고, 항력도 감소한다.
② 양력은 증가하고, 항력은 감소한다.
③ 양력과 항력 모두 증가한다.
④ 양력과 항력은 대기압의 영향을 받지 않는다.

12 대기압은 밀도와 관련이 있다. 대기압이 높으면 밀도가 높아져 양력 및 항력이 증가한다(양력과 항력은 비례관계) – 고공에서는 공기밀도가 낮아 양력이 감소한다.

13 헬리콥터와 멀티콥터의 구조적인 양력 발생 원리의 차이는?

① 헬리콥터는 가변 피치, 멀티콥터는 콜렉티브 피치를 이용한다.
② 헬리콥터는 2개의 블레이드를, 멀티콥터는 4개의 블레이드를 이용한다.
③ 헬리콥터는 가변 피치, 멀티콥터는 고정 피치를 이용한다.
④ 헬리콥터는 고정 피치, 멀티콥터는 고정 피치를 이용한다.

13 헬리콥터에서의 양력 발생은 피치를 변화시켜 로터를 기울여 조정하며, 멀티콥터는 피치의 기울기 변화 없이 피치를 꼬아 놓은 상태에서 각각의 모터의 회전속도에 변화를 주어 양력을 발생시킨다.

14 조종기에 장착된 기능에 대한 설명으로 옳지 않은 것은?

① 조종기마다 조종모드는 하나로 고정되어 있다.
② 기체 상태를 수신받아 조종기로 확인할 수 있다.
③ Return to Home 기능은 지정장소로 이동하거나 이륙지점으로 돌아오게 하는 기능이다.
④ 페일 세이프(Fail Safe)는 조종기와 연결이 끊기거나 기체에 이상이 있을 때 기체를 강제로 추락시키거나 자동으로 착륙하는 기능이다.

14 조종기에 따라 조종모드가 1개 이상 있어 사용자마다 원하는 레버의 위치를 바꿀 수 있다.

15 무인비행장치의 센서와 그 역할에 대한 설명이 틀린 것은?

① 지자기 센서 – 비행장치의 기수 측정
② 기압계 센서 – 비행장치의 고도 측정
③ 자이로 센서 – 비행장치의 비행 자세 측정
④ 가속도 센서 – 비행장치의 각속도 측정

15 가속도 센서는 속도의 변화량(얼마나 가속하는가)을 측정하여 비행체의 움직임을 알아내는 센서이다.
※ 지자기 센서는 지구의 자력을 검출하여 방위 정보를 측정하여 비행기의 방향제어에 사용된다.
※ 자이로 센서 – 비행체의 기울기 및 회전하는 각속도(각도가 변하는 속도)를 측정하여 비행장치의 비행 자세를 제어한다.
※ 비행자세 제어는 가속도 센서와 자이로 센서의 측정값을 이용한다.

16 회전익 항공기에서 자동회전(autorotation)이란?

① 꼬리 회전날개에 의해 항공기의 방향조종을 하는 것이다.
② 주 회전날개의 반작용 토크의 의해 항공기의 기체가 자동적으로 회전하려는 경향이다.
③ 회전날개의 축에 토크가 작용하지 않는 상태에서도 일정한 회전수를 유지하는 것이다.
④ 전진하는 깃(blade)과 후퇴하는 깃의 양력차이에 의하여 항공기 자세의 불균형이 생기는 것이다.

정답 | 12 ③ 13 ③ 14 ① 15 ① 16 ③

17 공기흐름의 성질에 관한 설명으로 가장 거리가 먼 것은?

① 공기는 압력을 받으면 온도가 올라간다.
② 공기는 압력을 받으면 부피가 줄어든다.
③ 공기는 압력을 받으면 밀도가 증가한다.
④ 공기는 비압축성 유체이다.

17 실제 공기의 흐름은 압축성이 있다.

18 프로펠러에서 유효피치를 가장 옳게 설명한 것은?

① 비행기가 최저속도에서 프로펠러가 1초간 전진한 거리
② 비행기가 최고속도에서 프로펠러가 1초간 전진한 거리
③ 공기를 강제로 가정하고 프로펠러를 1회전할 때 이론적으로 전진한 거리
④ 공기 중에서 프로펠러가 1회전할 때 실제로 전진한 거리

18
- 기하학적 피치 : 프로펠러 1회전 시 이론상으로 움직인 거리
- 유효 피치 : 프로펠러 1회전 시 실제로 움직인 거리
- 슬립 : 기하학적 피치와 유효 피치의 차를 평균 기하학적 피치에 대한 백분율로 표시한 것

19 비행기의 날개골에서 앞전과 뒷전을 연결하는 가상의 직선을 무엇이라 하는가?

① 캠버
② 두께
③ 시위
④ 평균캠버

19 날개골의 단면 명칭

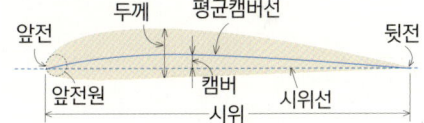

20 비행기가 비행 중 돌풍이나 조종에 의해 평형상태를 벗어난 뒤에 다시 평형상태로 되돌아 오려는 초기의 경향을 무엇이라 하는가?

① 정적 불안정
② 정적 안정성
③ 정적 중립
④ 동적 안정성

20
- 정적 안정성(static stability) : 돌풍이나 조종에 의해 평형상태를 벗어나 교란된 후 다시 원래의 평형상태로 복귀하려는 움직임의 경향
- 동적 안정성(dynamic stability) : 교란된 상태에서 평형상태로 복귀하는 과정에서 시간이 경과함에 따라 발생되는 진동 폭이 감속되어 평형을 되찾는 경향

21 베르누이의 정리에 대한 설명으로 가장 옳은 것은?

① 전압과 동압의 합이 일정하다.
② 정압이 일정하다.
③ 동압이 일정하다.
④ 전압이 일정하다.

21 전압 = 정압+동압 = 일정

22 무인멀티콥터의 두뇌와 같은 역할을 하여 조종기의 신호 및 각 센서의 정보를 바탕으로 모터의 구동을 제어하는 것은?

① 비행제어장치(FC)
② 전자변속기(ESC)
③ 스키드
④ 브러시리스 모터(BLDC)

22 무인멀티콥터의 구동순서는 비행제어장치(FC) → 변속기(ESC) → 모터 → 프로펠러이다.

정답 | 17 ④ 18 ④ 19 ③ 20 ② 21 ④ 22 ①

23 다음 중 초경량비행장치 기준으로 틀린 것은?
(단, 자체중량은 연료, 탑승자, 장비 등을 제외한 무게이다)

① 자체중량 115kg 이하의 동력고정익비행장치
② 자체중량 70kg 이하의 행글라이더
③ 자체중량 250kg 이하의 무인멀티콥터
④ 자체중량 115kg 이하의 초경량 자이로플레인

24 회전익 비행장치의 등속도 수평비행(비가속 수평비행)을 하고 있을 때 비행체에 작용하는 힘의 관계가 옳은 것은?

① 양력 = 중력, 추력 = 항력
② 추력 = 양력+항력
③ 양력+추력 > 무게+항력
④ 양력+추력 = 무게+항력

25 다음 중 신고가 필요한 비사업용의 초경량비행장치는?

① 연료의 무게를 제외한 자체무게가 12kg 이하이고 길이가 7m 이하인 무인비행선
② 최대이륙중량 2kg을 초과하는 무인동력비행장치
③ 연구기관 등이 시험·조사·연구 또는 개발을 위하여 제작한 초경량 비행장치
④ 군사목적으로 사용되는 자체중량 12kg 초과의 초경량 비행장치

26 초경량비행장치의 사용사업과 거리가 먼 것은?

① 야간 정찰
② 영상 촬영
③ 산불 조사
④ 농약 살포

27 다음 중 관제권에 대한 설명으로 틀린 것은?

① 관제권은 지표면에서 수직으로 3,000ft 또는 5000ft까지 설정할 수 있다.
② 관제권은 공항중심으로부터 반경 5NM(9.3km)까지 설정할 수 있다.
③ 관제권은 계기비행 항공기가 이착륙하는 공항에 설정되는 공역이다.
④ 관제권은 하나의 공항에 대해서만 설정할 수 있으며, 다수의 공항을 포함할 수 없다.

해설

23 초경량비행장치의 무인비행장치
- 자체중량 150kg 이하 무인비행기·무인멀티콥터·무인헬리콥터
- 무게 180kg 이하이고, 길이가 20m 이하의 무인비행선

24 ③ : 수직 상승
④ : 정지 비행

25 신고 대상이 아닌 초경량비행장치의 범위(비사업용인 경우로 한정)
- 행글라이더, 패러글라이더 등 동력을 이용하지 아니하는 비행장치
- 사람이 탑승하지 않는 기구류
- 계류식 무인비행장치
- 낙하산류
- 무인동력비행장치 중에서 최대이륙중량이 2kg 이하인 것
- 무인비행선 중에서 연료의 무게를 제외한 자체무게가 12kg 이하이고, 길이가 7m 이하인 것
- 연구기관 등이 시험·조사·연구 또는 개발을 위하여 제작한 초경량비행장치
- 제작자 등이 판매를 목적으로 제작하였으나 판매되지 아니한 것으로서 비행에 사용되지 아니하는 초경량비행장치
- 군사목적으로 사용되는 초경량비행장치

26 무인멀티콥터의 사용 사업 범위
- 비료 또는 농약 살포, 씨앗 뿌리기 등 농업 지원
- 사진촬영, 육상·해상 측량 또는 탐사
- 산림 또는 공원 등의 관측 또는 탐사
- 조종교육 외

27 관제권은 어떤 공항의 중심에서 반경 5NM(9.3km) 이내의 설정구간이므로 다른 공항과 겹칠 수 있다. 즉, 2개 이상의 비행장이 서로 인접한 경우 하나의 관제권으로 설정이 가능하다.

정답 | 23 ③ 24 ① 25 ② 26 ① 27 ④

해설

28 다음 중 공기의 온도가 증가하면 기압이 낮아지는 이유에 대한 설명으로 옳은 것은?
① 가열된 공기가 무겁기 때문
② 가열된 공기가 유동성이 있기 때문
③ 가열된 공기가 가볍기 때문
④ 가열된 공기가 유동성이 없기 때문

28 공기가 가열되면 공기분자가 팽창하며 밀도가 낮아져 가벼워진다. 공기는 상승하여 기압이 낮아진다.

29 대기 속도계로 속도를 측정하는 원리로 적합한 것은?
① 전압과 동압을 이용하여 속도를 측정한다.
② 전압을 이용하여 속도를 측정한다.
③ 정압을 이용하여 속도를 측정한다.
④ 전압과 정압의 차이인 동압을 이용하여 속도를 측정한다.

29 대기 속도계는 피토관에서 측정되는 공기의 전압(동압+정압)과 기체 측면에 위치한 정압공에서 측정한 정압의 차이를 비교하여 속도를 측정한다.

30 항공안전법상 신고를 필요로 하지 아니하는 초경량비행장치의 범위가 아닌 것은?(단, 비사업용인 경우이다.)
① 동력을 이용하지 아니하는 비행장치
② 낙하산류
③ 무인동력비행장치 중에서 연료의 무게를 제외한 자체무게가 2kg 이하인 것
④ 군사 목적으로 사용되지 아니하는 초경량비행장치

30 군사 목적으로 사용되는 초경량비행장치는 신고 대상이 아니다.

31 항공사업법에서 규정하는 용어의 정의가 틀린 것은?
① 항공레저스포츠사업 – 타인의 수요에 맞추어 유상으로 비행선, 활공기, 경량항공기 또는 초경량비행장치로 조종교육, 체험 경관조망을 목적으로 사람을 태워 비행하는 사업을 말한다.
② 항공기취급업 – 타인의 수요에 맞추어 항공기에 대한 급유, 항공화물 또는 수하물의 하역과 그 밖에 국토교통부령으로 정하는 지상조업(지상조업)을 하는 사업을 말한다.
③ 항공기대여업 – 타인의 수요에 맞추어 유상으로 항공기, 경량항공기 또는 초경량비행장치를 대여(대여)하는 사업을 말한다.
④ 초경량비행장치사용사업 – 항공운송사업 외의 사업으로서 타인의 수요에 맞추어 항공기를 사용하여 유상으로 농약살포, 건설자재 등의 운반, 사진촬영 또는 항공기를 이용한 비행훈련 등 국토교통부령으로 정하는 업무를 하는 사업을 말한다.

31 항공사업법 제2조
• 초경량비행장치사용사업 – 타인의 수요에 맞추어 국토교통부령으로 정하는 초경량비행장치를 사용하여 유상으로 농약살포, 사진촬영 등 국토교통부령으로 정하는 업무를 하는 사업을 말한다.
• 항공기 사용사업 – 항공운송사업 외의 사업으로서 타인의 수요에 맞추어 항공기를 사용하여 유상으로 농약살포, 건설자재 등의 운반, 사진촬영 또는 항공기를 이용한 비행훈련 등 국토교통부령으로 정하는 업무를 하는 사업을 말한다.

정답 | 28 ③ 29 ④ 30 ④ 31 ④

32 초경량비행장치 조종자 준수사항을 위반했을 때 1차 과태료는?

① 50만원 ② 150만원
③ 75만원 ④ 200만원

해설

32 초경량비행장치 조종자 준수사항 위반 시 과태료
- 1차 : 150만원
- 2차 : 225만원
- 3차 : 300만원

33 마약류 또는 환각물질의 영향으로 초경량비행장치를 사용하여 비행을 정상적으로 수행할 수 없는 상태에서 초경량비행장치를 사용하여 비행한 경우, 1차 위반 시 행정처분으로 맞는 것은?

① 조종자 증명 취소 ② 효력정지 60일
③ 효력정지 120일 ④ 효력정지 180일

33 1차 위반 : 효력 정지 60일
2차 위반 : 효력 정지 120일
3차 이상 위반 : 효력 정지 180일

34 초경량비행장치가 비행 가능한 공역에 대한 설명 중 틀린 것은?

① 관제권과 비행금지구역에서 비행하려는 경우에는 비행승인이 필요하다.
② 이착륙장을 관리하는 자와 사전에 협의된 경우에는 이착륙장 중심으로부터 반지름 3km 밖에서 고도 500ft 미만으로 비행할 수 있다.
③ 사람 또는 건축물이 밀집된 지역이 아닌 곳에서는 지표면·수면에서 150m 이상에서 비행하는 경우에는 비행승인이 필요하다.
④ 사람 또는 건축물이 밀집된 지역에서는 해당 초경량비행장치를 중심으로 수평거리 150m(500ft) 범위 안에 있는 가장 높은 장애물의 상단에서 150m 이상에서 비행하는 경우에는 비행승인이 필요하다.

34 항공안전법 시행령 제25조
(초경량비행장치 비행승인 제외 범위)
1. 비행장(군 비행장은 제외한다)의 중심으로부터 반지름 3km 이내의 지역의 고도 500ft 이내의 범위(해당 비행장에서 법 제83조에 따른 항공교통업무를 수행하는 자와 사전에 협의가 된 경우에 한정한다)
2. 이착륙장의 중심으로부터 반지름 3km 이내의 지역의 고도 500ft 이내의 범위(해당 이착륙장을 관리하는 자와 사전에 협의가 된 경우에 한정한다)

35 무인비행장치의 안전성 인증 대상인 것은?

① 개인 레저용 낙하산
② 자체중량 25kg을 초과하는 무인멀티콥터
③ 사람이 탑승하지 않는 기구류
④ 최대이륙중량 25kg을 초과하는 무인비행장치

35 안전성 인증 대상
① 동력비행장치
② 행글라이더, 패러글라이더 및 낙하산류(항공레저스포츠사업에 사용되는 것만 해당)
③ 기구류(사람이 탑승하는 것만 해당)
④ 무인비행기, 무인헬리콥터, 무인멀티콥터 중에서 최대이륙중량 25kg을 초과하는 것
⑤ 무인비행선 중에서 연료중량을 제외한 자체중량이 12kg을 초과하거나 길이가 7m를 초과하는 것
⑥ 회전익비행장치, 동력패러글라이더

36 초경량비행장치 조종자 전문교육기관의 지정기준 중 무인비행장치의 경우 실기평가조종자의 조종경력시간은?

① 100시간 이상 ② 150시간 이상
③ 200시간 이상 ④ 300시간 이상

36
- 지도조종자 : 20+80 = 100시간
- 실기평가조종자 : 20+80+50 = 150시간

정답 | 32 ② 33 ② 34 ② 35 ④ 36 ②

37 비행장 또는 활주로의 설치, 폐쇄 또는 운용상 중요한 변경, 비행금지구역, 비행제한구역, 위험구역의 설정, 폐지 또는 상태의 변경 등의 정보를 수록하여 항공종사자들에게 배포하는 공고문은?

① NOTAM
② AIC
③ AIP
④ AIRAC

38 무인기의 인적에러에 의한 사고비율은 유인기와 비교할 때 상대적으로 낮은 것으로 나타났다. 그 이유로 적절하지 않은 것은?

① 무인기는 아직까지 기계적 신뢰성이 낮기 때문이다.
② 설계개념 Fail-Safe 시스템의 적용이 미흡하기 때문이다.
③ 유인기에 비해 무인기는 인간 개입의 필요성이 적기 때문이다.
④ 유인기와 비교할 때 무인기는 자동화율이 낮기 때문이다.

39 다음 중 지표면 또는 해수면으로부터 200미터 이상 높이의 공역으로서 항공교통의 안전을 위하여 지정한 공역은?

① 주의공역
② 비행금지구역
③ 관제구
④ 관제권

40 다음 중 초경량무인비행장치의 비행허가 승인에 대한 설명으로 옳은 것은?

① 비행금지구역에서 항공촬영을 하려고 할 경우 지방항공청장에게만 비행승인을 받으면 된다.
② 최대이륙중량 25kg을 초과하는 무인비행장치는 모든 공역에서 비행승인이 필요하다.
③ 공역이 2개 이상 겹칠 경우 우선하는 기관의 허가를 받아야 한다.
④ 비행금지구역이나 관제권(공항 주변 반경 9.3km)에서 비행할 경우 최대이륙중량 25kg 이하의 장치는 비행승인이 필요없다.

해설

37 NOTAM
항공 시설, 업무, 장애물 상태, 절차의 신설, 폐지 또는 그 변경 등 항공기 운항 관련 업무 종사자가 적시에 필수적으로 알아야 하는 정보를 수록하고 있는 공고 또는 고시문

38 무인기도 자동 운항이 가능한 대형항공기와 마찬가지로 기계적 결함에 의한 사고보다는 인적 에러에 의한 사고가 증가할 것으로 예상된다.

※ **Fail-Safe 시스템** : 비행 중 모터나 센서 고장, 조종신호 끊김, 배터리 용량 저하 등의 비상상황에서 안전사고·재해 방지의 목적으로 자동 복귀(return to home)하거나 기체를 강제로 낙하(auto landing)시키는 기능을 말한다.

39 ① 주의공역 : 항공기의 조종사가 비행 시 특별한 주의·경계·식별 등이 필요한 공역
② 비행금지구역 : 안전, 국방상 그 밖의 이유로 항공기의 비행을 금지하는 구역
④ 관제권 : 공항 주변에 비행금지 구역을 포함하는 지역(비행장 주변 반경 9.3km 이내)

40 ① 항공촬영의 경우 별도로 국방부의 신청이 필요하다.
③ 공역이 2개 이상 겹칠 경우 모든 공역의 승인이 필요하다.
④ 비행금지구역, 비행제한구역에서는 무게나 비행 목적에 관계없이 모든 장치는 비행승인이 필요하다.

정답 | 37 ① 38 ④ 39 ③ 40 ②

무인동력비행장치 필기시험
실전모의고사 04회

01 해수면 고도에서 표준 기온 및 표준 기압이 바르게 표기된 것은?

① 15℃, 29.92inHg
② 0℃, 1,013.25hPa
③ 15℉, 1,013.25hPa
④ 0℉, 29.92inHg

02 물질의 상태를 변화시키는데 요구되는 열에너지는 무엇인가?

① 열량(Heat Quantity)
② 비열(Specific Heat)
③ 현열(Sensible Heat)
④ 잠열(Latent Heat)

03 산 정상과 골짜기 사이의 온도차에 의한 기압차로 인해 발생하는 바람으로 국지풍인 것은?

① 지상풍
② 계절풍
③ 산곡풍
④ 푄(Foehn) 현상

04 여름철에 우리나라에 가장 큰 영향을 주는 기단은?

① 북태평양 기단
② 시베리아 기단
③ 양쯔강 기단
④ 오호츠크해 기단

05 공기가 포화되어 수증기가 응결할 때의 온도 또는 불포화 상태의 공기가 냉각될 때 포화되어 응결이 시작되는 온도를 무엇이라 하는가?

① 포화점
② 이슬점(노점)
③ 어는점
④ 빙점

해설

01 국제민간항공기구(ICAO)의 표준대기조건
- 해면 기온 : 15℃ = 59℉
- 해면 기압 : 1,013.25hPa = 760mmHg = 29.92inHg

02 잠열은 기체상태에서 액체 또는 고체상태로 변할 때 방출하는 열에너지로, 고체 → 액체 → 기체로 변할 때는 열에너지를 흡수하고, 기체 → 액체 → 고체로 변화할 때 열에너지는 방출된다.

03
- 골바람(곡풍) : 낮, 골짜기 → 산 정상 (상승기류)
- 산바람(산풍) : 밤, 산 정상 → 골짜기 (하강기류)

04
① 북태평양 기단 : 고온, 다습(여름)
② 시베리아 기단 : 한랭, 건조(겨울)
③ 양쯔강 기단 : 고온, 건조(봄가을)
④ 오호츠크해 기단 : 한랭, 다습(장마기)

05 구름은 공기 중에 있던 수증기가 물방울 형태로 응결되면서 만들어진다. 즉, 공기 상승 → 기압 감소 → 공기 팽창(단열 팽창)이 됨에 따라 온도가 하강하게 되면 이슬점(수증기가 응결되기 시작하는 온도)에 도달하고 기온이 계속적으로 더 낮아지면 응결된다.

정답 | 01 ① 02 ④ 03 ③ 04 ① 05 ②

06 운량 측정 시 하늘의 상태가 overcast는 무엇인가?

① 7/8
② 1
③ 0
④ 1/10

06 overcast는 하늘을 뒤덮은 상태로 8/8 또는 10/10, 즉 1을 의미하며, '0'은 구름없음을 나타낸다.

07 기체의 착빙에 대한 설명 중 틀린 것은?

① 양력과 무게를 증가시켜 추진력을 감소시킨다.
② 습도가 많은 공기가 기체표면에 부딪치면서 결빙이 발생한다.
③ 착빙은 엔진장치 내부에도 생긴다.
④ 거친 착빙도 날개의 공기역학에 영향을 줄 수 있다.

07 착빙으로 인한 영향
- 양력 및 출력 감소
- 무게 및 항력 증가

08 안개의 발생 조건이 아닌 것은?

① 대기의 성층이 안정할 것
② 냉각 작용이 있을 것
③ 흐린 날씨
④ 2~3m/s의 약한 바람

08 안개는 바람이 약한 대기에서 안정된 상태에 수증기가 다량 포함된 공기상승 및 응결핵이 많은 상태에서 일어나기 쉽다.

09 온난전선의 특징이 아닌 것은?

① 소나기나 뇌우·우박 등 궂은 날씨를 동반하는 경우가 많다.
② 따뜻한 공기가 차가운 공기 쪽으로 이동해 간다.
③ 더운 공기가 찬 공기 위를 타고 오른다.
④ 이동속도가 느리고 기울기가 적고, 넓은 지역에 걸쳐 강수가 나타나며 강수강도는 약하다.

09 ①은 한랭전선에 대한 설명이다.

10 드론을 위에서 보았을 때 우측으로 방향 전환 시 프로펠러의 속도 증가는 어떻게 되는가?

① 시계방향으로 회전하는 프로펠러는 감소, 반시계방향으로 회전하는 프로펠러는 증가
② 시계방향으로 회전하는 프로펠러는 증가, 반시계방향으로 회전하는 프로펠러는 감소
③ 우측 프로펠러 2개는 증가, 좌측 프로펠러 2개는 감소
④ 우측 프로펠러 2개는 감소, 좌측 프로펠러 2개는 감소

10 시계방향은 우측으로 힘이 작용하므로 시계방향으로 증가시키고 반시계방향은 감소시키면 우측으로 방향전환이 된다.

정답 | 06 ② 07 ① 08 ③ 09 ① 10 ②

11 공기의 가열 또는 냉각으로 인한 밀도 차이로 공기가 상승 및 하강하며 이동하는 현상을 무엇이라 하는가?
① 복사
② 전도
③ 대류
④ 이류

12 멀티콥터의 비행모드가 아닌 것은?
① GPS 모드(GPS mode)
② 자세제어 모드(Attitude mode)
③ 고도제어 모드(Altitude mode)
④ 수동 모드(Manual mode)

13 무인멀티콥터에 사용되는 센서가 아닌 것은?
① 자이로 센서
② 가속도 센서
③ 유량제어 센서
④ 압력 센서

14 리튬 폴리머 배터리의 취급 및 보관방법으로 옳지 못한 것은?
① 배터리가 부풀어올라도 성능상 문제가 없으면 사용이 가능하다.
② 배터리 취급설명서의 적정 온도 범위보다 벗어날 경우 사용하지 않는다.
③ 충격으로 손상된 배터리는 소금물에 담궈 방전시킨 후 폐기한다.
④ 매 비행 시마다 완전 충전시켜 사용한다.

15 멀티콥터의 비행 중 비틀림 및 속도 제어에 사용되는 센서는?
① 가속도센서
② 자이로 센서
③ 위성시스템(GPS)
④ 라이다(Lidar) 센서

16 드론의 비행조종모드 중에서 자동복귀 모드에 대한 설명으로 틀린 것은?
① 이륙 전 임의의 장소를 설정할 수 있다.
② 자동착륙 또는 제자리 호버링을 설정할 수도 있다.
③ 송·수신기 간의 통신이 두절되면 작동한다.
④ GPS 수신 여부와 관계없이 작동된다.

해설

11 대류는 공기가 가열되어 상승하고, 기압이 낮아져 응결될 때 공기가 하강하는 현상이다.

12 멀티콥터의 비행모드
- GPS 모드
- 자세제어 모드(Attitude mode)
- 수동 모드(Manual mode)

13 무인멀티콥터의 센서
자이로 센서, 가속도 센서, GPS 센서, 기압센서(압력센서), 라이다 센서 등
※ 유량제어 센서는 주로 연료를 사용하는 장치에 사용되며 무인멀티콥터에는 사용되지 않는다.

14 배터리의 배부름 현상이 발생되면 폐기한다.

16 자동복귀(RTH) 모드는 GPS를 기반으로 작동된다.

정답 | 11 ③ 12 ③ 13 ② 14 ① 15 ① 16 ④

17 항공종사자들에게 배포하는 항공고시보(NOTAM)의 유지기간으로 옳은 것은?

① 1개월
② 2개월
③ 3개월
④ 6개월

해설
17 항공고시보(NOTAM)의 기간 : 3개월 이내이며, 3개월 초과 시 반드시 항공정보간행물 보충판으로 발간한다.

18 다음 중 무인멀티콥터 비행에 대한 설명으로 틀린 것은?

① 비행 전 비행가능구역 여부를 확인하여야 한다.
② 배터리는 완전충전 상태인지 확인하여야 한다.
③ 비행 시 기체 고도는 최대 1km 이하를 유지하여야 한다.
④ 비행 전 프로펠러 및 기체의 이상 유무를 확인하여야 한다.

18 항공안전법상 무인멀티콥터는 고도 150m 이하로 조종자의 시야 범위 내에서 비행하여야 한다.

19 무인멀티콥터의 모터에 열이 많이 발생되는 조건이 아닌 것은?

① 페이로드가 무거울 때
② 착륙 직후
③ 기온이 30℃ 이상일 때
④ 비행 기수 및 자세 조정을 할 때

19 모터의 열은 동력사용이 많은 조건 및 냉각이 어려울 때 해당되므로 ①, ②, ③이 해당된다.

20 두 기단이 만나서 대치되며 한 곳에 머무르는 전선을 무엇인가?

① 정체전선
② 폐색전선
③ 한랭전선
④ 온난전선

20 폐색전선과 정체전선
두 전선 모두 온난전선과 한랭전선이 겹쳐진 형태이다.
• 폐색전선 : 이동속도가 빠른 한랭전선이 온난전선을 추월하여 서로 겹쳐지면서 형성된다.
• 정체전선 : 성질이 다른 두 기단의 세력이 비슷하여 한 곳에 오랫동안 머무는 전선으로 장마전선(오호츠크해 기단+북태평양기단)이 대표적이다.

21 유체의 흐름과 관련하여 동압(dynamiac pressure)에 대한 설명으로 옳은 것은?

① 속도에 비례하고, 밀도에는 반비례한다.
② 속도의 제곱에 비례하고, 밀도에 비례한다.
③ 동압은 정압에 비례한다.
④ 동압은 항상 일정하다.

21 동압 $q = \frac{1}{2}\rho V^2$ (ρ : 밀도, V : 속도)

22 회전익 항공기에서 회전축에 연결된 회전날개 깃이 하나의 수평축에 대해 위·아래로 움직이는 운동은?

① 플래핑 운동
② 리드-래그 운동
③ 자동 회전 운동
④ 스핀 운동

22 플래핑(flapping)은 가로 방향(또는 세로 방향)에서의 양력 불균형으로 인해 세로 방향(또는 가로 방향)에서 움직이는 깃의 운동으로 수평축에 대해 블레이드가 주기적으로 상하로 움직인다.

정답 | 17 ③ 18 ③ 19 ④ 20 ① 21 ② 22 ①

23 다음 중 비행기의 세로안정을 좋게 하기 위한 방법으로 가장 관계가 먼 내용은?

① 꼬리날개 효율이 커지도록 한다.
② 날개가 무게중심보다 높은 위치에 있도록 한다.
③ 무게중심이 날개의 공기역학적 중심보다 뒤에 위치하도록 한다.
④ 무게중심과 공기역학적 중심과의 수직거리 값이 (+)의 값이 되도록 한다.

24 대류권에서 비행기의 고도 상승에 따른 공기밀도 및 엔진 출력의 관계를 설명한 것으로 옳은 것은?

① 공기 밀도의 감소, 엔진 출력의 감소
② 공기 밀도의 감소, 엔진 출력의 증가
③ 공기 밀도의 증가, 엔진 출력의 감소
④ 공기 밀도의 증가, 엔진 출력의 증가

25 다음 중 받음각에 대한 설명으로 옳은 것은?

① 시위선과 동체 기준선이 이루는 각
② 메인날개의 시위선과 꼬리날개의 시위선이 이루는 각
③ 시위선과 캠버선이 이루는 각
④ 시위선과 상대풍의 진행 방향이 이루는 각

26 다음 중 헬리콥터 및 멀티콥터가 지면 또는 수면에 접근함에 따라 날개 끝의 와류가 지면에 부딪혀 항력이 감소하면서 가까운 고도에서 침하하지 않고 머무는 현상은?

① 대기 효과
② 날개 효과
③ 지면 효과
④ 간섭 효과

27 다음 중 실속(stall)에 대한 설명으로 옳지 않은 것은?

① 항공기가 그 고도를 더 이상 유지할 수 없는 상태를 말한다.
② 받음각(AOA)이 실속각보다 클 때 일어나는 현상이다.
③ 받음각이 지나치게 커질 때 날개에 흐르는 공기의 박리점이 뒷전에서 앞전으로 이동하며 발생한다.
④ 양력계수가 급격히 증가할 때 일어난다.

해설

23 세로안정성을 향상시키기 위해서는 무게중심(C.G)을 날개압력중심(양력중심, C.L)보다 앞에 둔다.

24 고도가 상승함에 따라 산소가 희박해지므로 공기밀도는 감소되며, 이에 따라 연료를 연소하는데 필요한 산소가 부족해지므로 엔진출력은 감소한다.

25
- 받음각 : 시위선(날개의 앞전과 뒷전을 연결하는 선)과 상대풍이 이루는 각
- 붙임각(취부각) : 동체의 중심선과 날개뿌리의 시위선이 이루는 각으로 설계 시 기계적으로 고정된 각

26 지면 효과
제자리 비행할 때 공기의 하향 흐름이 지면과 부딪히게 되고 헬리콥터와 지면 사이의 공기를 압축하여 공기 압력을 높이게 되어 제자리 비행 위치에 헬리콥터를 유지시키는 데 도움을 주는 쿠션 역할을 한다.

27 실속
- 날개의 공기흐름의 떨어짐이 커져 양력을 상실하여 더 이상 그 고도를 유지할 수 없는 상태
- 날개의 받음각이 증가함에 따라 양력계수가 점점 증가하다가 임계점(실속각) 이상이 되면 양력계수가 급격히 감소하고 항력계수가 급격히 증가한다.

정답 | 23 ③ 24 ① 25 ④ 26 ③ 27 ④

28 초경량비행장치의 하루 중 비행시간으로 옳은 것은?

① 일출 30분 이후부터 일몰 30분 이전까지
② 일출부터 일몰까지
③ 오전 6시부터 오후 6시까지
④ 일출 1시간 이후부터 일몰 1시간 이전까지

해설
28 야간(일몰 후부터 일출 전)에 초경량비행장치를 비행하려면 별도의 승인을 받아야 한다.

29 다음 중 25kg 이하의 무인비행장치만 사용하여 초경량비행장치 사용사업을 하려는 자의 등록요건으로 옳지 않은 것은?

① 개인의 경우 자산평가액 3천만원 이상
② 조종자 1명 이상
③ 초경량비행장치(무인비행장치) 1대 이상
④ 제3자 보험가입

29 최대이륙중량이 25킬로그램 이하인 무인비행장치만을 사용하여 초경량비행장치사용사업을 하려는 경우는 ①의 내용은 제외대상이다.

30 초경량비행장치의 비행승인에 관한 설명 중 틀린 것은?

① 비행금지구역 중 원자력발전소 주변의 비행 시 국토교통부에 비행계획 승인을 요청해야 한다.
② 군 관제권 지역은 국방부에 비행계획 승인을 요청해야 한다.
③ 고도 150m 이상 비행 시 공역에 관계없이 국토교통부에 비행계획 승인을 요청해야 한다.
④ 민간 관제권 지역은 국토교통부에 비행계획 승인을 요청해야 한다.

30 원자력발전소 주변은 국방부 합동참모본부 또는 지방항공청장의 비행승인을 요청한다.

31 초경량비행장치의 비행승인신청서에 포함되지 않는 것은?

① 사업자 등록증 번호
② 안전성 인증서 번호
③ 비행경로 및 고도
④ 조종사의 비행 경력

31
- 신청인 : 성명/명칭, 생년월일, 주소, 연락처
- 비행장치 : 종류/형식, 용도, 소유자, 신고번호, 안전성 인증서번호
- 비행계획 : 비행경로/고도, 비행목적/방법, 비행일시/기간
- 조종자 : 성명, 생년월일, 주소, 연락처, 자격번호, 비행경력
- 동승자 : 성명, 생년월일, 주소(항공레저스포츠사업에 사용되는 초경량비행장치 또는 무인비행장치인 경우 생략)

32 최대이륙중량 2kg을 초과하는 무인동력비행장치를 신고하지 않았을 경우 항공안전법상 벌칙은?

① 3년 이하 징역 또는 3천만원 이하의 벌금
② 1년 이하의 징역, 1천만원 이하의 벌금
③ 6개월 이하의 징역, 500만원 이하의 벌금
④ 500만원 이하의 과태료

32 무인동력비행장치를 신고하지 않거나 변경신고를 하지 않고 비행한 경우
→ 6개월 이하의 징역 또는 500만원 이하의 벌금
→ 최대이륙중량 2kg 초과 시 신고대상

정답 | 28 ② 29 ① 30 ① 31 ① 32 ③

33 다음 중 주의공역에 해당하지 않는 것은?

① 군사작전을 위해 설정된 공역으로서 계기비행 항공기로부터 분리를 유지할 필요가 있는 공역
② 안전·국방상 그 밖의 이유로 항공기의 비행을 금지하는 공역
③ 민간항공기의 훈련공역으로서 계기비행 항공기로부터 분리를 유지할 필요가 있는 공역
④ 비행 시 항공기 또는 지상시설물에 대한 위험이 예상되는 공역

33 주의공역 : 훈련구역, 군작전구역, 위험구역, 경계구역, 초경량비행장치비행구역
① : 군작전 구역
② : 비행금지구역 중 통제구역에 해당
③ : 훈련구역
④ : 위험구역

34 신고한 초경량비행장치가 멸실되었거나 그 초경량비행장치를 해체한 경우 그 사유가 발생한 날부터 며칠 이내에 말소신고를 하여야 하는가?

① 5일
② 10일
③ 15일
④ 30일

34 초경량비행장치의 신고·말소신고 등의 업무는 한국교통안전공단이 담당하고 있으며, 신고 및 변경신고는 30일 이내, 말소신고는 15일 이내에 해야 한다.

35 비행 안전, 항행, 기술, 행정, 규정개정 등에 관한 내용으로서 전파의 대상이 되지 않는 정보를 수록한 것은 무엇인가?

① 항공고시보 (NOTAM)
② 항공정보간행물 (AIP)
③ 항공정보회람 (AIC)
④ 항공정보관리절차 (AIRAC)

35 항공정보회람(AIC)
항공정보간행물(AIP)나 항공고시보(NOTAM)에 포함되지 않는 비행안전, 항행, 행정사항, 규정개정 등 주로 행정사항에 관한 항공정보(법령, 규정, 절차 및 시설 등의 변경)를 수록한 공고문으로, 장기간 예상되는 설명과 조언 정보에 대한 통지를 말한다.

36 항공사업법에서 규정한 초경량비행장치사용사업이란?

① 항공기(비행선과 활공기에 한정), 경량항공기 또는 국토교통부령으로 정하는 초경량비행장치를 사용하여 조종교육, 체험 및 경관조망을 목적으로 사람을 태워 비행하는 서비스 사업
② 국토교통부장관의 면허, 허가 또는 인가를 받거나 국토교통부장관에게 등록 또는 신고하여 경영하는 사업
③ 항공운송사업 외의 사업으로서 유상으로 농약살포, 건설자재 등의 운반, 사진촬영 또는 항공기를 이용한 비행훈련 등 국토교통부령으로 정하는 업무를 하는 사업
④ 국토교통부령으로 정하는 초경량비행장치를 사용하여 유상으로 농약살포, 사진촬영 등 국토교통부령으로 정하는 업무 등을 하는 사업

36 ① : 항공레저스포츠사업
② : 항공운송사업
③ : 항공기사용사업
④ : 초경량비행장치사용사업

정답 | 33 ② 34 ③ 35 ③ 36 ④

37 멀티콥터 암의 한쪽 끝에 모터와 로터를 장착하여 운용할 때 반대쪽에 작용하는 힘의 법칙은 무엇인가?

① 관성의 법칙
② 가속도의 법칙
③ 작용과 반작용의 법칙
④ 연속의 법칙

해설

37 멀티콥터에서 암의 한쪽 끝의 로터에 작용하는 회전방향은 반대쪽 즉, 기체 중심의 회전방향과 서로 반대이다. 이는 작용과 반작용의 법칙이다.

38 초경량비행장치의 용어 및 기준에 대한 설명으로 틀린 것은?

① 초경량비행장치의 종류에는 동력비행장치, 행글라이더, 패러글라이더, 기구류 및 무인비행장치 등이 있다.
② 무인비행장치 중 무인비행기, 무인헬리콥터 및 무인멀티콥터는 자체중량이 250kg 이하인 경우 해당된다.
③ 회전익비행장치는 자체중량이 115kg 이하이고 좌석이 1개 이하인 헬리콥터 또는 자이로플레인이 해당된다.
④ 연료의 무게를 제외한 자체무게가 12kg 이하이고, 길이가 7m 이하인 무인비행선이 해당된다.

38 초경량비행장치 중 무인비행장치 기준
• 자체중량이 150kg 이하인 무인비행기, 무인헬리콥터 또는 무인멀티콥터
• 자체중량이 180kg 이하이고 길이가 20m 이하인 무인비행선

39 마찰항력에 대한 설명으로 가장 적절한 것은?

① 날개와는 관계없이 동체에서만 발생한다.
② 공기의 점성의 경계층에서 생기는 소용돌이에 영향을 받고 날개의 단면과 받음각 모양에 따라 다르다.
③ 날개 끝 소용돌이에 의해 발생하며 날개의 가로세로비에 따라 변한다.
④ 공기와의 마찰에 의하여 발생하며 점성의 크기와 표면의 매끄러운 정도에 따라 영향을 받는다.

39 마찰항력은 날개 및 동체 표면과 유체(공기) 간에 점성에 의해 발생된다.
② 압력항력에 대한 설명이다.
③ 유도항력에 대한 설명이다.

40 항공정기기상보고(METAR)에서 바람의 방향 기준은?

① 자북
② 진북
③ 도북
④ 도편각

40 항공정기기상보고(METAR)와 SPECI(특별관측보고)에서 풍향은 진북기준으로 보고해야 한다.
• 진북 : 지리상 북극
• 자북 : 나침반의 N극
• 도북 : 지구 평면을 펼쳤을 때 북쪽
• 도편각 : 도북과 진북의 각도차

정답 | 37 ③ 38 ② 39 ④ 40 ②

무인동력비행장치 필기시험
실전모의고사 05회

01 다음 중 초경량비행장치의 비행안전을 확보하기 위하여 초경량비행장치의 비행활동에 대한 제한이 필요한 공역은?

① 경계구역
② 초경량비행장치 비행제한구역
③ 훈련구역
④ 정보구역

02 대기권에 대한 설명으로 옳은 것은?

① 중간권과 열권의 경계를 대류권 계면이라 한다.
② 성층권에서는 온도, 날씨, 기상변화가 일어난다.
③ 대기권은 고도에 따라 대류권, 성층권, 중간권, 열권, 극외권으로 구분된다.
④ 중간권에서는 기체가 이온화되어 전리현상이 일어나는 전리층이 존재한다.

03 무인멀티콥터의 기울어진 각도를 측정하는 센서는?

① 자이로센서
② GPS 센서
③ 전자변속기(ESC)
④ 가속도센서

04 다음 <보기>에서 설명하는 안개에 해당하는 것은?

> 야간에 지면 근처의 공기가 이슬점 이하로 냉각되어 수증기가 지상의 물체 위에 응결하여 이슬이나 서리가 되고 지면 근처 얇은 기층에 안개가 형성된다.

① 활승안개
② 복사안개
③ 증기안개
④ 이류안개

해설

01 ① 경계구역 : 대규모 조종사의 훈련이나 비정상 형태의 항공활동이 수행되는 공역
③ 훈련구역 : 민간항공기의 훈련공역으로서 계기비행항공기로부터 분리를 유지할 필요가 있는 공역
④ 정보구역 : 비행정보업무가 제공되도록 지정된 비관제공역

02 ① 중간권과 열권의 경계 : 중간층 계면
② 온도, 날씨, 기상변화 : 대류권
④ 전리층 : 열권에 나타남

03 자이로 센서의 원리
회전하는 팽이를 예로 들 수 있다. 팽이가 회전할 때 회전축은 항상 지면과 수직방향으로 유지한다. 자이로 센서에도 회전 시 일정하게 유지되는 축이 존재하여, 물체의 기울기를 측정할 수 있다. 자이로 센서는 물체의 회전속도인 각속도 값을 이용한다.

04
- 활승안개 : 산
- 복사안개 : 분지지역이나 농촌
- 증기안개 : 호숫가나 강 (수온차가 7°C에서 발생)
- 이류안개 : 해상, 해안가

정답 | 01 ② 02 ③ 03 ① 04 ②

05 뇌우의 형성 조건으로 적합하지 않은 것은?
① 공기의 상승운동
② 높은 습도
③ 강한 하강기류
④ 불안정한 대기

해설

05 뇌우의 형성 조건
• 불안정한 대기
• 공기의 상승운동
• 높은 습도

06 다음 중 풍속의 단위가 아닌 것은?
① m/s
② kph
③ knot
④ mile

06 mile은 거리의 단위이다.

07 바람을 일으키는 근본적인 원인에 해당하는 것은?
① 습도
② 지구의 자전
③ 해수면의 상승
④ 태양에 의한 지표면의 불균형한 가열

07 공기의 흐름, 즉 바람을 유발하는 근본적인 원인은 태양에너지에 의한 지표면의 가열이 불균형하여 기압차로 인해 발생한다. (즉, 공기가 가열되면 상승하여 찬 성질의 고기압이 이동하며 바람이 발생한다.)

08 공역을 사용목적에 따라 구분할 경우 통제공역에 해당되는 것은?
① 정보구역
② 비행금지구역
③ 군작전구역
④ 관제구

08 공역의 사용목적에 따른 구분
• 관제공역 : 관제권, 관제구, 비행장교통구역
• 비관제공역 : 조언구역, 정보구역
• 통제공역 : 비행금지구역, 비행제한구역, 초경량비행장치비행제한구역
• 주의공역 : 훈련구역, 군작전구역, 위험구역, 경계구역, 초경량비행장치비행구역

09 브러시리스(BLDC) 모터에 대한 설명으로 옳지 않은 것은?
① 모터 권선의 전자기력을 이용하여 회전력을 발생한다.
② 회전수 제어를 위해 전자변속기(ESC)가 필요하다.
③ Kv가 작을수록 회전수는 줄어드나 상대적으로 토크가 커진다.
④ 모터의 규격에 Kv(속도상수)가 존재하며, 10V 인가했을 때 무부하 상태에서의 회전수를 의미한다.

09 Kv(속도상수)는 1V를 인가했을 때의 무부하 상태의 회전수를 말한다.

정답 | 05 ③ 06 ④ 07 ④ 08 ② 09 ④

10 한랭전선에 대한 설명으로 옳은 것은?

① 따뜻한 공기가 찬 공기 위를 타고 올라가며 생긴다.
② 찬 공기가 따뜻한 공기 밑으로 파고들어 따뜻한 공기를 밀어 올려 생긴다.
③ 찬 공기와 따뜻한 공기의 세력이 비슷할 때에는 전선이 이동하지 않고 대치된 상태이다.
④ 두 종류의 찬 공기가 만나는 곳에서 상대적으로 서늘한 공기가 지표면으로 내려가면서 따뜻한 공기가 들어오는 것을 차단시켜 생긴다.

해설
10 ① 온난전선
　 ③ 정체전선
　 ④ 폐색전선

11 안개의 시정은 (　　) m이다. 다음 중 (　) 안에 들어갈 숫자로 적당한 것은?

① 500
② 1000
③ 1500
④ 2000

11 안개의 시정조건 : 1km

12 'X'자형 멀티콥터를 위에서 보았을 때 왼쪽으로 수평 이동할 때 각 프로펠러의 회전속도로 옳은 것은?

① 왼쪽은 시계방향, 오른쪽은 반시계방향으로 회전한다.
② 왼쪽은 반시계방향, 오른쪽은 시계방향으로 회전한다.
③ 왼쪽 2개는 고속 회전하고, 오른쪽 2개는 저속 회전한다.
④ 오른쪽 2개는 고속 회전하고, 왼쪽 2개는 저속 회전한다.

12 멀티콥터는 진행하고자 하는 방향쪽의 프로펠러는 저속, 반대쪽의 프로펠러는 고속으로 회전한다. 그러므로 왼쪽으로 이동 시 왼쪽은 저속, 오른쪽은 고속 회전해야 한다.

13 비사업용인 최대이륙중량 3kg의 무인멀티콥터를 신고하지 않고 비행한 경우 항공안전법상 벌금은?

① 100만원 이하
② 200만원 이하
③ 300만원 이하
④ 500만원 이하

13 비사업용이더라도 최대이륙중량이 2kg을 초과하는 무인동력비행장치(무인비행기, 무인헬리콥터, 무인멀티콥터)는 신고 대상이며, 신고를 하지 않고 비행할 경우 6개월 이하의 징역 또는 500만원 이하의 벌금에 처한다.

14 항공안전법에서 정하는 항공종사자로 볼 수 없는 것은?

① 운항관리사
② 초경량비행장치조종자
③ 항공사
④ 항공교통관제사

14 항공종사자의 종류
운송용 조종사, 사업용 조종사, 자가용 조종사, 부조종사, 경량항공기 조종사, 항공사, 항공기관사, 항공교통관제사, 항공정비사, 운항관리사

정답 | 10 ② 11 ② 12 ④ 13 ④ 14 ②

15 착빙의 종류가 아닌 것은?
① 거친 착빙
② 이슬 착빙
③ 맑은 착빙
④ 서리 착빙

16 공기가 상승하면 주위의 기압이 낮아지며 공기가 팽창하는 현상을 무엇이라 하는가?
① 건조단열 변화
② 단열압축
③ 단열팽창
④ 습윤단열변화

17 기압고도에 해당하는 것은?
① 고도계를 해당 지역이나 인근 공항의 고도계 수정치 값에 수정했을 때 고도계가 지시하는 고도이다.
② 항공기 이륙 및 착륙 성능을 판단하는 성능 지표로 사용되는 고도이다.
③ 고도계 수정치를 표준대기압(29.92 inHg)에 맞춘 상태에서 고도계가 지시하는 고도이다.
④ 항공기와 지표면의 실측 높이이며, AGL 단위를 사용한다.

18 다음 중 해풍에 대한 설명으로 옳은 것은?
① 밤에 바다에서 육지로 부는 바람이다.
② 낮에 바다에서 육지로 부는 바람이다.
③ 낮에 육지가 바다보다 늦게 가열되어 바다로 부는 바람이다.
④ 낮에 바다에서 저기압이 발생되고 육지에는 고기압이 발생되어 부는 바람이다.

19 다음 중 절대압력에 대하여 가장 올바르게 설명한 것은?
① 압력이 측정되는 곳에 대기압을 0(zero) 압력으로 하여 측정된 압력이다.
② 완전진공을 0(zero) 압력으로 하여 측정한 압력이다.
③ 대기압과 계기압력의 차이다.
④ 해면에서의 절대압력은 항상 0(zero)이다.

해설

15 착빙의 종류
맑은 착빙, 거친 착빙, 서리 착빙

16 단열팽창
가열에 의해 공기가 상승 → 공기가 희박해져 → 주변 기압이 떨어짐 → 공기의 부피가 팽창 → 공기 속 수분 분자의 운동이 활발해짐 → 운동에 필요한 에너지를 위해 주변의 열을 흡수 → 기온이 떨어짐

17
• 기압 고도 : 고도계 수정치를 표준대기압(29.92 inHg)에 맞춘 상태에서 고도계가 지시하는 고도
• 밀도 고도 : 기압고도에서 비표준 온도를 적용하여 얻은 고도이며 표준 대기 조건에서만 밀도고도는 기압고도와 일치한다. 밀도고도는 고도를 측정하는 기준으로 이용되기보다는 항공기 이륙 및 착륙 성능을 판단하는 성능 지표로 사용된다.

18
• 낮 : **해**(바다) → 육지로 공기 이동(해풍)
• 밤 : **육**지 → 바다로 공기 이동(육풍)

19 ① 게이지압
③ 절대압력 = 대기압 + 게이지압
④ 해면에서의 표준대기압을 절대압력으로 나타내면 14.7 psi이다.

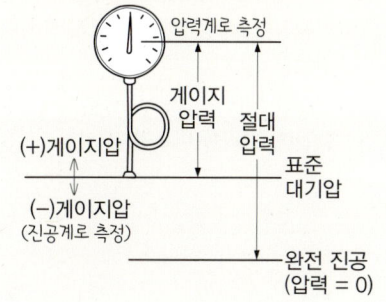

정답 | 15 ② 16 ③ 17 ③ 18 ② 19 ②

20 리튬 폴리머 배터리의 장점이 아닌 것은?

① 과충전에도 폭발 위험이 적다.
② 다양한 크기와 형태로 제작이 가능하다.
③ 배터리 무게 대비 전압과 방전률이 높다.
④ 친환경적이고 고용량으로 제작할 수 있다.

21 헬리콥터의 전진비행시 양력의 비대칭 현상을 제거해 주는 주 회전 날개 깃의 운동을 무엇이라 하는가?

① 페더링(flapping) 운동
② 플래핑(flapping) 운동
③ 리드-래깅(lead-lagging) 운동
④ 동시 피치 운동

22 항공기에 작용하는 4가지 힘의 방향과 속도와의 관계에 대한 설명 중 틀린 것은?

① 항력은 속도의 제곱에 비례한다.
② 받음각이 증가하면 양력이 증가한다.
③ 중력은 속도에 비례한다.
④ 추력은 받음각과 관계가 없다.

23 멀티콥터의 비행모드가 아닌 것은?

① GPS 모드
② 에티 모드
③ 고도제한 모드
④ 매뉴얼 모드

24 리튬 폴리머 배터리를 충전할 때 옳은 것은?

① 배터리의 효율을 위해 완전방전 후 충전시킨다.
② 전해질이 젤 형태이므로 배터리 외형이 조금 손상되어도 충전해도 된다.
③ 장기간 보관 시 100%로 충전하여 보관한다.
④ 충전 시 자리를 비우지 않는다.

해설

20 젤 형태의 전해질을 사용하여 전해액 누수가 없으며, 폭발 위험성이 적고, 다양한 크기와 형태로 제작이 가능하나 과충전·과방전, 온도에 민감하다.

21 플래핑 : 전진비행 시 회전하는 로터의 오른쪽 반원은 양력이 증가, 왼쪽 반원은 양력이 감소하는 양력 불균형 현상이 발생한다. 이를 해소하기 위해 메인 로터의 받음각을 변경하는 것을 말한다.

22 양력 $L = \dfrac{1}{2}\rho V^2 C_L S$
항력 $D = \dfrac{1}{2}\rho V^2 C_D S$

· ρ : 밀도
· V : 속도
· C_L : 양력계수
· C_D : 항력계수
· S : 날개면적

23 멀티콥터의 비행모드
· GPS 모드
· 자세(ATTI) 모드
· 매뉴얼(수동) 모드

24 ① 완전 방전시키면 수명 단축 및 성능 저하로 인해 용량의 30~40% 정도 남았을 때 충전하는 것이 좋다.
③ 장기간 보관 시 약 40~65%(3.7V 내외) 충전상태로 보관한다.
④ 과충전으로 인한 화재 발생 우려가 있으므로 충전 중 충전장소를 이탈하지 않도록 한다.

정답 | 20 ① 21 ② 22 ③ 23 ③ 24 ④

25 무인멀티콥터의 제어센서에 해당하지 않는 것은?

① 가속도 센서
② 자이로(gyro) 센서
③ 레이저 센서
④ 라이다(Lidar) 센서

25 FC는 무선조종기의 수신기에서 받은 조종 신호 및 비행 모드에 따라 입력된 각종 센서류(자이로 센서, 가속도 센서, GPS 센서, 지자기 센서 등)의 신호를 연산하여 변속기(ESC)에 모터 제어 신호를 보내 모터가 구동되도록 하는 비행제어장치이다.
※ 라이다(Lidar) 센서 : 충돌방지 역할

26 항공시설 업무, 절차 또는 위험요소의 시설, 운영상태 및 그 변경에 관한 정보를 수록하여 전기통신 수단을 항공종사자들에게 배포하는 공고문은?

① AIC
② AIP
③ AIRAC
④ NOTAM

26 항공고시보(NOTAM)
비행운항에 관련된 종사자들에게 반드시 적시에 인지하여야 하는 항공시설, 업무, 절차 또는 위험에 대한 신설, 운영상태 또는 그 변경에 관한 정보를 수록하여 전기통신 수단에 의하여 배포되는 공고문을 말함

27 다음 중 국제민간공항기구(ICAO)에서 무인항공기의 용어는?

① UAV (Unmanned Aerial Vehicle)
② RPV (Remotely Piolted Vehicle)
③ PRAS (Remotely Piolted Aircraft System)
④ UAM (Urban Air Mobility)

27 RPAS : Remotely Pioted Aircraft System, 원격 조종항공기시스템
※ UAM은 하늘을 이동 통로로 활용하는 미래의 도시 교통체계를 말한다.

28 엔진 출력을 나타낼 때 1PS는 몇 kgf·m/s인가?

① 7.5 kgf·m/s
② 75 kgf·m/s
③ 10.2 kgf·m/s
④ 102 kgf·m/s

28 1 마력(PS)은 75kgf의 물건을 1초 동안 1m 들어 올리는 힘이다. (1PS = 75 kgf·m/sec)

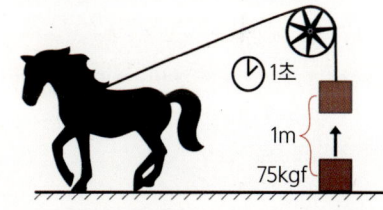

29 조종자 교육 시 논평(Criticize)을 실시하는 목적은?

① 잘못을 직접적으로 질책하기 위함
② 지도 조종자의 품위를 유지하기 위함
③ 주변의 타학생들에게 경각심을 주기 위함
④ 문제점을 발굴하여 발전을 도모하기 위함

30 멀티콥터에 사용하는 모터에 대한 설명 중 틀린 것은?

① BLDC 모터는 3상 정류를 사용하기 때문에 전용 ESC가 필요하다.
② BLDC 모터는 비교적 큰 멀티콥터에 적당하다.
③ DC모터는 영구적으로 사용할 수 있다.
④ 모터의 회전속도인 RPM(Revolution Per Minute)은 분당 회전수를 의미한다.

30 DC모터의 브러시는 정류자와의 마찰로 인한 마모로 장시간 사용 시 교체해야 한다.
※ BLDC(Brushless DC) : 브러시가 없는 모터를 말한다.

정답 | 25 ③ 26 ④ 27 ③ 28 ② 29 ④ 30 ③

31 비행성능에 영향을 주는 요소로 설명이 틀린 것은?

① 무게가 증가하면 이·착륙 시 활주거리가 길어지고 실속속도도 증가한다.
② 습도가 높으면 공기밀도가 높아져 양력이 증가한다.
③ 공기밀도가 낮아지면 엔진출력이 떨어진다.
④ 이착륙시 정풍(상대풍)이 양력발생에 도움을 준다.

32 야간에 비행하거나 육안으로 확인할 수 없는 범위에 비행하고자 할 때 필요한 조치는?

① 무인비행장치 특별비행승인 신청서 및 첨부 서류를 첨부하여 지방항공청장에게 제출한다.
② 무인비행장치 신고 서류를 지방항공청장에게 제출한다.
③ 무인비행장치 비행승인 신청서와 신고 서류를 첨부하여 지방항공청장에게 제출한다.
④ 무인비행장치 특별비행승인 신청서 및 첨부 서류를 첨부하여 국토교통부장관에게 제출한다.

33 무인멀티콥터를 비행할 때 신호가 끊기거나 기체 이상이 있을 때 등 갑작스런 비상상황 시 가장 먼저 취해야 할 조치는?

① 조종기 주파수를 바꾸어 재시도한다.
② 자세모드(에티 모드)로 전환하여 가까운 지점에 착륙한다.
③ 주위의 사람들에게 비상상황임을 알린다.
④ 비행체를 빠르게 추락시킨다.

34 항공안전법상 초경량비행장치에 해당하는 동력비행장치는 자체중량이 몇 kg 이하이어야 하는가? (단, 탑승자, 연료 및 비상용 장비의 중량 제외)

① 70kg
② 100kg
③ 115kg
④ 150kg

35 초경량비행장치 비행제한공역에 대한 설명으로 틀린 것은?

① 초경량비행장치 비행제한공역 외 공역에서 승인을 받지 않고 지표면에서 500ft 미만까지 상승할 수 있다.
② 초경량비행장치 비행제한공역 외 공역은 G급 공역에 해당한다.
③ 초경량비행장치 비행제한공역에서 비행 시 국토교통부장관의 비행승인 없이 가능하다.
④ 비행계획승인 신청서는 지방항공청장에게 제출해야 한다.

해설

31 습도가 높아지면 물분자 증가로 인해 공기분자가 감소되므로 공기밀도가 떨어진다. 밀도가 떨어지면 양력은 감소된다. 또한 엔진성능, 기동성, 이착륙성능이 떨어짐

※ 밀도가 감소하면 → 양력↓, 엔진출력↓
※ 고도가 상승하면 → 온도, 압력, 밀도 모두↓

① 무게가 증가하면 → 이륙에 필요한 양력이 더 필요하므로 이륙거리가 길어지고, 충분한 양력을 발생하지 못하므로 실속속도도 증가한다.
④ 양력은 속도의 제곱에 비례하므로 동일 속도로 비행할 경우 바람을 안고(정풍) 비행하면 큰 양력을 얻는다.

32 무인비행장치 특별비행승인 신청서 및 필수 서류를 첨부하여 지방항공청장에게 제출한다.

33 비상상황 발생 시 절차순서
① 큰소리로 주변에 비상상황 전파
② 자세모드 변경
③ 기체를 안전하게 착륙
④ 착륙이 어려울 시 인명 및 재산 피해가 없도록 추락시킴
⑤ 만약 인명 또는 재산피해 발생 시 119 신고
⑥ 지방항공청(항공철도사고조사위원회)에 보고

34
• 행글라이더, 패러글라이더 : 70 kg 이하
• 동력비행장치 : 115 kg 이하
• 무인비행기·헬리콥터·멀티콥터 : 150 kg 이하
• 무인 비행선 : 180 kg 이하

정답 | 31 ② 32 ① 33 ③ 34 ③ 35 ③

36 착빙의 영향에 대한 설명으로 틀린 것은?

① 비행기의 무게가 증가한다.
② 양력을 증가시키고 항력은 감소시킨다.
③ 날개 익형의 모양을 변화시켜 이륙성능이 떨어진다.
④ 날개 앞전에 주로 발생하여 공기 흐름을 방해한다.

37 무인비행장치의 페일세이프(fail safe) 기능의 설명으로 가장 옳은 것은?

① 무인비행장치의 위치를 파악할 수 없을 경우 강제로 착륙시키는 기능이다.
② 비행 컨트롤러(FC) 내에 기본설계값을 입력해 두고 전파 혼선에 의한 제어 불량, 모터의 제어 불량 등의 비상상황이 발생할 경우 기본설정에 맞게 기체가 작동되도록 하는 기능이다.
③ 무인비행장치와 조종기의 연결상태를 최적으로 안정화하는 기능이다.
④ 무인비행장치의 조종이 실패할 경우 자동으로 장애물을 피할 수 있는 기능이다.

38 다음 중 무인비행장치 이륙 및 비행 시 주의사항으로 틀린 것은?

① 조종자와 기체 간의 최대수평거리는 가시권 이내이어야 한다.
② 외부요인에 의한 지자기 교란이 있으면 최대한 빠르게 착륙시킨다.
③ 비행 시 기체의 고도는 지면에서 1km 이내를 유지하여야 한다.
④ 비행 중 스로틀을 급조작하지 않도록 한다.

39 다음 중 양력이 발생할 때 발생하는 항력은?

① 압력항력
② 유도항력
③ 유해항력
④ 형상항력

40 다음 중 GPS에 대한 설명으로 틀린 것은?

① 현재의 위도, 경도를 측정하여 위치를 나타낸다.
② 실내에서는 GPS 신호의 수신율이 저하된다.
③ GPS는 기상 및 지형·지물의 영향을 받지 않아 오차 발생률이 적다.
④ 무인비행장치의 위치와 속도를 제어하기 위해 활용한다.

해설

36 착빙상태에서 비행 시 양력은 감소, 중량 및 항력은 증가한다.

37 페일세이프(fail safe)란
장비·장치 결함(고장)이 발생되더라도(fail) 사고를 방지하거나 최소화하기 위해 기본설계값에 의해 안전(safe)한 조치가 자동으로 이뤄지도록 하는 것을 말한다.

38 기체는 조종자의 가시권 내이어야 하며, 고도는 150m 이내로 제한된다.

39 유도항력은 날개가 양력을 발생할 때 공기가 아래쪽으로 편향되어(치우쳐) 발생하는 다운워시(down wash)의 영향에 의해 발생되는 항력으로, 양력과 관련하여 발생한다.
※ 유해항력에는 형상항력(압력항력, 마찰항력), 조파항력, 간섭항력이 있으며, 양력과 무관하게 비행을 방해하는 항력이다.

40 GPS는 기상 및 지형·지물의 영향으로 인해 오차 발생률이 크고, 수신율에 영향을 많이 받는다.

정답 | 36 ② 37 ② 38 ③ 39 ② 40 ③

무인동력비행장치 필기시험 실전모의고사 | 06회

01 다음 중 비교적 안정된 대기상태에 해당하는 것은?
① 공기가 수직으로 상승하기 쉬운 상태이다.
② 소나기와 같은 강우가 내린다.
③ 안개가 발생하기 쉽다.
④ 적란운이 발생한다.

02 지구에서 전향력이 최대인 지역은?
① 중위도　　② 적도
③ 북극 또는 남극　　④ 저위도

03 초경량비행장치 중량 기준으로 틀린 것은?
(단, 자체중량은 연료, 탑승자, 장비 등을 제외한 무게이다)
① 자체중량 115kg 이하의 동력고정익항공기
② 자체중량 70kg 이하의 행글라이더
③ 자체중량 115kg 이하의 무인멀티콥터
④ 자체중량 115kg 이하의 초경량 자이로플레인

04 다음 중 3/8~4/8 운량의 표기 내용이 의미하는 것은?
① FEW
② SCT
③ BKN
④ OVC

05 [보기]에서 설명하는 용어에 해당하는 것은?

> 날개골의 임의 지점에 중심을 잡고 받음각에 변화를 주면 기수를 올리고 내리는 피칭모멘트가 발생하는데 이 모멘트의 값이 받음각에 관계없이 일정한 지점을 말한다.

① 압력중심 (Center of Pressure)
② 공력중심 (Aerodynamic Center)
③ 무게중심 (Center of Gravity)
④ 평균공력시위 (Mean Aerodynamic Chord)

해설

01 불안정한 대기
- 공기의 순환운동(상승 및 하강)
- 지표면의 따뜻하고 습한 공기가 상승하기 쉬움
- 적란운 발생 및 소나기 등 강우 등

02 전향력은 적도에서 '0', 극지방에서 최대이다.

03
- 1인승 동력비행장치, 회전익비행장치, 동력패러글라이더 : 자체중량 115kg 이하
- 무인 비행기·헬리콥터·멀티콥터 : 150kg 이하
- 무인 비행선 : 180kg 이하, 길이 20m 이하

04 운량법
- Sky Clear(SKC, CLR) : 구름없음, 0/8 또는 0/10
- Few Clouds(FEW) : 1/10~3/10 또는 1/8~2/8
- Scattered(SCT) : 4/10~5/10 또는 3/8~4/8
- broken(BKN) : 6/10~9/10 또는 5/8~7/8
- overcast(OVC) : 하늘을 뒤덮은 상태, 8/8 또는 10/10

05
- 무게 중심 : 비행체의 각 부위에 작용하는 중력에서 중력이 대표적으로 작용하는 한 지점
- 공력 중심 : 받음각이 변해도 피칭모멘트의 값이 변하지 않는 지점(비행체의 각 부위에 작용하는 양력에서 양력이 대표적으로 작용하는 한 지점)
- 압력 중심 : 에어포일 표면에 분포된 압력이 어느 한 점에 집중적으로 작용한다고 가정할 때 앞전에서 이 힘의 작용점까지의 거리를 말한다.

정답 | 01 ③　02 ③　03 ③　04 ②　05 ②

06 습한 공기가 산 경사면을 타고 상승하면서 팽창함에 따라 공기가 노점 이하로 단열냉각되면서 발생하며, 주로 산악지역에서 관찰되고 구름의 존재에 관계없이 형성되는 안개는?

① 이류안개
② 증기안개
③ 복사안개
④ 활승안개

해설
06 • 복사안개 : 지표의 냉각으로 형성
• 이류안개 : 습윤한 공기가 차가운 지표나 수면 위로 이동할 때 형성
• 활승안개 : 습윤한 공기가 산마루를 따라 상승하며 응결하여 형성

07 IMU(Inertial Measurement Unit)에 대한 설명으로 틀린 것은?

① 자동항법 비행 기능의 필수 역할을 한다.
② 초음파를 이용하여 거리와 장애물을 검출한다.
③ 기체의 이동경로, 이동속도를 측정하는 역할을 한다.
④ 3축의 가속도 센서와 3축의 자이로스코프 등이 결합된 형태이다.

07 관성측정장치인 IMU는 가속도 센서와 자이로 센서를 결합한 형태로 이동속도 및 이동거리를 측정하는 장치이다.
②는 초음파를 이용한 라이다 센서에 대한 설명이다.
※ 라이다(Lidar) : Light Detection And Ranging

08 다음 국제표준대기압에 대한 설명 중 옳지 않은 것은?

① 해면상 표준기압은 29.92inHg(1013.25hPa)이다.
② 중력가속도는 약 $9.8m/s^2$이다.
③ 해면상 기온은 15°C이다.
④ 결빙온도는 해면상 0°C이다.

08 결빙온도 : 273.15 K

09 짙은 회색의 구름층으로 강수를 동반한 구름은?

① ST
② AS
③ NS
④ CU

09 난층운은 비층구름이라고도 하며, 짙은 회색의 구름층으로 연속적인 비나 눈을 내리게 한다.
① ST : 층운
② AS : 고층운
③ NS : 난층운
④ CU : 적운

10 다음 중 이슬, 안개, 구름을 형성할 때 밀접하게 영향을 주는 것은?

① 수증기가 응축될 때
② 수증기가 존재할 때
③ 수증기가 없을 때
④ 기온과 노점이 같을 때

10 구름의 형성 조건
풍부한 수증기, 냉각작용, 응결핵
※ 노점이 기온과 같으면 수증기가 응축되지 않는다.

11 일반적인 초경량비행장치의 비행에서 발생되지 않는 항력은?

① 유도항력
② 조파항력
③ 압력항력
④ 마찰항력

11 항력의 종류
유도항력, 형상항력, 조파항력, 간섭항력
※ 조파항력은 초고속비행기의 날개에 충격파로 인해 발생된다.

정답 | 06 ④ 07 ② 08 ④ 09 ③ 10 ① 11 ②

12 초경량비행장치 신고에 대한 설명으로 틀린 것은?

① 시험, 조사, 연구개발을 위하여 제작된 초경량비행장치는 신고를 할 필요가 없다.
② 국토교통부장관(한국교통안전공단이사장에 위임)에게 신고하는 것이다.
③ 초경량비행장치 신고는 연료의 무게를 제외한 자체무게가 12킬로그램 이상인 무인동력비행장치가 대상이다.
④ 판매되지 아니한 것으로 비행에 사용되지 아니하는 초경량비행장치는 신고를 할 필요가 없다.

13 공기가 가열되면 밀도가 작아져 상승하고 냉각되면 밀도가 커져 하강하여 수직순환 형태로 공기가 이동하는 현상을 무엇이라고 하는가?

① 복사 ② 전도
③ 대류 ④ 이류

14 뇌우를 동반하는 기상현상이 아닌 것은?

① 우박 ② 하강돌풍
③ 안개 ④ 천둥

15 대기권 중 대류권에서 고도가 높아질수록 대기의 상태를 옳게 설명한 것은?

① 온도, 밀도, 압력 모두 감소한다.
② 온도, 밀도, 압력 모두 증가한다.
③ 온도, 압력은 감소하고, 밀도는 증가한다.
④ 온도는 증가하고, 압력과 밀도 는 감소한다.

16 벡터에 해당하지 않는 것은?

① 속도 ② 힘
③ 질량 ④ 가속도

17 비행기가 공기 중을 수평 등속도 비행할 때 비행기에 작용하는 힘이 아닌 것은?

① 추력 ② 항력
③ 중력 ④ 가속력

해설

12 신고여부는 자체중량이 아닌 **최대이륙중량 2kg**을 기준이며, 2kg을 초과할 경우 한국교통안전공단 이사장에게 신고해야 한다.

13
- 대류 : 유체의 가열이나 냉각에 따른 밀도 변화로 인해 이동
- 이류 : 유체의 수평적으로 이동

14 뇌우는 불안정한 대기, 공기의 상승운동, 높은 습도 등에 발생되며 우박, 천둥, 강한 하강돌풍이 발생된다.

15 대류권은 고도가 상승할수록 온도, 밀도, 압력 모두 감소한다.

16
- 벡터 : 크기와 방향성을 동시에 갖는 물리량(속도, 가속도, 중량, 양력, 항력 등)
- 스칼라 : 방향성을 포함하지 않고 크기만 나타내는 물리량(질량, 부피, 길이, 면적 등)

17
- 수평 비행 : 고도가 일정한 비행 : L = W
- 등속 비행 : 속도가 일정한 비행 : T = D

정답 | 12 ③ 13 ③ 14 ③ 15 ① 16 ③ 17 ④

18 비행 전 점검 사항이 아닌 것은?
① 호버링을 하여 송수신 상태를 점검
② 기체의 배터리 및 모터 상태 점검
③ 조종기의 배터리 상태 점검
④ 각 센서의 작동 여부 점검

19 헬리콥터의 주 회전 날개의 회전에 의해 발생되는 토크(Torque)를 상쇄하고 방향을 조종하는 것은?
① 꼬리 회전 날개　② 허브(hub)
③ 플랜지 힌지　④ 리드래그 힌지

20 드론(drone) 등과 관련된 설명으로 틀린 것은?
① 국제민간항공기구(ICAO)에서 채택한 명칭은 무인항공기의 공식용어는 RPAS 이다.
② 드론은 주어진 경로에 따라 자동비행이 가능한 기체이다.
③ 항공안전법상 초경량비행장치의 기준에 충족하는 기체는 자체중량 250kg 이하이다.
④ 국립국어원에서는 '드론' 대신 '무인기'로 순화하여 사용하기를 권장하고 있다.

21 무인비행장치에 설치된 센서와 역할의 연결이 잘못된 것은?
① 자이로 센서 - 기체의 자세 제어
② GPS 수신기 - 비행속도 및 이동거리
③ 가속도 센서 - 기체의 기울기 제어
④ 지자기 센서 - 기체의 방향 제어

22 무인멀티콥터의 비행 중 예상할 수 있는 사고의 원인으로 가장 거리가 먼 것은?
① 송전탑 주변에서의 비행할 때
② 배터리 저전압 경고등이 표시
③ 같은 장소에서 수많은 무인비행장치로 연습비행을 할 때
④ 배터리의 폭발

23 다음은 바람의 용어에 대한 설명이다. 틀린 것은?
① 풍향은 바람이 불어오는 방향을 말한다.
② 풍속은 공기가 이동한 거리와 소요된 시간의 비이다.
③ 윈드시어는 바람 진행방향에 대해 수직 또는 수평방향의 풍속 변화이다.
④ 바람속도는 스칼라 양인 풍속과 같은 개념이다.

해설

18 호버링은 비행 후 점검사항이다.

19 로터 회전방향과 동체가 반대방향으로 회전하므로 (작용-반작용), 꼬리날개의 로터에 의해 동체의 회전을 방지한다.(토크를 상쇄)

20 항공안전법상 초경량비행장치에 해당되는 무인동력비행장치(무인비행기, 무인헬리콥터 또는 무인멀티콥터)의 자체중량 기준은 150kg 이하이다.

21 ① 자이로 센서(각가속도) - 자세 제어
② GPS 수신기 - 위치 제어
③ 가속도 센서(중력가속도) - 기울기 제어
④ 지자기 센서 - 방향 제어

22 배터리 폭발사고는 주로 과충전 보호회로가 없는 배터리를 충전할 때 발생하거나, 충격으로 배터리 팩에 구멍이 생겨 젤 형태의 전해질 고분자가 공기에 노출되어 산화되면서 폭발이 일어난다.
① 송전탑·고압선 주변 비행 시 자이로계가 자성의 영향을 받아 균형을 잃고 추락할 수 있다.
② 배터리가 저전압일 때 제어가 안될 수 있다.
③ 다른 송신신호에 의한 주파수 혼선으로 충돌·추락사고가 발생할 수 있다.

23 바람속도(풍속)은 크기와 방향이 동시에 나타난 벡터량에 해당한다.
※ 윈드시어(윈드시어) : 강한 하강기류로 인해 바람 진행방향에 대한 수직 또는 수평 방향의 풍속변화에 의해 발생되는 돌풍현상이다.

정답 | 18 ① 19 ① 20 ③ 21 ② 22 ④ 23 ④

24 항공안전법상 항공종사자의 음주에 해당하는 혈중 알코올 농도의 기준은?

① 0.02% 이상
② 0.03% 이상
③ 0.2% 이상
④ 0.3% 이상

해설

24 혈중 알코올 농도 : 0.02% 이상

25 다음 항공안전법 목적에 대한 설명으로 옳지 않은 것은?

① 항공안전법은 국제민간항공협약 및 같은 부속서에서 채택한 표준과 권고되는 방식을 따른다.
② 항공안전법은 항공기, 경량항공기, 초경량비행장치로 구분하여 안전사항을 규정한다.
③ 항공안전법은 효율적인 항행을 위한 방법에 대한 사항을 규정한다.
④ 항공안전법은 항공안전을 책임지는 국가의 권리와 항공사업자 및 항공종사자의 의무사항을 규정한다.

25 항공안전법은 국가, 항공사업자 및 항공종사자 등의 의무 등에 관한 사항을 규정함을 목적으로 한다.

26 초경량비행장치를 이용하여 비행정보구역(FIR) 내에서 비행 시 비행계획을 제출하여야 하는데 포함사항이 아닌 것은?

① 항공기의 식별부호
② 항공기의 탑재 장비
③ 출발비행장 및 출발예정시간
④ 보안 준수사항

26 비행정보구역(FIR)
공역에 대해 권한권을 가진 관제기관 명칭에 따라 부여한다.(예) 인천FIR)
항공기 수색, 구조에 필요한 정보제공, 항공기 안전을 위한 정보제공, 항공기 효율적인 운항을 위한 정보제공하는 구역이다.
※ 보안준수사항은 제출할 의무가 없다.

27 신고한 초경량비행장치가 멸실된 경우 말소신고를 하여야 한다. 정해진 기간 내에 말소신고를 하지 않았을 때 1차 과태료는?

① 15만원
② 22.5만원
③ 30만원
④ 50만원

27 말소신고를 하지 않았을 경우 과태료
• 1차 : 15만원
• 2차 : 22만5천원
• 3차 : 30만원

28 리튬폴리머(LiPo) 배터리에 대한 설명으로 옳지 않은 것은?

① 충전 시 셀 밸런싱을 통한 셀 간 전압 관리 필요
② 강한 충격에 노출 되거나 외형이 손상 되었을 경우 안전을 위해 완전 방전 후 폐기
③ 배터리 수명을 늘리기 위해 급속충전과 급속방전 필요
④ 장기간 보관시 50~70% 충전 상태로 보관

28 ① 리튬폴리머의 하나의 셀은 2.7V로 여러 개의 셀을 연결하여 배터리 팩을 구성한다. 그러므로 각 셀의 전압을 균등(밸런싱)하여 출력전압을 안정화해야 한다.
③ 잦은 급속방전은 배터리 수명을 단축하므로 50~70% 정도로 유지하는 것이 좋다.

29 푸르키네 현상에 따르면 다음 중 어두운 밤에 가장 잘 보이는 색은?

① 노랑
② 파랑
③ 초록
④ 빨강

29 푸르키네 현상
밝은 곳에서는 빨강, 주황, 노랑 등의 장파장의 감도도 좋고, 어두운 곳에서는 파랑, 청록 등 단파장의 감도가 좋다.

정답 | 24 ① 25 ④ 26 ④ 27 ① 28 ③ 29 ②

30 항공교통의 안전을 위하여 항공기의 비행순서·시기 등에 관하여 국토교통부장관의 지시를 받아야 할 필요가 있는 공역은?

① 관제공역
② 비관제공역
③ 통제공역
④ 주의공역

해설

30 공역 등의 지정(항공안전법 제78조)
항공교통의 안전을 위하여 항공기의 비행 순서·시기 및 방법 등에 관하여 국토교통부장관 또는 항공교통업무증명을 받은 자의 지시를 받아야 할 필요가 있는 공역으로서 관제권 및 관제구를 포함하는 공역

31 다음 중 항공안전법상의 정의에 따른 초경량비행장치의 종류가 아닌 것은?

① 행글라이더
② 동력비행장치
③ 동력패러슈트
④ 무인비행장치

31 "초경량비행장치"란 항공기와 경량항공기 외에 공기의 반작용으로 뜰 수 있는 장치로서 자체중량, 좌석 수 등 국토교통부령으로 정하는 기준에 해당하는 동력비행장치, 행글라이더, 패러글라이더, 기구류 및 무인비행장치 등을 말한다.

32 다음 위반 사항 중 초경량비행장치 조종자 증명을 취소해야만 하는 경우는?

① 거짓이나 그 밖의 부정한 방법으로 초경량비행장치 조종자 증명을 받은 경우
② 초경량비행장치의 조종자로서 업무를 수행할 때 중대한 과실로 초경량비행장치사고를 일으켜 인명피해나 재산피해를 발생시킨 경우
③ 초경량비행장치 조종자의 준수사항을 위반한 경우
④ 주류등의 영향으로 초경량비행장치를 사용하여 비행을 정상적으로 수행할 수 없는 상태에서 초경량비행장치를 사용하여 비행한 경우

32 보기 ①항과 함께 초경량비행장치 조종자 증명의 효력정지기간에 초경량비행장치를 사용하여 비행한 경우 조종자 증명이 취소된다.

33 초경량비행장치 사용사업의 등록 시 사업계획서에 들어갈 내용에 해당하지 않은 것은?

① 사업 개시 후 3개월간 운용 재원 계획
② 안전관리 대책
③ 사업목적 및 범위
④ 사업 개시 예정일

33 초경량비행장치사용사업 사업계획서의 작성내용
• 사업목적 및 사업의 범위
• 안전관리 대책
• 자본금, 상호, 대표자명, 소재지
• 사용시설·시설 및 장비
• 종사자 인력 및 자격증 여부
• 사업 개시 예정일

34 다음 중 비행금지구역, 비행제한구역 등에 대한 설명으로 틀린 것은?

① 군·민간 비행장의 관제권은 주변 9.3km까지의 구역이다.
② 원자력발전소·연구소는 주변 19km까지의 구역이다.
③ 서울지역 R-75 내에서는 비행이 금지되어 있다.
④ P-518, P-61~65 지역은 비행금지구역이다.

34 서울지역 R-75 내에서는 비행제한 구역이다.
R- 제한(Restriction), P-금지(Prohibition)를 의미한다.

정답 | 30 ① 31 ③ 32 ① 33 ① 34 ③

35 무인비행장치 조종자가 준수해야 할 사항에 해당하는 것은?
① 일몰 후부터 일출 전까지의 야간에 비행하는 행위
② 음주 후 조종하는 행위
③ 비행 중 주류 등을 섭취하거나 사용하는 행위
④ 무인비행장치를 육안으로 확인할 수 있는 범위에서 조종하는 행위

해설 35 무인비행장치 조종자는 육안으로 확인할 수 있는 범위 내에서 조종해야 한다.

36 배터리 규격의 요소에 따른 단위가 옳지 않은 것은?
① 전류 : A
② 방전율 : C
③ 용량 : mAs
④ 전압 : V

해설 36 배터리 용량은 시간당 흐르는 전류를 나타낸다. (mA-h)

37 초경량비행장치의 사고 중 항공사고조사위원회가 사고의 조사를 하여야 하는 항목이 아닌 것은?
① 주기된 초경량비행장치가 파손시킨 사고
② 초경량비행장치로 인하여 사람이 중상 또는 사망한 사고
③ 비행 중 발생한 추락, 충돌사고
④ 비행 중 발행한 화재사고

해설 37 항공사고조사위원회의 사고 조사 : 비행 중 발생한 추락·충돌 및 화재사고와 기체에 의하여 사람이 중상 또는 사망 사고 시

38 다음 중 BLDC 모터에 대한 설명으로 틀린 것은?
① BLDC 모터는 브러시가 있는 모터를 말한다.
② BLDC 모터는 속도를 조절하는 변속기가 필요하다.
③ BLDC 모터는 DC모터에 비해 수명이 길다.
④ BLDC 모터는 회전수를 정밀하게 제어할 수 있다.

해설 38 BLDC 모터는 브러시가 없어 수명이 길고, 홀센서를 이용하여 회전수를 정밀하게 제어할 수 있다.

39 보퍼트 풍력계급으로 풍속을 구분할 때 바람을 느끼고 나뭇잎이 흔들리기 시작할 때의 풍속은?
① 0~0.2 m/s
② 1.6~3.3 m/s
③ 5.5~7.9 m/s
④ 8.0~10.7 m/s

해설 39 보퍼트 풍력계급
- 0~0.2 m/s : 고요(연기가 똑바로 올라감)
- 1.6~3.3 m/s : 남실바람(나뭇잎이 움직이며, 얼굴에 바람이 느껴짐)
- 5.5~7.9 m/s : 건들바람(먼지가 일고 종이 조각이 날리며 작은 가지가 움직임)
- 8.0~10.7 m/s : 흔들바람(작은 나무가 흔들리며, 강이나 호수에 물결이 일어남)

40 프로펠러에 대한 설명으로 옳지 않은 것은?
① 고속 비행체일수록 피치를 크게 하여 사용한다.
② 프로펠러의 규격은 'D×P'로 나타내며, D는 피치, P는 직경을 의미
③ 직경이 클수록 큰 추력을 발생한다.
④ 프로펠러의 직경은 프로펠러가 만드는 회전면의 직경을 의미한다.

해설 40 프로펠러의 규격 : D×P
- D : 직경
- P : 피치

정답 | 35 ④ 36 ③ 37 ① 38 ① 39 ② 40 ②

무인동력비행장치 필기시험
실전모의고사 07회

해설

01 다음 중 구름이 생성되기 위한 조건으로 거리가 먼 것은?
① 지표면이 불균등하게 가열될 때
② 따뜻한 공기와 찬 공기가 만날 때
③ 고기압 중심으로 공기가 모여들 때
④ 공기가 산을 타고 올라갈 때

01 구름은 저기압 중심으로 공기가 모여들 때 발생한다.

02 지구의 자전으로 인하여 지구의 표면을 따라 운동하는 물체의 진행방향을 휘게 만드는 가상의 힘을 무엇이라 하는가?
① 원심력
② 구심력
③ 기압 경도력
④ 전향력

02 전향력
- 지구 자전에 의해 회전하는 운동계에서 운동하는 물체를 관측하였을 때 나타나는 겉보기의 힘이다.
- 예를 들면 물체를 던진 방향에 대해 북반구에서는 오른쪽으로 남반구에서는 왼쪽으로 힘이 작용하는 것처럼 운동하게 되는데 이때의 가상적인 힘을 말한다. 따라서 공기의 흐름을 직접적으로 방해하는 힘은 전향력이다.

03 온대성 저기압이 발달하는 과정의 마지막 단계로 저기압에 동반된 한랭전선과 온난전선이 합쳐져서 형성되는 전선을 무엇이라 하는가?
① 폐색 전선
② 온난 전선
③ 한랭 전선
④ 정체 전선

03
- 온난 전선 : 따뜻한 공기가 찬공기 위를 타고 올라가며 생긴다.
- 한랭 전선 : 한랭기단이 온난 기단 밑으로 파고들어 따뜻한 공기를 밀어 올려 형성된다.
- 정체 전선 : 한랭기단과 온난 기단의 세력이 비슷할 때에는 전선이 이동하지 않고 대치된 상태로 장마전선이 해당된다.

04 대기현상에 작용하는 열에 대한 설명으로 틀린 것은?
① 비열(Specific Heat)은 어떤 물질 1g의 온도를 1℃만큼 올리는 데 필요한 열로 물질마다 다르다.
② 공기가 상승하면 주위의 기압이 낮아지면서 공기 덩어리가 팽창하게 되는데, 이러한 현상을 단열팽창이라 한다.
③ 잠열(Latent Heat)은 물질에 열을 가했을 때 온도의 변화와 동시에 물질의 상태 변화에 관여한다.
④ 끓는 물 속에서 온도계로 측정된 값은 현열(Sensible Heat)과 관련이 있다.

04 잠열은 물질에 열을 가했을 때 온도 변화없이 물질의 상태 변화에 관여하는 열을 말한다.

정답 | 01 ③　02 ④　03 ①　04 ③

05 최대이륙중량 2kg 이상 초경량비행장치는 누구에게 신청하여야 하는가?

① 국방부 장관
② 지방항공청장
③ 교통안전공단 이사장
④ 국토교통부장관

해설

05 한국교통안전공단 이사장은 국토교통부장관으로부터 위임 받아 초경량비행장치의 신고 및 조종자 증명, 전문교육기관의 지정 등의 업무를 수행한다.

함께 비교하기)
· 지방항공청장 : 비행승인, 특별비행승인, 사업등록, 비행사고신고
· 안전성인증 : 항공안전기술원
· 항공사진촬영인가 : 국방부

06 여름에는 해양에서 대륙으로, 겨울에는 대륙에서 해양으로 부는 바람은?

① 지상풍
② 계절풍
③ 산곡풍
④ 대륙풍

07 대류권에서의 고도와 기온 관계를 설명한 것이다. A, B에 들어갈 내용을 옳게 짝지은 것은?

> 지표면에서부터 (A)되는 열로 인하여 11km 높이까지 평균 1km 올라갈 때마다 기온이 약 (B)도씩 낮아지고 있다.

① A - 대류, B - 3.5
② A - 대류, B - 6.5
③ A - 복사, B - 3.5
④ A - 복사, B - 6.5

07 태양에 의해 지표면에 입사되는 태양 복사열과 지표면에서 방출되는 지구복사열로 인하여 고도 11km까지는 1km 올라갈 때마다 기온은 약 6.5℃씩 감소한다.

08 다음 중 표준대기의 혼합기체 비율로 옳은 것은?

① 산소 78% - 질소 21% - 기타 1%
② 이산화산소 78% - 산소 21% - 기타 1%
③ 산소 21% - 질소 1% - 기타 78%
④ 질소 78% - 산소 21% - 기타 1%

08 표준대기의 혼합기체
질소 > 산소 > 아르곤 > 이산화탄소 > 기타

09 섭씨 0도는 화씨 몇 도 인가?

① 0°F
② 32°F
③ 64°F
④ 212°F

09 $°C = \frac{5}{9}(°F-32)$, $°F = \frac{9}{5}°C + 32$

정답 | 05 ③ 06 ② 07 ④ 08 ④ 09 ②

10 바람에 대한 설명으로 틀린 것은?

① 풍속의 단위는 m/s, knot 등을 사용한다.
② 풍향은 지리학상의 진북을 기준으로 한다.
③ 풍속은 공기가 이동한 경로의 길이와 이에 소요된 시간의 비이다.
④ 바람은 기압이 낮은 쪽에서 높은 쪽으로 힘이 작용한다.

11 다음 중 시정(Visibility)의 종류에 포함되지 않는 것은?

① 기상학적 시정
② 우시정
③ 좌시정
④ 활주로 시정

12 비행기의 안정성이 좋다는 의미를 가장 옳게 설명한 것은?

① 전투기와 같이 기동성이 좋다.
② 돌풍과 같은 외부의 영향에 대해 곧바로 반응하는 것이다.
③ 비행기가 일정한 비행 상태를 유지하는 것이다.
④ 조종사의 조작에 따라 비행기가 쉽게 움직이는 것이다.

13 유체의 연속방정식을 옳게 나타낸 것은? (단, A_1은 흐름의 입구면적, V_1은 흐름의 입구속도, A_2는 흐름의 출구면적, V_2는 흐름의 출구속도이다.)

① $A_1 \times V_1 = A_2 \times V_2$
② $A_1 \times V_2 = A_2 \times V_1$
③ $A_1 \times V_1^2 = A_2 \times V_2^2$
④ $A_1 \times V_2^2 = A_2 \times V_1^2$

14 비행기에서 양력에 관계하지 않고 유도항력을 제외한 비행을 방해하는 모든 항력을 통틀어 무엇이라 하는가?

① 압력항력
② 점성항력
③ 형상항력
④ 유해항력

15 비행기가 평형상태에서 벗어난 뒤에 다시 평형상태로 되돌아가려는 초기의 경향을 가장 옳게 설명한 것은?

① 정적 안정성이 있다. (양의 정적안정)
② 동적 안정성이 있다. (양의 동적안정)
③ 정적으로 불안정하다. (음의 정적안정)
④ 동적으로 불안정하다. (음의 동적안정)

해설

10 바람은 기압이 높은 쪽에서 낮은 쪽으로 힘이 작용하고, 등압선의 간격이 좁으면 좁을수록 바람이 더욱 세다.
※ 풍속의 단위 : m/s, km/h, mile/h, knot(1시간당의 해리)
※ 나머지 보기도 암기해둔다.

11 시정의 종류
• 기상학적 시정
• 우시정(우세한 시정)
• 활주로 시정(활주로 가시거리)
• 수직시정
• 경사시정 등

12 비행기의 안정성이란 돌풍에 반응하는 것이 아니라 돌풍과 같은 외부 영향에 의해 비행기가 균형을 상실했을 때 원상태로 회복하려는 성질을 말한다.
※ ④는 조종성을 말하며, 안정성과 조종성은 서로 상반된 성질을 가지고 있다.

13 연속방정식
유관 내에 유체가 흐를 때 질량보존의 법칙에 의해 단위시간당 유입되는 유체의 유량(질량)은 단위시간당 유출되는 유체의 유량(질량)과 같아야 한다.
※ 유량 = 면적×속도

14 유해항력의 종류
• 형상압력 (압력항력, 마찰항력)
• 조파항력
• 간섭항력

15 • 정적 안정성 : 평형상태를 벗어난 뒤에 교란된 후에 다시 원래의 평형상태로 복귀하려는 움직임의 경향
• 동적 안정성 : 교란된 상태에서 평형상태로 복귀하는 과정에서 시간이 경과함에 따라 발생되는 진동의 폭이 감속되어 평형을 되찾는 경향

정답 | 10 ④ 11 ③ 12 ③ 13 ① 14 ④ 15 ①

16 항공기가 일정한 고도에서 일정한 속도로 이동 중일 때, 항공기에 작용하는 힘은?

① 양력 > 중력, 추력 > 항력
② 양력 = 중력, 추력 = 항력
③ 양력 = 항력, 추력 = 중력
④ 양력 > 중력, 추력 = 항력

17 무인멀티콥터 장치의 구조상 해당하지 않는 구성품은?

① ESC(Electric Speed Controller)
② 동시피치 로터(Collective pitch rotor)
③ FC(Flight Controller)
④ 전원분배기(PDB, Power Distribution Board)

18 무인멀티콥터의 비행승인이 반드시 필요한 구역이 아닌 곳은?

① 관제구
② 관제권
③ 비행금지구역
④ 비행제한구역

19 무인동력비행장치별로 구분한 무인동력비행장치의 설명으로 틀린 것은?

① 1종 무인동력비행장치 : 최대이륙중량이 25kg을 초과하고 연료의 중량을 제외한 최대이륙중량이 150kg 이하인 무인동력비행장치
② 2종 무인동력비행장치 : 최대이륙중량이 7kg을 초과하고 25kg 이하인 무인동력비행장치
③ 3종 무인동력비행장치 : 최대이륙중량이 2kg을 초과하고 7kg 이하인 무인동력비행장치
④ 4종 무인동력비행장치 : 최대이륙중량이 250g을 초과하고 2kg 이하인 무인동력비행장치

20 한국교통안전공단의 온라인교육을 이수함으로써 무인동력비행장치 조종자 증명을 취득할 수 있는 것은?

① 제1종 조종자 증명
② 제2종 조종자 증명
③ 제3종 조종자 증명
④ 제4종 조종자 증명

해설

16 일정한 고도, 일정한 속도이므로 양력과 항력이 같아야 하고, 추력과 항력이 같아야 한다.
- 양력이 중력보다 커지거나 작아지면 : 고도 상승/하강
- 추력이 항력보다 커지거나 작아지면 : 가속/감속
  - 이륙시 : 양력 > 중력, 추력 > 항력
  - 착륙시 : 양력 < 중력, 추력 < 항력

17 동시피치 로터(Collective pitch rotor)
헬리콥터의 구성품으로, 메인로터의 각도 변화로 피치를 조정하여 상승/하강 추진력을 조절하는 역할을 한다.

18 비행제한구역에서 최대이륙중량이 25kg 이하인 무인동력비행장치를 150m 고도 미만으로 육안거리에서 비행하는 경우 승인없이 비행이 가능하다. 단, 서울지역의 경우 예외적으로 수도방위사령부, 관할지역 항공청의 승인이 필요하다.

19 무인동력비행장치별 구분
(항공안전법 시행규칙 제306조)
① 1종 : 최대이륙중량 25kg 초과, 연료 중량을 제외한 자체중량 150kg 이하
② 2종 : 최대이륙중량 7kg 초과, 25kg 이하
③ 3종 : 최대이륙중량 2kg 초과, 7kg 이하
④ 4종 : 최대이륙중량 250g 초과, 2kg 이하

20 제4종 무인동력비행장치 조종자 증명은 최대이륙중량이 250g을 초과하고 2kg 이하인 무인동력비행장치를 조종할 수 있으며, 온라인 교육을 통해 증명을 취득할 수 있다.

정답 | 16 ② 17 ② 18 ④ 19 ① 20 ④

21 이륙 시 비행절차로 옳지 않은 것은?

① 비행 전 배터리 상태, GPS 수신상태, 송수신기의 신호상태 등을 점검한다.
② 겨울철에는 여름철보다 워밍업 시간을 길게 한다.
③ 이륙장소로는 평평하고 장애물이 없는 개활지를 선택한다.
④ 기체와 조종기 간의 원활한 신호를 위해 안전거리를 15m 이내로 유지한다.

22 비행 후 모터가 과열되었을 때 고장 원인으로 거리가 먼 것은?

① 모터의 윤활 상태
② 스테이터 코일의 절연 상태
③ 베어링의 마모
④ 무거운 탑재물 중량

23 다음 중 비행 시 GPS 에러 경고등이 점등되었을 때의 원인과 조치로 가장 적절한 것은?

① 건물 근처에서는 발생하지 않는다.
② 자세제어 모드로 전환하여 수동으로 조종하여 복귀시킨다.
③ 지자기 센서의 문제로 발생한다.
④ GPS 신호는 전파 세기가 강하므로 다른 신호에 의한 재밍의 위험이 낮다.

24 무인멀티콥터를 장기간 사용하지 않을 경우 관리요령으로 틀린 것은?

① 케이스에 보관한다.
② 배터리 방전을 방지하기 위해 본체에 장착하여 보관한다.
③ 서늘한 장소에 보관한다.
④ 보관 전 먼지 등 이물질을 제거한다.

25 항공안전법령상 신고하여야 하는 초경량비행장치는?

① 연구기관에서 비행체 개발을 위해 제작한 12kg의 무인비행장치
② 군사용으로 제작한 최대이륙중량 150kg의 무인비행장치
③ 최대이륙중량이 2kg 이하인 비사업용 무인동력비행장치
④ 항공레저스포츠사업에 사용하는 낙하산류

해설

21 기체와 조종기 간의 안전거리는 15m 이상 유지한다.

23
- 건물 근처에서 GPS신호 전파가 쉽게 차단되므로 에러 발생율이 높다.
- GPS 수신기의 이상이나 신호 차단 등이 원인이다.
- GPS 신호는 세기가 미약해서 재밍에 취약하다.

24 장기간 보관 시 배터리 방전을 방지하기 위해 배터리를 분리시켜 보관한다.

25 신고 대상이 아닌 초경량비행장치의 범위(비사업용인 경우로 한정)
- 행글라이더, 패러글라이더 등 동력을 이용하지 아니하는 비행장치
- 사람이 탑승하지 않는 기구류
- 계류식(繫留式) 무인비행장치
- 낙하산류
- 무인동력비행장치 중에서 최대이륙중량이 2kg 이하인 것
- 무인비행선 중에서 연료의 무게를 제외한 자체무게가 12kg 이하이고, 길이가 7m 이하인 것
- 연구기관 등이 시험·조사·연구 또는 개발을 위하여 제작한 초경량비행장치
- 제작자 등이 판매를 목적으로 제작하였으나 판매되지 아니한 것으로서 비행에 사용되지 아니하는 초경량비행장치
- 군사목적으로 사용되는 초경량비행장치
※ 항공기대여업·항공레저스포츠사업 또는 초경량비행장치사용사업에 사용되는 초경량비행장치는 모두 신고 대상이다.

정답 | 21 ④ 22 ① 23 ② 24 ② 25 ④

26 다음 초경량비행장치 안전성인증에 대한 설명 중 틀린 것은?

① 초경량비행장치를 사용하여 비행하려는 사람은 국토교통부장관에게 안전성 인증을 받고 비행하여야 한다.
② 초경량비행장치 안전성인증의 유효기간 및 절차·방법 등에 대해서는 국토교통부장관의 승인을 받아야 하며 변경할 때에는 해당 장비의 변경기준을 따른다.
③ 무인비행장치 안전성인증 대상은 무인비행기, 무인헬리콥터 또는 무인멀티콥터 중에서 최대이륙중량이 25킬로그램을 초과하는 것을 대상으로 한다.
④ 초경량비행장치 안전성인증 기관은 기술원(항공안전기술원)이 주로 수행한다.

해설

26 안전성인증의 유효기간, 절차 및 방법 등을 정하여 국토교통부장관의 승인을 받아야 하며, 변경할 때에도 또한 같다.

27 초경량비행장치의 조종자 준수사항을 따르지 아니하고 초경량비행장치를 이용하여 비행한 경우 과태료는 최대 얼마인가?

① 50만원
② 100만원
③ 200만원
④ 300만원

27 초경량비행장치의 조종자 준수사항을 따르지 아니하고 초경량비행장치를 이용하여 비행한 사람은 300만원 이하의 과태료를 부과한다.

28 다음 중 무인멀티콥터를 비행하려고 할 때 비행을 자제해야 할 바람상태로 가장 적합한 것은?

① 연기가 똑바로 올라간다.
② 연기가 날림으로 풍향을 알 수 있다.
③ 나뭇잎이 움직이며, 얼굴에 바람이 느껴진다.
④ 먼지가 일고 종이 조각이 날리며 작은 가지가 흔들린다.

28 보퍼트 풍력계급
• 0~0.2 m/s : 고요(연기가 똑바로 올라감)
• 0.3~1.5 m/s : 실바람(연기가 날림으로 풍향을 알 수 있음)
• 1.6~3.3 m/s : 남실바람(나뭇잎이 움직이며, 얼굴에 바람이 느껴짐)
• 5.5~7.9 m/s : 건들바람(먼지가 일고 종이 조각이 날리며 작은 가지가 움직임)
※ 일반적으로 최대풍속 6m/s 이상이면 비행을 자제해야 한다.

29 무인멀티콥터의 착륙을 시도할 때 조종으로 옳지 않은 것은?

① 스로틀을 천천히 내려 하강시킨다.
② 기체와의 거리를 15m 이상 유지한다.
③ 착륙 전 모터의 회전을 완전히 멈추게 하여 신체상해 등 안전사고를 방지한다.
④ 착륙 중 강풍이 불면 최대한 빨리 가까운 안전한 착륙지점을 찾아 이동하여 비상착륙한다.

29 착륙 전 모터의 회전을 멈추면 하드랜딩으로 인한 기체손상을 초래하므로 지면에 착륙 후 시동을 끈다.
※ 드론의 착륙은 천천히 하며, 만약 강풍에 의해 제어가 어려울 경우 배터리가 소모되기 전에 빠르게 하강시킨다.(착륙지점이 인명사고 등의 위험이 있다고 판단하면, 경우에 따라 나무나 수풀 등에 추락시킴)

30 무인비행장치 중 무인멀티콥터의 조종자격 차등화에 따른 비행자격 시행에 대한 설명으로 틀린 것은?

① 2kg~7kg : 온라인 교육 및 필기시험
② 250g~2kg : 온라인 교육
③ 7kg~25kg : 비행경력(10시간), 필기 및 실기(약식)
④ 25kg~150kg : 비행경력(20시간), 필기 및 실기시험

30 무인멀티콥터의 조종자격
• 250g 이하 : 신고 및 자격이 필요없음
• 250g~2kg : 기체 신고 필요없음, 온라인 교육
• 2kg~7kg : 비행경력(6시간), 필기시험
• 7kg~25kg : 비행경력(10시간), 필기 및 실기(약식)
• 25kg~150kg : 비행경력(20시간), 필기 및 실기시험

정답 | 26 ② 27 ④ 28 ④ 29 ③ 30 ①

해설

31 쿼드콥터가 우측으로 수평 이동 시 각각 모터의 회전속도는?

① 시계방향으로 회전하는 모터의 회전속도가 반시계방향으로 회전하는 모터의 회전속도보다 빠르다.
② 반시계방향으로 회전하는 모터의 회전속도가 시계방향으로 회전하는 모터의 회전속도보다 빠르다.
③ 우측에 위치한 모터의 회전속도가 좌측에 위치한 모터의 회전속도보다 빠르다.
④ 좌측에 위치한 모터의 회전속도가 우측에 위치한 모터의 회전속도보다 빠르다.

31 우측으로 수평 이동 시 좌측 모터의 회전속도는 빠르고, 우측 모터의 회전속도는 느리다.

32 초경량비행장치 사고를 일으킨 조종자 또는 소유자는 사고 발생 즉시 지방항공청에게 보고하여야 하는데 그 내용이 아닌 것은?

① 사고의 정확한 원인분석 결과
② 사고가 발생한 일시 및 장소
③ 초경량비행장치 소유자의 성명 또는 명칭
④ 초경량비행장치의 종류 및 신고번호

32 사고의 정확한 원인분석은 항공철도사고조사위원회에서 실시한다.

33 항공법에서 정한 용어의 정의가 맞는 것은?

① 관제구라 함은 평균해수면으로부터 500미터 이상 높이의 공역으로서 항공교통의 통제를 위하여 지정된 공역을 말한다.
② 항공등화라 함은 전파, 불빛, 색채 등으로 항공기 항행을 돕기 위한 시설을 말한다.
③ 관제권이라 함은 비행장 및 그 주변의 공역으로서 항공교통의 안전을 위하여 지정된 공역을 말한다.
④ 항행안전시설이라 함은 전파에 의해서만 항공기 항행을 돕기 위한 시설을 말한다.

33 • 관제구 : 항공교통 통제를 위하여 지정된 공역으로 평균해수면으로부터 200m 이상의 상공에 설정된 공역
• 항공등화 : 항공등화는 전파와 색채는 포함되지 않는다.
• 항행안전시설 : 항공기가 항행하는 데 이용되는 항행 보조 시설의 총칭. 항공기에 탑재되거나 지상에 설치되어 있는 시각적 또는 전자적 장치로 항행 중인 항공기에 대해 항로와 관련된 정보 또는 위치에 관한 데이터를 제공한다.

34 다음 중 무인멀티콥터 동체의 좌우 흔들림을 조정하여 수평을 잡아주는 역할을 하는 것은?

① 자이로 센서
② 지자계 센서
③ 기압센서
④ GPS 센서

34 자이로 센서는 3축에 대해 기울이진 정도를 감지하여 수평을 잡아주는 역할을 한다.

정답 | 31 ④ 32 ① 33 ③ 34 ①

35 받음각이 '0'일 때에 양력계수가 '0'이 되는 날개골은 다음 중 어느 것인가?
① 캠버가 큰 날개골
② 대칭형 날개골
③ 캠버가 크고 두꺼운 날개골
④ 캠버가 작고 두꺼운 날개골

해설

35 캠버가 '0'인 대칭형 에어포일(날개골)에서는 받음각이 '0'이고 양력계수도 '0'이 된다. (즉, 받음각이 없으면 양력이 발생되지 않는다)

평균캠버선 ─────── 대칭형 에어포일
평균캠버선 ─────── 비대칭형 에어포일

36 리튬폴리머(Li-Po) 배터리의 특징으로 틀린 것은?
① 전해액이 액체상태로 폭발의 위험이 크다.
② 과충전이나 과방전 시 폭발이나 발화의 가능성이 있다.
③ 다양한 형태로 만들 수 있다.
④ 리튬이온(Li-Ion) 배터리보다 에너지 효율이 높다.

36 리튬폴리머(Li-Po) 배터리의 전해액은 젤타입으로 액체타입의 리튬이온보다 폭발의 위험이 적다.

37 초경량비행장치의 멸실 등의 사유로 신고를 말소할 경우에 그 사유가 발생한 날부터 몇 이내에 한국교통안전공단에 말소신고서를 제출하여야 하는가?
① 5일   ② 10일
③ 15일   ④ 30일

37 신규신고 및 변경신고는 30일 이내, 말소신고는 15일 이내에 하여야 한다.

38 국제민간항공기구(ICAO)에서 사용하는 무인항공기 용어는?
① Drone   ② UAV
③ RPV   ④ RPAS

38 RPAS : Remote Piloted Aircraft System

39 다음 중 유체 속도에 대한 설명으로 옳은 것은?
① 유체 압력은 속도와 비례한다.
② 유체 속도는 압력과 무관하다.
③ 유체 속도는 압력에 비례한다.
④ 유체 속도가 빠르면 압력은 낮아진다.

39 베르누이 정리에서 '전압(정압+동압) = 일정'하므로 정압과 동압은 서로 반비례의 관계가 된다. 압력은 정압을 의미하고, 속도는 동압과 관계가 있으므로 서로 반비례 관계이다.

40 항공안전법령에 따라 비행제한공역에서 초경량비행장치를 비행하기 위해서는 승인 절차를 거쳐야 한다. 다음 중 누구에게 비행승인신청서를 제출하여야 하는가?
① 지방항공청장
② 국토교통부장관
③ 교통안전공단
④ 국방부장관

40 초경량비행장치를 사용하여 비행제한공역을 비행하려는 사람은 초경량비행장치 비행승인신청서를 지방항공청장에게 제출하여야 한다. 이 경우 비행승인신청서는 서류, 팩스 또는 정보통신망을 이용하여 제출할 수 있다.

정답 | 35 ② 36 ① 37 ③ 38 ④ 39 ④ 40 ①

무인동력비행장치 필기시험
실전모의고사 08회

해설

01 일정기압의 온도를 하강시켰을 때 대기에 포함되어 수증기가 작은 물방울로 변하기 시작할 때의 온도를 무엇인가?

① 상대온도
② 불포화 온도
③ 이슬점 온도
④ 임계 온도

01 이슬점(노점) 온도
- 상대습도가 100% 일 때의 온도
- 공기가 냉각되어 응결이 시작될 때의 온도
- 포화상태에 도달할 때의 온도
- 현재 수증기량과 포화 수증기량이 같을 때의 온도

02 항공기의 무게와 균형을 고려할 때 가장 큰 영향을 주는 요소는?

① 양력 중심
② 무게 중심
③ 압력 중심
④ 공력 중심

02
- 무게 중심 : 항공기의 무게가 집중되어 있거나, 균형을 이루는 지점
- 공력 중심 : 받음각이 변해도 피칭모멘트의 값이 변하지 않는 지점(비행체의 각 부위에 작용하는 양력에서 양력이 대표적으로 작용하는 한 지점)
- 압력 중심 : 에어포일 표면에 분포된 압력이 어느 한 점에 집중적으로 작용한다고 가정할 때 앞전에서 이 힘의 작용점까지의 거리를 말한다.

03 초경량비행장치 비행승인 대상이 아닌 경우라 하더라도 일정 고도 이상에서 비행하는 경우 반드시 비행승인을 받아야 한다. 그 기준은?

① 고도 150m 이상
② 고도 300m 이상
③ 고도 500m 이상
④ 고도 1km 이상

03 비행승인 대상이 아니라더도 승인을 받아야 하는 경우
- 고도 150m 이상에서 비행하는 경우
- 관제공역 중 관제권과 통제공역 중 비행금지구역에서 비행하는 경우

04 프로펠러(로터)의 피치에 대한 설명으로 옳은 것은?

① 프로펠러의 반지름이다.
② 프로펠러의 지름이다.
③ 프로펠러가 1회전했을 때 진행한 거리이다.
④ 프로펠러의 회전면을 변화시키는 각이다.

04 프로펠러의 피치는 프로펠러가 1회전했을 때 진행한 거리이다.
※ ④는 피치각을 말한다.

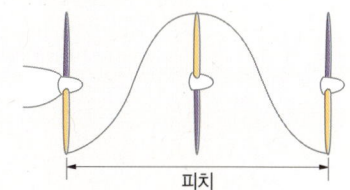

05 유체의 수평적 이동을 무엇이라 하는가?

① 복사
② 전도
③ 대류
④ 이류

05
- 유체의 수직이동 : 대류
- 유체의 수평이동 : 이류

정답 | 01 ③ 02 ② 03 ① 04 ③ 05 ④

06 다음 우리나라에 영향을 미치는 기단 중 해양성 한대 기단으로 초여름 장마기에 불연속의 장마전선을 이루어 영향을 미치는 기단은?

① 북태평양 기단
② 양쯔강 기단
③ 오호츠크해 기단
④ 시베리아 기단

06
- 봄가을 : 양쯔강
- 초여름 : 오호츠크해
- 여름 : 북태평양
- 겨울 : 시베리아

07 운량 구분 시 구름의 상태가 5/8~7/8이 나타내는 것은?

① Sky Clear(SKC/CLR)
② overcast(OVC)
③ Scattered(SCT)
④ broken(BKN)

07 운량법
- Sky Clear(SKC, CLR) : 구름없음, 0/8 또는 0/10
- Few Clouds(FEW) : 1/10~3/10 또는 1/8~2/8
- Scattered(SCT) : 4/10~5/10 또는 3/8~4/8
- broken(BKN) : 6/10~9/10 또는 5/8~7/8
- overcast(OVC) : 하늘을 뒤덮은 상태, 8/8 또는 10/10

08 헬리콥터와 멀티콥터의 구조적인 양력 발생 원리의 차이는?

① 헬리콥터는 가변 피치, 멀티콥터는 콜렉티브 피치를 이용한다.
② 헬리콥터는 2개의 블레이드를, 멀티콥터는 4개의 블레이드를 이용한다.
③ 헬리콥터는 가변 피치, 멀티콥터는 고정 피치를 이용한다.
④ 헬리콥터는 고정 피치, 멀티콥터는 고정 피치를 이용한다.

08 헬리콥터는 운용 회전수를 피치를 변동하여 양력을 발생하며, 멀티콥터는 피치를 꼬아 놓은 상태에서 각각의 모터 회전수에 변화를 주어 양력을 발생한다.

09 대류권(troposphere)에 대한 설명으로 옳은 것은?

① 지구 대기권의 가장 낮은 부분으로 대부분의 기상현상이 일어나는 곳이다.
② 일반적으로 대류권의 범위는 지표면으로부터 평균고도 18km 정도이다.
③ 대류권의 대기 온도는 고도가 상승하면 온도가 높아진다.
④ 공기밀도는 고도가 상승함에 따라 증가한다.

09 일반적으로 대류권의 범위는 지표면으로부터 평균 고도 11km 정도로 고도가 상승하면 대기 온도는 낮아지고, 공기밀도는 감소한다.

10 온도 및 기온에 대한 설명으로 틀린 것은?

① 온도 단위는 섭씨온도, 화씨온도 그리고 절대온도가 있다.
② 절대온도는 열역학 제2법칙에 따라 이론적으로 정해진 온도로 단위는 °F 이다.
③ 섭씨온도는 1기압에서 물의 어는점을 0℃, 끓는점을 100℃로 하여, 그 사이를 100등분한 온도이다.
④ 대류권에서 대기의 온도는 고도가 상승하면서 약 6.5℃/km 의 비율로 감소한다.

10 절대온도는 열역학 제2법칙에 따라 이론적으로 정해진 온도로 이론상 생각할 수 있는 최저 온도를 기준으로 하는 온도 단위이다. '캘빈온도'라고도 하며 단위는 K 이다.

정답 | 06 ③　07 ④　08 ③　09 ①　10 ②

11 다음 안개 설명 중 알맞은 것을 고르시오?

> 차가운 지면이나 수면 위로 따뜻한 공기가 이동해 오면, 공기의 밑부분이 냉각되어 응결이 일어나는 안개이다. 대부분 해안이나 해상에서 발생한다.

① 활승안개 ② 복사안개
③ 이류안개 ④ 증기안개

해설 11 이류안개(해무)는 주로 해양의 습윤하고 온난한 공기가 한랭한 수면으로 이동할 때 공기의 일부가 응결되어 생기는 안개를 말한다. 대체로 해안이나 해상에서 형성된다.

12 항공기의 무게와 균형을 고려하는 가장 중요한 이유는?
① 이륙중량 증가 ② 안정성 확보
③ 조종의 용이함 ④ 비행효율 향상

해설 12 항공기의 무게와 균형을 고려하는 가장 중요한 이유는 안정성이다.

13 기상의 물리적 과정을 변화시키는 원인은?
① 공기의 이동 ② 압력의 차이
③ 열의 교환   ④ 습도

해설 13 기상의 주요 원인
지표면에 작용하는 태양열에 의한 열의 교환이다.

14 난기류의 영향이 미치지 않은 것은?
① 소나기
② 뇌우
③ 저고도의 윈드시어
④ 안개

해설 14 난류가 발생하는 기상 상황
- 적란운 구름이 형성될 때 발생하는 난류
- 산악파에서 의한 난류
- 청천 난류
- 지표면 전선에 의해 발생하는 난류
- 항공기 후류에 의해 발생하는 난류
- 저고도 윈드시어에 의해 발생하는 난류

15 다음 중 압력을 표시하는 단위가 아닌 것은?
① N/m^2 ② mmHg
③ lb-in   ④ hPa

해설 15 lb-in은 '파운드×인치'로, '힘×길이'을 나타내며 토크의 단위이다. ※ psi = lb-in^2
- mmHg : 수은주 밀리미터를 말하며, 기압의 단위이다.
- hPa : 헥타파스칼을 말하며, 기압의 단위이다.

16 양력 발생의 원리를 나타내는 기본 법칙은?
① 가속도의 법칙 ② 관성의 법칙
③ 파스칼의 법칙 ④ 베르누이의 법칙

해설 16 양력 발생의 기본 원리
베르누이의 법칙, 작용·반작용의 법칙

17 다음 항력 중 날개 끝에 발생하는 와류로 인하여 발생하는 항력은?
① 마찰항력 ② 유도항력
③ 압력항력 ④ 조파항력

해설 17 유도항력
양력이 발생하는 과정에서 유도되는 항력으로 날개 끝에 발생하는 와류로 인해 내리흐름(down wash)에 의해 발생한다.

정답 | 11 ④ 12 ② 13 ③ 14 ④ 15 ③ 16 ④ 17 ②

18 다음 중 무인멀티콥터 구입 후 비행하려고 한다. 필요한 신고 및 자격에 대한 설명으로 옳지 않은 것은?

① 250g~2kg는 신고 및 자격이 필요없다.
② 2kg을 초과하는 기체는 신고가 필요하다.
③ 7kg~25kg의 기체는 비행경력 10시간, 필기 및 약식의 실기시험에 통과해야 한다.
④ 25kg~150kg의 기체는 비행경력 20시간, 필기 및 실기시험에 통과해야 한다.

19 비행기의 날개에 작용하는 양력의 크기에 대한 설명으로 틀린 것은?

① 양력계수에 비례한다.
② 비행속도에 반비례한다.
③ 날개의 면적에 비례한다.
④ 공기의 밀도의 크기에 비례한다.

20 대류권에서 고도가 높아질 때 일어나는 현상으로 옳은 것은?

① 압력과 밀도가 동시에 증가한다.
② 압력은 증가하고, 밀도는 감소한다.
③ 압력은 감소하고, 밀도는 증가한다.
④ 압력과 밀도가 동시에 감소한다.

21 다음 중 신고가 필요없는 기체는? (단, 비사업용인 경우)

① 동력비행장치
② 초경량 헬리콥터
③ 초경량 자이로플레인
④ 계류식 무인비행장치

22 항공법상 다음 [보기]의 내용에 해당하는 것은?

> 지표면 또는 수면으로부터 200미터 이상 높이의 공역으로서 항공교통의 안전을 위하여 국토교통부장관이 지정·공고한 공역을 말한다.

① 통제공역
② 관제권
③ 비행정보구역
④ 관제구

해설

18 무인멀티콥터의 조종자격 차등
- 250g 이하 : 무인항공기 제외대상(기체신고 및 자격이 필요없음)
- 250g~2kg : 기체신고 필요 없음, 온라인 교육
- 2kg~7kg : 비행경력(6시간), 필기시험
- 7kg~25kg : 비행경력(10시간), 필기 및 실기(약식)
- 25kg~150kg : 비행경력(20시간), 필기 및 실기시험

※ 2kg 초과 기체는 신고 대상이다.

19 양력 $L = \frac{1}{2}\rho V^2 C_L S$

- ρ : 밀도
- V : 속도
- C_L : 양력계수
- S : 날개면적

양력은 양력계수, 밀도, 날개면적, 속도의 제곱에 비례한다.

20 대류권에서 고도가 높아지면 온도, 밀도, 압력 모두 감소한다.

21 신고 대상이 아닌 초경량비행장치의 범위(비사업용인 경우로 한정)
- 행글라이더, 패러글라이더 등 동력을 이용하지 아니하는 비행장치
- 사람이 탑승하지 않는 기구류
- 계류식(繫留式) 무인비행장치
- 낙하산류
- 무인동력비행장치 중에서 최대이륙중량이 2kg 이하인 것
- 무인비행선 중에서 연료의 무게를 제외한 자체무게가 12kg 이하이고, 길이가 7m 이하인 것
- 연구기관 등이 시험·조사·연구 또는 개발을 위하여 제작한 초경량비행장치
- 제작자 등이 판매를 목적으로 제작하였으나 판매되지 아니한 것으로서 비행에 사용되지 아니하는 초경량비행장치
- 군사목적으로 사용되는 초경량비행장치

22 ① 통제공역 : 항공교통의 안전을 위하여 항공기의 비행을 금지하거나 제한할 필요가 있는 공역
② 관제권 : 비행장 또는 공항과 그 주변의 공역으로서 항공교통의 안전을 위하여 국토교통부장관이 지정·공고한 공역
③ 비행정보구역 : 항공기, 경량항공기 또는 초경량비행장치의 안전하고 효율적인 비행과 수색 또는 구조에 필요한 정보를 제공하기 위한 공역으로서 「국제민간항공협약」 및 같은 협약 부속서에 따라 국토교통부장관이 그 명칭, 수직 및 수평 범위를 지정·공고한 공역

정답 | 18 ① 19 ② 20 ④ 21 ④ 22 ④

23 무인멀티콥터의 하강 비행 시 조종기의 조작방법은?

① 엘리베이터 스틱을 위로 올린다.
② 엘리베이터 스틱을 아래로 내린다.
③ 스로틀 스틱을 위로 올린다.
④ 스로틀 스틱을 아래로 내린다.

해설 23
- 엘리베이터 : 전·후진
- 스로틀 : 상승/하강

24 초경량비행장치 안전성인증을 받아야 하는 무인동력비행장치의 최대이륙중량 기준과 수행기관은?

① 25kg 초과, 한국교통안전공단
② 15kg 초과, 한국교통안전공단
③ 15kg 초과, 항공안전기술원
④ 25kg 초과, 항공안전기술원

해설 24 최대이륙중량이 25kg을 초과하는 무인동력비행장치(무인비행기, 무인헬리콥터, 무인멀티콥터)는 한국교통안전공단에 기체 신고는 물론 항공안전기술원의 안전성인증을 받아야 한다.

25 멀티콥터나 무인회전익비행장치을 착륙할 때 지면 가까이에서 갑자기 수직 하강이 어려워지는 것은 어떤 현상 때문인가?

① 전이성향
② 양력의 불균형
③ 지면효과
④ 후류

해설 25 헬리콥터(또는 드론)가 지면 가까이에서 호버링 시 공기의 하향흐름이 지면에 부딪쳐 헬리콥터와 지면 사이의 공기가 압축되어 공기압을 높여 마치 쿠션효과를 지면효과라 하며, 착륙 시에는 이 압축으로 인해 수직하강이 어려울 수 있다.

26 다음 중 비행승인이 필요한 지역이 아닌 곳은?

① 비행장 주변 반경 9.3km 이내의 관제권
② 원전에서 반경 18km
③ 서울 강북지역
④ 지표면으로부터 고도 150m 이상

해설 26 원자력발전소 등 국가1급시설 반경 3.6km 이내는 '비행금지구역', 반경 18km 이내는 '비행제한구역'으로 지정되어 있다.
→ 비행제한구역에서 최대이륙중량이 25kg 이하인 무인동력비행장치를 150m 고도 미만으로 육안거리에서 비행하는 경우 승인없이 비행이 가능하다.

27 초경량비행장치 신고번호의 표시방법, 표시장소, 크기 등 필요한 사항은 누가 결정하는가?

① 한국교통안전공단 이사장
② 국방부장관
③ 지방항공청장
④ 지방경찰청장

해설 27 초경량비행장치소유자등은 초경량비행장치 신고증명서의 신고번호를 해당 장치에 표시하여야 하며, 표시방법, 표시장소 및 크기 등 필요한 사항은 국토교통부장관의 승인을 받아 한국교통안전공단 이사장이 정한다(위탁).

28 GPS 불량 또는 신호끊김 등으로 무인비행장치가 원하지 않는 방향으로 이동할 경우 조치사항으로 옳지 않은 것은?

① 좌우 이동은 자제하고 스로틀을 천천히 하강시킨다.
② 자세제어(ATTI) 모드에서 GPS 모드로 전환한다.
③ 최대한 빨리 안전한 장소에 신속히 착륙시킨다.
④ 주위에 크게 비상이라고 외친다.

해설 28 GPS 모드가 작동하지 않을 경우
→ ATTI(자세제어) 모드로 빠르게 반복적으로 전환하여 키가 작동하는 지 확인한 후 바로 착륙시켜야 한다.

정답 | 23 ④ 24 ④ 25 ③ 26 ② 27 ① 28 ②

29 고정익 비행장치와 달리 회전익 비행장치의 가장 큰 특성은?

① 회전비행 ② 정지비행
③ 상승비행 ④ 전진비행

30 항공안전법에 명시된 초경량비행장치사고에 해당되지 않는 것은?

① 초경량비행장치의 파손 또는 구조적 손상
② 초경량비행장치에 의한 사람의 사망, 중상 또는 행방불명
③ 초경량비행장치의 추락, 충돌 또는 화재 발생
④ 초경량비행장치의 위치를 확인할 수 없거나 초경량비행장치에 접근이 불가능한 경우

31 비행 중 떨림이 발생될 때 올바른 조치사항을 고르면?

㉠ 기체의 불필요한 장치를 제거하여 무게를 줄인다.
㉡ 기체 각 부위의 볼트/너트의 조임 여부를 확인한다.
㉢ 프로펠러와 모터의 파손 여부를 확인한다.
㉣ 프로펠러의 회전수를 줄이고, 낮게 비행한다.

① ㉡, ㉢ ② ㉠, ㉡
③ ㉡, ㉣ ④ ㉠, ㉡, ㉢

32 초경량비행장치의 조종자로서 업무를 수행할 때 고의 또는 중대한 과실로 초경량비행장치사고를 일으켜 사망자가 발생한 경우 조종자증명에 대한 행정처분기준은?

① 조종자증명 취소 ② 효력 정지 90일
③ 효력 정지 60일 ④ 효력 정지 30일

33 무인멀티콥터 비행 시 주의사항으로 틀린 것은?

① 스로틀의 급조작 및 과조작을 피한다.
② 조종자와 드론 간의 최대 수평거리는 3km 이내이다.
③ 지면으로부터 고도 150m 이내로 유지한다.
④ 비행 도중 배터리 부족 경고음이 들릴 경우 무리한 비행을 피한다.

34 비행장 및 지상시설, 항공통신, 항로, 일반사항, 수색구조 업무 등의 종합적인 비행 정보를 수록한 정기간행물은?

① AIC ② AIP
③ AIRAC ④ NOTAM

해설

29 • 고정익 항공기의 특징 : 배면비행
• 회전익 항공기의 특징 : 정지, 측방·후방비행

30 파손 또는 구조적 손상은 항공기 사고에 해당한다.

31 비행 중 떨림은 주로 모터 및 프로펠러의 불량, 체결상태 불량이 원인이다.

32 • 사망자가 발생한 경우 : 조종자증명 취소
• 중상자가 발생한 경우 : 효력 정지 90일
• 중상자 외의 부상자가 발생한 경우 : 효력 정지 30일

33 조종자와 드론 간의 최대 수평거리는 가시거리 이내이다.

34 항공정보간행물(AIP : Aeronautical Information Publication) : 항공항행에 필수·영구적인 성격의 항공정보를 수록한 간행물로 크게 일반사항, 항로, 비행장의 3권으로 종합정보를 수록한 정기간행물이다. NOTAM은 AIP의 영구적인 변경사항을 보충판(수정판)으로 발간하고 있다.

정답 | 29 ②　30 ①　31 ①　32 ①　33 ②　34 ②

35 리튬폴리머 배터리의 규격에 표기되지 않은 사항은?

① 배터리의 내부저항
② 방전율
③ 배터리 전압
④ 배터리의 전격용량

36 광수용기에 대한 설명 중 옳지 않은 것은?

① 추상체는 간상체보다 그 수가 많다.
② 간상체는 파란색에 더 민감하게 반응한다.
③ 야간에 파란색이 더 잘 보이는 현상을 푸르키네 현상이라고 부른다.
④ 눈의 망막에는 빛을 받아들이는 세포인 광수용기가 존재한다.

37 리튬폴리머(LiPo) 배터리에 대한 설명으로 옳지 않은 것은?

① 충전시 셀 밸런싱을 통한 셀 간 전압관리 필요
② 강한 충격에 노출되거나 외형이 손상 되었을 경우 안전을 위해 완전방전 후 폐기
③ 배터리 수명을 위해 급속 충전과 급속 방전을 반복한다.
④ 장기간 보관시 완전충전 상태가 아닌 50~70% 충전 상태로 보관

38 지표면에서 기온역전이 가장 잘 일어날 수 있는 조건은?

① 바람이 많고 기온차가 매우 높은 낮
② 약한 바람이 불고 구름이 많은 밤
③ 강한 바람과 함께 강한 비가 내리는 낮
④ 맑고 약한 바람이 존재하는 서늘한 밤

39 무인비행장치에 작용하는 4가지 요소로 맞는 것은?

① 양력, 추력, 질량, 무게
② 양력, 가속력, 추력, 중력
③ 양력, 항력, 가속력, 추력
④ 추력, 양력, 항력, 무게

40 비행승인을 받기 위해 필요하지 않은 것은 어느 것인가?

① 비행경로와 고도
② 조종자의 비행경력
③ 비행장치의 제원
④ 조종자의 자격증 소지 유무

해설

35 리튬 폴리머 배터리의 표시사항
- 전격용량
- 방전율(및 최대방전율)
- 배터리 전압
- 셀 연결 갯수 등

36 추상체와 간상체

구분	추상체	간상체
색	컬러	흑백
주 활동시간대	주간	야간
망막의 분포	중심	주변
갯수	약 7백만개	약 1억3천만개
해상도	높음	낮음

37 리튬이온전지는 급속 충전과 방전을 반복하면 용량이 점차 감소하고 수명이 줄게 된다.

38 기온역전은 맑고 바람이 거의 없는 분지나 골짜기 지역에서 야간에 지표기온이 급격히 떨어지며 냉기류가 형성된다. 기온역전으로 인해 안개와 서리가 발생하여 교통장애 및 농작물 피해를 일으키며 대도시에는 스모그현상이 유발시킨다.

39 비행장치에 작용하는 4가지 힘
추력, 양력, 항력, 중력(무게)

40 비행승인신청서 주요 기입 항목
- 신청인 : 인적사항
- 비행장치 : 종류/형식, 용도, 소유자, 신고번호, 안전성인증번호
- 비행계획 : 일시(기간), 구역, 비행목적, 경로/고도
- 조종자 : 인적사항, 자격번호 또는 비행경력
- 동승자 : 인적사항
- 탑재장치 : 무선송수신기

정답 | 35 ① 36 ① 37 ③ 38 ④ 39 ④ 40 ③

CHAPTER 06

Ultra Light Vehicle - Drone Pilot

무인멀티콥터 실기
구술예상문제, 실기요령

무인멀티콥터 구술예상문제

● 구술시험 개요
① 각 항목은 빠짐없이 평가되어야 함
② 세부내용이 많은 항목은 임의로 추출(3개 이상)하여 구술로 평가가능

항목	내용
기체에 관련한 사항	가. 기체형식(무인멀티콥터 형식) 나. 기체제원(자체중량, 최대이륙중량, 배터리 규격) 다. 기체규격(로터직경) 라. 비행원리(전후진, 좌우횡진, 기수전환의 원리) 마. 각부품의 명칭과 기능(비행제어기, 자이로센서, 기압센서, 지자기센서, GPS수신기) 바. 안정성인증검사, 비행계획승인 사. 배터리 취급시 주의사항
조종자에 관련한 사항	초경량비행장치 조종자 준수사항
공역 및 비행장에 관련한 사항	가. 비행금지구역 나. 비행제한공역 다. 관제공역 라. 허용고도 마. 기상조건 (강수, 번개, 안개, 강풍, 주간)
일반지식 및 비상절차	가. 비행계획 나. 비상절차 다. 충돌예방(우선권) 라. NOTAM(항공고시보)
이륙 중 엔진 고장 및 이륙 포기	이륙중 비정상 상황시 대응방법

01 취득하고자 하는 자격증의 명칭은?
초경량비행장치 무인멀티콥터 조종자 자격증

02 4종 무인동력비행장치 조종 자격증으로 몇 kg까지의 드론을 운용할 수 있는가?
2kg 이하

03 프로펠러(로터) 개수에 따른 명칭
① 프로펠러 3개 : 트리플콥터
② 프로펠러 4개 : 쿼드콥터
③ 프로펠러 6개 : 헥사콥터
④ 프로펠러 8개 : 옥타콥터

04 드론의 주요 구성품 및 역할 (다음 중 하나가 출제)

비행제어기 (FC)	수신기와 ESC 사이에 연결되어 있으며 무선조종기에서 보내는 조종명령과 각종 센서의 입력에 따라 ESC를 통해 모터의 속도를 제어
변속기 (ESC)	FC로부터 신호를 받아 모터의 회전방향 및 속도를 제어
모터	드론의 추력 발생
암	기체와 모터를 연결하며 비틀림과 진동을 방지한다.

05 브러시리스 모터의 장점
브러시가 없으므로 접촉저항이 없어 고속회전·반영구적이며, 전자변속기로 속도를 제어해야 한다.

06 센서의 종류 (다음 중 하나가 출제)

자이로센서	비행체 자세(수평) 유지
가속도센서	비행체 자세 변화 속도 감지
지자기센서	비행체의 방향 감지(기수 방향)
기압센서	비행체의 고도 유지
GPS	비행체의 위치 유지
레이다 센서	고도 및 장애물 감지

07 IMU란
Inertial Measurement Unit, 관성측정장치, 드론의 속도와 방향, 중력, 가속도를 측정하는 장치

08 현재 주로 사용하는 조종기 주파수
2.4GHz

09 비행모드 (다음 중 하나가 출제)

GPS 모드	자세제어에 GPS를 이용한 위치제어가 포함되어 자동으로 자세 및 위치를 인식하여 경로 비행까지 실시할 수 있는 모드
자세 모드 (ATTI)	자이로 센서에 의해 자동으로 비행자세를 유지해 수평을 잡아주는 모드
매뉴얼 모드	• 완전한 수동 모드 • 자세 제어가 없이 모든 비행 조종을 직접 조종하는 모드

10 헬리콥터와 멀티콥터의 차이점
① 헬리콥터 : 구조상 1개의 로터 장착, 고정피치 사용
② 멀티콥터 : 구조상 3개 이상의 로터 장착, 가변피치 사용

11 헬리콥터와 멀티콥터의 양력발생 차이
양력발생원리는 헬리콥터는 운용 RPM 가운데 피치를 변동시켜 양력을 발생시키며, 멀티콥터는 피치를 꼬아놓은 상태에서 모터의 회전수에 변화를 주어서 양력이 많이 발생하도록 함. 따라서 헬리콥터는 가변피치라 하며 멀티콥터는 고정피치라 한다.

12 모터의 kV 의미
① 전압 1V당 모터의 rpm(분당회전수)
② 8025-100kV
   • 모터 지름 80mm
   • 모터 높이 25mm
   • 100kV : 1V의 전압으로 분당 100rpm

13 현재 비행하는 기체에 사용하는 배터리
리튬폴리머 2개

14 배터리 규격(기체마다 다르므로 확인할 것)
① 3000mAh : 배터리의 정격용량(1시간 동안 3000mA의 방전)
② 22.2V : 배터리 정격전압(셀당 3.7V×셀 6개)
   → 2개의 배터리로 44.4V를 사용
③ 6S : 6개의 셀을 직렬로 연결
④ 30C : 방전율(방전전류의 크기)

15 Li-Po(리튬 폴리머) 배터리
① 고체(젤) 형태인 폴리머 전해질을 사용하여 액체 전해질 형태의 리튬이온 배터리보다 안전성 및 효율이 높다. 메모리효과 없음
② Li-Po 배터리 1셀당 전압(정격전압) : 배터리의 정격 전압은 : 1cell의 정격 전압은 3.7V이고, 완충 시에는 4.2V이다. 6셀의 정격 전압은 22.2V이고, 완충 시는 25.2V이다.
③ 6S의 의미 : 6개의 셀(cell)을 직렬(serial)로 연결
④ 방전율 : 방전율은 C(capacity, 용량)로 표기한다. 1C는 배터리에 영향을 주지 않는 범위 내에서 변속기에 배터리 용량의 1배 전류를 출력할 수 있다는 것이고, 20C는 20배의 전류를 출력할 수 있다는 의미이다.

16 배터리의 장기간 보관 방법
장기 보관 시 40~65% 수준까지 방전, 1셀 3.7V로 상온의 습기가 적은 직사광선을 받지 않는 장소에 보관한다.

17 현재 사용중인 기체의 자체중량과 최대이륙중량은?
(기체제원은 각자 다르므로 모두 암기할 것)
샘플 : Eft 410s
   • 자체중량 14.9kg, 최대이륙중량 24.9kg
   • 외 규격, 모터 축간 대각선 길이 등 암기할 것

18 배터리 폐기 시
소금물에 3일 정도 담가둔다. (물 : 소금 – 5 : 5)

19 시계비행과 계기비행
① 시계비행 : 조종자가 육안으로 직접 확인하며 비행
② 계기비행 : 조종자가 기체의 계기판(또는 조종기 화면)을 보며 비행하는 것

20 멀티콥터의 프로펠러 장착순서
드론을 위에서 보았을 때 우측 상단(1시 방향, ❶)에 시계반대방향(CCW)으로 장착한 후, ❷-❸-❹를 차례로 시계방향(CW)-CCW-CW으로 장착한다.

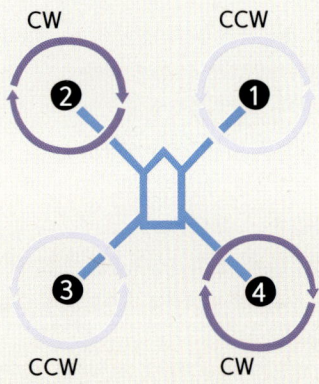

21 무인멀티콥터의 상승, 전후진, 좌우횡진, 회전 (다음 중 하나가 출제)

상승	모든 모터 회전속도 상승
하강	모든 모터 회전속도 감소
전진	후방 모터 속도 > 전방 모터 속도 ❸, ❹ > ❶, ❷
후진	전방 모터 속도 > 후방 모터 속도 ❶, ❷ > ❸, ❹
좌횡진	우측 모터 속도 > 좌측 모터 속도 ❶, ❹ > ❷, ❸
우횡진	좌측 모터 속도 > 우측 모터 속도 ❷, ❸ > ❶, ❹
좌회전	시계방향 모터 속도 ❷, ❹ > 반시계방향 모터 속도 ❶, ❸
우회전	반시계방향 모터 속도 ❶, ❸ > 시계방향 모터 속도 ❷, ❹

22 X형 멀티콥터의 전진비행 시 로터의 회전속도 변화 모습은?
앞쪽 2개의 로터 회전속도는 빠르고, 뒤쪽 2개의 회전속도는 느리다.

23 양력이 발생하는 기본 원리
베르누이 정리

24 베르누이 정리에 대해 설명
정압+동압 = 전압 = 일정

25 항공기(또는 비행장치)에 작용하는 4가지 힘

양력	· 유체의 흐름 방향에 대해 수직으로 작용하는 힘 · 공중으로 부양시키는 힘
중력	지구가 끌어 당기는 힘
추력	프로펠러 회전 또는 가스분사의 반동에 의해 발생하는 추진력
항력	추력에 반대 방향으로 작용하는 힘

26 멀티콥터의 호버링 시 작용하는 힘
양력(추력), 중력

27 항력의 종류
유도항력, 형상항력(마찰 항력), 유해항력 등

28 항공기 운동의 3개 축
① 피칭 : 가로축(Y축) 기준으로 기수의 상하운동
② 롤링 : 세로축(X축) 기준으로 좌우운동
③ 요잉 : 수직축(Z축) 기준으로 기수의 좌우운동

29 Torque 현상에 대한 설명
회전하는 힘에 대한 반작용을 토크라고 한다.

30 FC의 LED 상태 표시등의 색상, 점등 횟수
① GPS모드 : 녹색
② 자세모드(ATTI 모드) : 노란색
※ 빨간색 LED 점등의 의미
  · 간헐적 점등 : GPS신호 수신감도 저하
  · 연속적 점등 : 배터리 저전압 경고

31 로터의 피치와 피치각
① 피치 : 로터를 1회전 시켰을 때 전진한 거리
② 피치각 : 익근으로부터 75% 되는 지점 위치의 각도
③ 로터의 규격 : 28×8
  • 28인치 : 로터 직경
  • 8인치 : 피치(로터가 1회전하여 전진한 거리)

32 방재용 멀티콥터의 자체중량과 최대이륙중량의 차이점
① 자체중량 : 기체+배터리 적재량
② 최대이륙중량 : 기체+배터리+방재용 적재량

33 초경량비행장치의 안전성인증검사 대상 및 검사기관
최대이륙중량이 25kg을 초과하는 무인동력비행장치(무인비행기, 무인헬리콥터, 무인멀티콥터)는 매년마다 항공안전기술원으로부터 안정성인증검사를 받고 비행해야 한다.

34 비행계획승인
① 최대이륙중량 25kg 이하의 기체는 비행금지구역 및 관제권을 제외한 공역에서 고도 150m 이하, 육안거리 비행이면 비행 승인없이 비행가능
② 최대이륙중량 25kg 초과 기체는 전공역에서 사전 비행승인 후 비행가능
③ 최대이륙중량 상관없이 비행금지구역 및 관제권에서는 사전 비행승인 없이 비행불가

35 항공안전기술원에서 실시하는 안전성인증의 구분?
초도검사, 정기검사, 수시검사, 재검사

36 비행승인
① 최대이륙중량과 상관없이 비행금지구역, 관제권에서는 비행승인 없이 비행이 불가능
② 공역이 2개 이상 겹칠 경우 각 기관 허가사항 모두 적용
③ 고도 150m 이상 비행이 필요한 경우 공역에 관계없이 국토부 비행계획 승인요청
④ 서울시 내 비행금지, 제한지역 비행시 고도에 상관없이 수도방위사령부에 승인을 받아야 함
⑤ 7일 전에 비행승인을 신청해야 하며, 원스탑 민원처리 시스템 홈페이지에서 사전 비행승인 신청 가능
⑥ 비행승인은 지역마다 기관이 다르다. 군 관제권이나 비행금지구역(P-65나 P-73A 등)에서는 국방부에 승인을 받아야 하고, 민간 관제권은 국토교통부의 승인을 받아야 한다.

37 음주비행의 기준인 혈중 알코올 농도 수치
0.02% 이상

38 조종자 준수사항 (3~4개 이상 암기)
① 낙하물 투하금지
② 인구밀집지역이나 사람이 많이 모인 장소의 상공에서 비행금지
③ 관제공역, 통제구역, 주의공역에서 비행금지 – 승인 필요
④ 야간(일몰부터 일출까지) 비행금지 – 특별비행 승인 후 가능
⑤ 주류 또는 마약류 섭취 후 비행금지 – 위반 시 3년 이상 징역 또는 3천만원 이하 벌금
⑥ 비가시권 비행금지 – 특별비행 승인 후 가능
⑦ 안개 등으로 인해 지상목표물을 육안으로 식별할 수 없는 상태에서 비행금지

39 항공안전법상 주요 벌칙 (다음 중 하나가 출제)
① 음주 비행 : 3년 이하 징역 또는 3천만원 이하의 벌금
② 장치신고·변경신고를 하지 않았을 때 : 6개월 이하의 징역 또는 500만원 이하의 벌금
③ 승인을 받지 않고 초경량비행장치 비행제한공역을 비행한 때 : 200만원 이하의 벌금

40 공역
항공기, 초경량비행장치 등의 안전한 활동을 보장하기 위하여 지표면 또는 해수면으로부터 일정 높이의 범위를 정해진 공간으로 항공기 비행의 안전 및 주권보호 및 방위목적으로 지정하여 사용한다.

41 공역의 사용구분에 따른 구분 (다음 중 하나가 출제)

관제공역	• 비행장 또는 공항과 그 주변의 반경 9.3km 공역으로 항공교통의 안전을 위하여 국토부장관이 지정, 공고한 공역 • 관제권, 관제구, 비행장교통구역
비관제공역	• 관제공역 외의 공역으로서 조종사에게 비행에 관한 항공교통조언이나 비행정보를 제공할 필요가 있는 공역 • 조언구역, 정보구역
통제공역	비행금지구역, 비행제한구역, 초경량비행장치비행제한구역
주의공역	훈련구역, 군작전구역, 위험구역, 경계구역, 초경량비행장치비행구역

42 관제권과 관제구의 의미
① 관제권 : 공항의 관제탑으로부터 반경 9.3km의 비행금지구역
② 관제구 : 지표면 또는 해수면으로부터 200m 이상의 비행제한구역

43 비행금지구역 7지역 (다음 중 하나가 출제될 수 있음)
① D1941/22, D1942/22, D2325/22 : 대통령집무실, 대통령관저·사저 (변경될 수 있음)
② P518 : 휴전선 인근
③ P61 : 부산 고리원전
④ P62 : 경주 월성원전
⑤ P63 : 영광 한빛원전
⑥ P64 : 울진 한울원전
⑦ P65 : 대전원자력연구소

44 비행금지구역에서 비행허가를 받는 곳
① D1941/22, D1942/22, D2325/22 : 수도방위사령부(화력과)
② P-518 휴전선 지역 : 합동참모본부(항공작전과)
③ P-61~65 원자력 지역 : A구역은 합동참모본부(공중종심작전과), B구역은 지방항공청

45 원전 중심으로 비행금지 거리
18.6km

46 항공촬영 신청
드론 원스톱 민원 서비스를 통해 신청(개활지 등 촬영금지 시설이 명백하게 없는 곳에서는 신청 불필요)

47 항공기나 헬리콥터 근처에서 비행하면 안되는 이유는?
① 헬리콥터 아래 : 다운워시(down wash)
② 항공기 : 난기류 발생

48 초경향비행장치 비행제한구역
초경량비행장치의 비행안전을 확보하기 위하여 초경량비행장치의 비행활동에 대한 제한이 필요한 공역

49 초경량비행장치의 신고(신규·변경·이전·말소) 업무 수행 기관
한국교통안전공단

50 비행제한구역에서의 비행 승인 신고
지방항공청장(관할 지방항공청)

51 초경량비행장치 비행 시 휴대해야 할 서류
조종증명(자격증), 비행승인서, 신고증명서, 안전성인증서, 비행기록부 등

52 비행금지 기상조건 7가지
눈, 비, 천둥, 번개, 안개, 우박, 강풍(돌풍)

53 공항중심 권제권 범위
공항 또는 비행장 중심으로 9.3km

54 지방항공청별 관할 지역
서울지방항공청 : 경기, 서울, 인천, 강원, 충청, 대전, 전북
부산지방항공청 : 경상, 부산, 울산, 전남, 광주
제주지방항공청 : 제주

55 초경량비행장치의 최대 이륙고도(비행제한고도)
150m 이하

56 초경량비행장치의 조종 제한거리
육안(가시권) 확인이 가능한 거리

57 절대고도와 진고도
① 절대고도 : 현재 비행장소로부터 고도가 150m
② 진고도 : 평균해수면으로부터 기체의 고도가 150m

58 노탐(NOTAM, 항공고시보)
항공시설, 업무절차 또는 위험요소의 신설, 운행상태 등의 정보를 수록하여 배포하는 공고문 (유효기간 3개월)

59 이륙 중 기체 고장 시 대응방법
이륙 중 엔진 고장이나 비정상 상황 시 이륙을 포기하고 신속히 착륙하여 기체를 점검한다.

60 비행 중 조종기와 신호 단절 시 조치사항
주변 사람에게 큰소리로 위험을 알리고 신호가 연결될 수 있으므로 기체를 페일세이프 기능으로 RTH(Return To Home) 모드로 제어한다.

61 페일세이프(Fail Safety)
비행 중 모터나 센서 고장, 조종신호 끊김, 배터리 용량 저하 등의 비상상황에서 안전사고·재해 방지의 목적으로 자동 복귀(return to home)하거나 기체를 강제로 낙하(auto landing)시키는 기능을 말한다.

62 ATTI 모드 시 작동하지 않는 센서
GPS 센서와 지자기 센서

63 GPS 불량 등으로 원하지 않는 방향으로 이동할 경우 조치사항
주변에 위험사항을 알리고 자세모드(ATTI)로 전환한다. 자세모드에도 제어가 안되면 비상상황을 알리고 사람이 없는 장소로 비상착륙 또는 추락

64 현재 동력초경량비행장치로 비행 중 다른 무동력초경량비행장치나 항공기가 접근할 경우 조치
경로를 양보해야 한다.

65 초경량비행장치란?
항공기와 경량항공기 외에 공기의 반작용으로 뜰 수 있는 장치로서 자체중량, 좌석 수 등 국토교통부령으로 정하는 기준에 해당하는 동력비행장치, 행글라이더, 패러글라이더, 기구류 및 무인비행장치 등을 말한다.

66 초경량비행장치의 신고번호 표시
신고번호 및 소유자 이름·연락처·주소 등을 규격에 맞게 표시

67 초경량비행장치의 신고 기일
① 신고 및 변경신고 : 30일 이내(한국교통안전공단)
② 말소신고 : 15일 이내(한국교통안전공단)

68 초경량비행장치의 사고 시 조치
① 인명사고 시 119구조대 및 경찰서에 신고
② 관할 지방항공청(또는 항공철도사고조사위원회)에 72시간 내에 조종자 또는 소유자가 신고

69 아워미터 계산법
1을 1시간으로 보며 절반인 0.5는 30분, 즉 곱하기 S을 해주면 비행시간을 계산할 수 있다.

70 1마력은 몇 kgf·m/s인가?
75kgf·m/s

71 비행허용 고도
① 지표면으로부터 150m미만의 고도에서 비행이 가능하며, 그 이상의 비행을 할 경우에는 허가를 받아야한다. 150m이상의 고도는 초경량비행장치의 상위 비행장치의 고도에 해당하므로 원칙적으로 운행을 할 수 없다.
② 조종자가 산 위에서 조종을 하더라도 그 지점에서부터 고도가 시작이 된다.

72 비행기상 조건
비, 눈, 안개, 우박, 천둥번개, 풍속 5m/s 이상, 지구자기장 지수가 5 이상(초경량비행장치의 GPS장치의 장애 발생 우려)에서 비행 중지

73 비상절차
1. 비행 중 인명피해
① 119에 연락하여 인명구조부터 실시
② 다른 인명피해나 재산피해 등 2차 피해를 예방하고, 국토교통부장관(지방항공청)에 신고 (큰 규모의 사고는 철도항공사고 조사위원회에 신고)
2. 비행 중 모터정지
① 비행중에 모터가 정지하면 그 자리에서 낙하하므로 스틱조작을 금지하고 기체가 지면에 닿기 전에 스로틀을 올려 낙하속도를 감소시킨다.
3. 비행 중 통신장애
① 조작 불능일 경우 주변에 "비상!"이라고 외쳐 인명피해가 나지 않게 사람들을 대피시킨다.
② GPS모드일 경우, ATTI모드로 바꿔 조작해본다.

74 주요 과태료

위반사항	1차	2차	3차
안전성인증을 받지 않고 비행한 경우	250	375	500
조종자증명을 받지 않고 비행한 경우	200	300	400
초경량비행장치 조종자의 준수사항을 따르지 않고 비행한 경우	150	225	300
신고번호를 장치에 표시하지 않거나 거짓으로 표시한 경우	50	75	100
비행사고 시 보고를 하지 않거나 거짓으로 보고한 경우	15	22.5	30
초경량비행장치의 말소신고를 하지 않은 경우	15	22.5	30

무인멀티콥터 실기시험

1 개요
① 실기시험 평가 기준은 실기시험 표준서 및 실기시험장 표준규격을 기본으로 하여 구술 및 실기 비행시험 항목별 세부평가 기준에 대해 명시함
② 2021년부터 조종자격 세분화에 따라 다음과 같이 1종 및 2종 실기항목으로 변경되었음

【변경된 실기시험 채점항목 (1종 및 2종)】

※ 붉은색 항목은 1종에 한함

무인비행기	무인헬리콥터	무인멀티콥터
1. 기체에 관련한 사항	1. 기체에 관련한 사항	1. 기체에 관련한 사항
2. 조종자에 관련한 사항	2. 조종자에 관련한 사항	2. 조종자에 관련한 사항
3. 공역 및 비행장에 관련한 사항	3. 공역 및 비행장에 관련한 사항	3. 공역 및 비행장에 관련한 사항
4. 일반지식 및 비상절차	4. 일반지식 및 비상절차	4. 일반지식 및 비상절차
5. 점검항목	5. 이륙 중 엔진고장 및 이륙 포기	5. 이륙 중 엔진고장 및 이륙포기
6. 발동기의 시동 및 점검	6. 비행 전 점검	6. 비행 전 점검
7. 직진활주	7. 기체의 시동	7. 기체의 시동
8. 고속활주	8. 이륙 전 점검	8. 이륙 전 점검
9. 정상이륙	9. 이륙비행	9. 이륙비행
10. 측풍이륙	10. 공중정지비행 (호버링)	10. 공중정지비행 (호버링)
11. 이륙 중 엔진 고장 및 이륙 포기	11. 상승 및 하강비행	11. 직진 및 후진 수평비행
12. 상승비행	12. 직진 및 수평비행	12. 삼각비행
13. 직진수평비행	13. 좌우 수평비행	13. 원주비행 (러더턴)
14. 선회비행 및 저속도 비행	14. 원주비행 (러더턴)	(2종 : 마름모 비행)
15. 실속회복 및 비상조작	(2종 : 마름모 비행)	14. 비상조작
16. 정상접근 및 착륙	15. 비상조작	15. 정상접근 및 착륙
17. 측풍접근 및 착륙	16. 정상접근 및 착륙	16. 측풍접근 및 착륙
18. 복행	17. 측풍접근 및 착륙	17. 비행 후 점검
19. 비행 후 점검	18. 비행 후 점검	18. 비행기록
20. 비행기록	19. 비행기록	19. 안전거리 유지
21. 계획성	20. 안전거리유지	20. 계획성
22. 판단력	21. 계획성	21. 판단력
23. 규칙의 준수	22. 판단력	22. 규칙의 준수
24. 조작의 원활성	23. 규칙의 준수	23. 조작의 원활성
	24. 조작의 원활성	

2 비행 전 절차

항목	내용
비행 전 점검	제작사에서 제공된 점검리스트에 따라 점검할 수 있을 것
기체의 시동	정상적으로 비행장치의 시동을 걸 수 있을 것
이륙전 점검	이륙전 점검을 정상적으로 수행할수 있을 것 *이륙전 점검이 필요한 비행장치만 해당

3 이륙 및 정지비행

항목	내용
이륙비행	가. 이륙위치에서 이륙하여 스키드 기준 고도(3~5m)까지 상승 후 호버링 ※ 기준고도 설정 후 모든 기동은 설정한 고도와 동일하게 유지 나. 호버링 중 에일러론, 엘리베이터, 러더 이상 유무 점검 다. 세부기준 • 이륙시 기체쏠림이 없을 것 • 수직상승할 것 • 상승속도가 너무 느리거나 빠르지 않고 일정할 것 • 기수방향을 유지할 것 • 측풍시 기체의 자세 및 위치를 유지할 수 있을 것
공중 정지비행 (호버링) (1종만 해당)	가. 호버링 위치(A지점)로 이동하여 기준고도에서 5초 이상 호버링 나. 기수를 좌측(우측)으로 90° 돌려 5초 이상 호버링 다. 기수를 우측(좌측)으로 180° 돌려 5초 이상 호버링 라. 기수가 전방을 향하도록 좌측(우측)으로 90° 돌려 호버링 마. 세부기준 • 고도변화 없을 것(상하 0.5m까지 인정) • 기수전방, 좌측, 우측 호버링시 위치이탈 없을 것 (무인멀티콥터 중심축 기준 반경 1m까지 인정)

4 공중조작

항목	내용
직진 및 후진 수평비행	가. A지점에서 E지점까지 50m 전진 후 3~5초 동안 호버링 나. A지점까지 후진비행 다. 세부기준 • 고도변화 없을 것 (상하 0.5m까지 인정) • 경로이탈 없을 것 (무인멀티콥터 중심축 기준 좌우 1m까지 인정) • 속도를 일정하게 유지할 것 (지나치게 빠르거나 느린속도, 기동 중 정지 등이 없을 것) • E지점을 초과하지 않을 것 (5m까지 인정) • 기수 방향이 전방을 유지할 것

항목	내용
삼각비행	가. A지점에서 B지점(D지점)까지 수평 비행 후 5초 이상 호버링 나. A지점(호버링 고도+수직 7.5m)까지 45도 대각선 방향으로 상승하여 5초 이상 호버링 다. D지점(B지점)의 호버링 고도까지 45도 대각선 방향으로 하강하여 5초이상 호버링 라. A지점으로 수평비행하여 복귀 마. 세부기준 　• 경로 및 위치 이탈이 없을 것 (무인멀티콥터 중심축기준 1m까지 인정) 　• 속도를 일정하게 유지할 것 (지나치게 빠르거나 느린속도, 기동중 정지 등이 없을 것)
원주비행 (러더턴) (1종만 해당하며 2종은 마름모 비행으로 대체)	가. 최초 이륙지점으로 이동하여 기수를 좌(우)로 90도 돌려 5초간 호버링후 반경 7.5m 　 (A지점 기준)로 원주비행 　※ B → C → D → 이륙지점 또는 D → C → B → 이륙지점 순서로 진행되며 각 지점을 반드시 통과해 　　 야함 나. 이륙장소에 도착하여 5초간 호버링 후 기수방향을 전방으로 돌려 호버링 다. 세부기준 　• 고도변화 없을 것 (상하 0.5m까지 인정) 　• 경로이탈 없을 것 (무인멀티콥터 중심축기준 1m까지 인정) 　• 속도를 일정하게 유지할 것 (지나치게 빠르거나 느린속도, 기동중 정지 등이 없을 것) 　• 기수방향 유지 (이륙지점 호버링 방향을 기준으로 B·D점 90도, C지점 180도) 　• 기동중 과도한 에일러론 조작이 없을 것
비상조작 (1종만 해당)	가. 기준고도에서 2m 상승후 호버링 나. 실기위원의 "비상" 구호에 따라 일반기동 보다 1.5배 이상 빠르게 비상착륙장으로 하강한 후 비상착륙장 　 기준 고도 1m 이내에서 잠시 정지하여 위치 수정 후 즉시 착륙 다. 세부기준 　• 하강시 스로틀을 조작하여 하강을 멈추거나 고도 상승시 (착륙직전 제외) 　• 직선경로(최단경로)로 이동할 것 　• 착륙전 일시정지시 고도는 비상착륙장 기준 1m까지 인정 　• 정지후 신속하게 착륙할 것 　• 랜딩기어를 기준으로 비상착륙장의 이탈이 없을 것

5 착륙조작

항목	내용
정상접근 및 착륙 (자세모드) (1종만 해당)	가. 비상착륙장에서 이륙하여 기준고도로 상승 후 5초간 호버링 나. 최초 이륙지점까지 수평 비행 후 착륙 다. 세부기준 　• 기수 방향 유지 　• 수평비행시 고도변화 없을 것 (상하 0.5m까지 인정) 　• 경로이탈이 없을 것 (무인멀티콥터 중심축 기준 1m까지 인정) 　• 속도를 일정하게 유지할 것 (지나치게 빠르거나 느린속도, 기동중 정지 등이 없을 것) 　• 착륙직전 위치 수정 1회 이내 가능 　• 무인멀티콥터 중심축을 기준으로 착륙장의 이탈이 없을 것

항목	내용
측풍접근 및 착륙	가. 기준고도까지 이륙 후 기수방향 변화 없이 D지점(B지점)으로 직선경로(최단경로)로 이동 나. 기수를 바람방향(D지점 우측, B지점 좌측을 가정)으로 90도 돌려 5초간 호버링 다. 기수방향의 변화 없이 이륙지점까지 직선경로(최단경로)로 수평 비행하여 5초간 호버링후 착륙 라. 세부 기준 • 수평비행시 고도변화 없을 것 (상하 0.5m까지 인정) • 경로이탈이 없을 것 (무인멀티콥터 중심축 기준 1m까지 인정) • 속도를 일정하게 유지할 것 (지나치게 빠르거나 느린속도, 기동중 정지 등이 없을 것) • 착륙직전 위치 수정 1회 이내 가능 • 무인멀티콥터 중심축을 기준으로 착륙장의 이탈이 없을 것

6 비행 후 점검

항목	내용
비행 후 점검	착륙 후 점검 절차 및 항목에 따라 점검 실시
비행기록	로그북 등에 비행 기록을 정확하게 기재 할 수 있을것

7 종합능력

'계획성, 판단력, 규칙의 준수, 조작의 원활성, 안전거리 유지'의 실기시험 항목 전체에 대한 종합적인 기량을 평가

실기시험장 표준규격

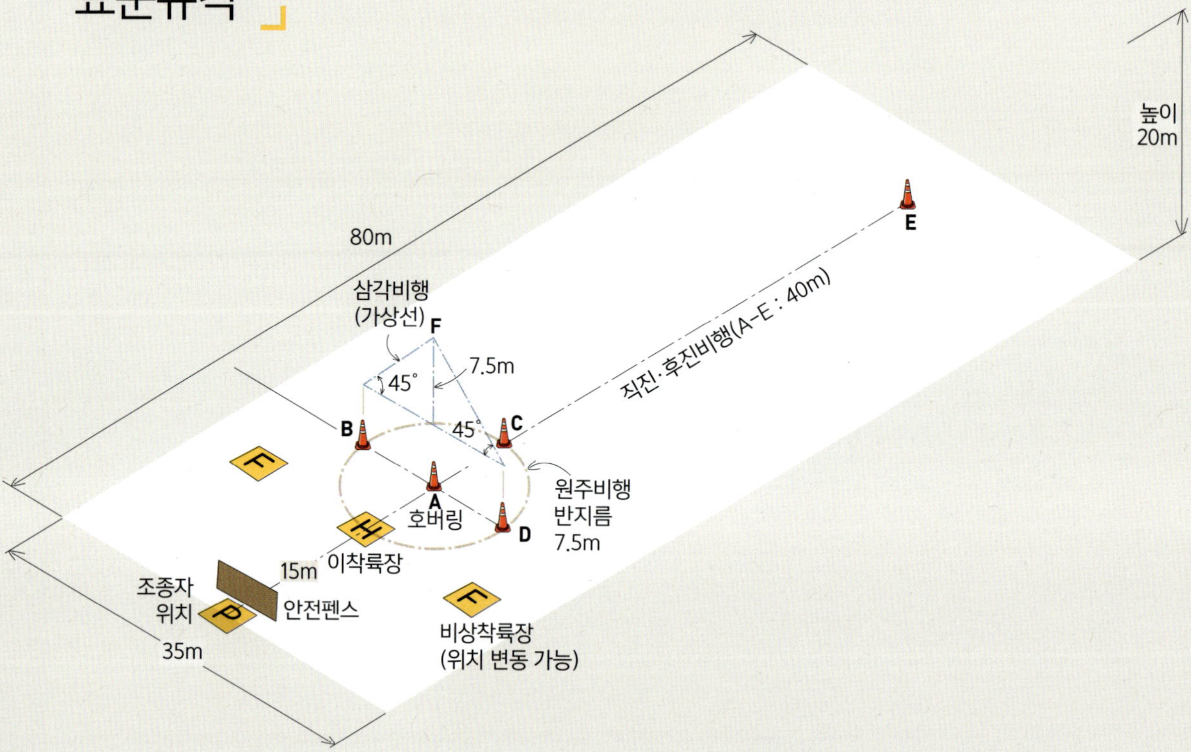

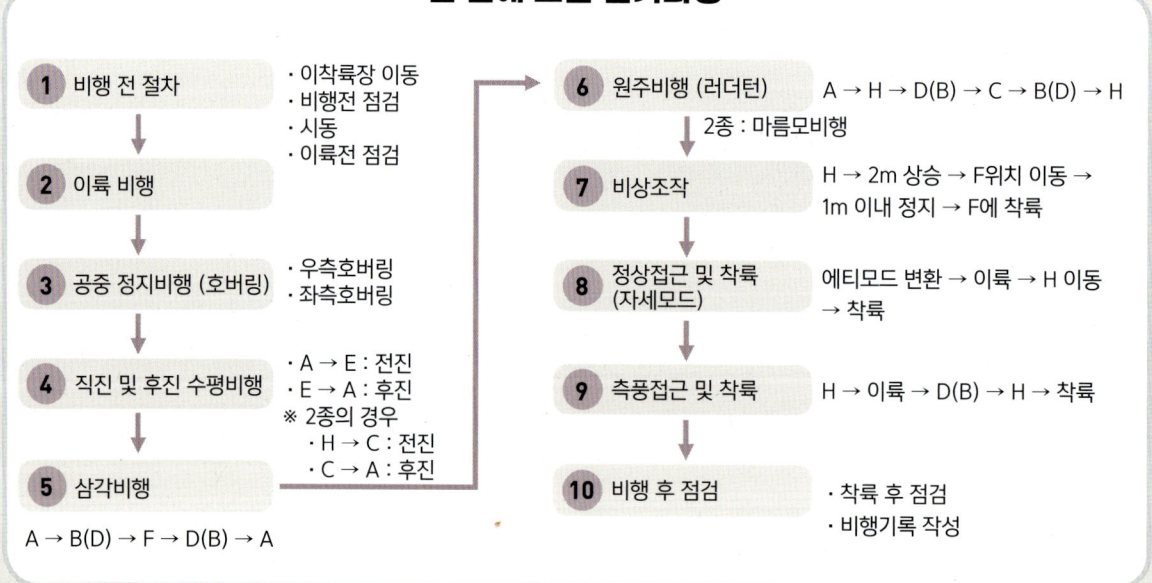

한 눈에 보는 실기과정

① 비행 전 절차	・이착륙장 이동 ・비행전 점검 ・시동 ・이륙전 점검
② 이륙 비행	
③ 공중 정지비행 (호버링)	・우측호버링 ・좌측호버링
④ 직진 및 후진 수평비행	・A → E : 전진 ・E → A : 후진 ※ 2종의 경우 　・H → C : 전진 　・C → A : 후진
⑤ 삼각비행	A → B(D) → F → D(B) → A
⑥ 원주비행 (러더턴)	A → H → D(B) → C → B(D) → H 2종 : 마름모비행
⑦ 비상조작	H → 2m 상승 → F위치 이동 → 1m 이내 정지 → F에 착륙
⑧ 정상접근 및 착륙 (자세모드)	에티모드 변환 → 이륙 → H 이동 → 착륙
⑨ 측풍접근 및 착륙	H → 이륙 → D(B) → H → 착륙
⑩ 비행 후 점검	・착륙 후 점검 ・비행기록 작성

※ 2종 | ① → ② → ④ → ⑤ → ⑥(마름모비행) → ⑨ → ⑩

실기시험요령

※ 일러두기 : 본 실기 요령은 독자의 이해를 돕기 위한 설명으로 실기 감독관의 요구에 따라 다를 수 있으며 참고용으로만 숙지하시기 바랍니다. 이에 본 실기 요령 설명으로 인한 시험 합격 여부에 대한 책임은 지지 않습니다.

0 공통

- 각 과정별, 단계별 조종 전 해당 조종에 대한 구호를 외친다.(예 이륙비행 전 '이륙비행'이라고 구호를 외친다)
- 각 단계별 조종이 끝날때마다 5초 이상 호버링을 유지한다.
- 처음부터 끝까지 정지비행 기준 고도는 3~5m를 유지한다.
  ※ 삼각비행, 비상접근 과정을 제외한 모든 과정에서 고도는 정지비행 기준 고도를 유지한다.
- **자세 유지(코스 이탈 허용범위)** : 드론 중심축에서 **반경 1m 이내, 고도변화 : 상하 0.5m 이내**로 유지한다.
- 모든 기동 후 반드시 정지 구호를 외치고 5초 이상 유지시킨다. – 단, 비상착륙 시 제외
  ↳ 1,2,3,4,5를 소리내도 됨

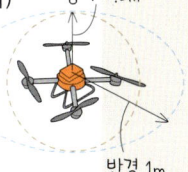
상하 0.5m
반경 1m

1 비행 전 절차

01 [감독관 호명] O번 OOO씨 시작하십시오!

02 [시험 전] 조종위치로 나와 시험장에 설치된 풍향계를 확인한다. 🔊 풍향, 풍속 확인, 전방 장애물 확인!

03 [조종자 이동] 🔊 비행준비! 조종기와 배터리 박스를 소지하고 드론이 위치한 이착륙장(H)으로 이동한다.

04 [비행 전 기체 점검] 🔊 비행 전 기체 점검
- 각 프로펠러 및 모터 점검 – 프로펠러의 파손, 이물질 유무, 유격, 나사조임상태 순으로 돌아가며 점검
- 메인프레임의 고정상태 및 파손 확인, 암 고정 점검, GPS 안테나 및 수신 안테나 고정상태 확인, 랜딩스키드의 파손 및 흔들림 확인
  🔊 1번 프롭 이상무! 1번 모터 이상무!(갯수만큼 점검 후 체크하고 외친다) GPS고정상태 이상무! 메인 프레임 이상무! 랜딩스키드 이상무! 비행전 기체점검 완료!

05 [조종기 점검] 🔊 조종기 점검 – 스위치 OFF 상태, 안테나 위치, 조종기 배터리 LED, 스틱레버 상태 확인 후
  🔊 안테나 이상무! 스위치 이상무! 스틱 이상무! 충전상태 이상무! 조종기 점검 이상무!

06 [배터리 장착] 배터리 장착 전 점검 후 🔊 배터리 점검! 배터리 외관상태 이상무! 배터리 충전상태 이상무! 배터리 점검 이상무! 🔊 배터리 장착! 배터리 전원을 기체에 연결

07 [조종기 전원 ON] 🔊 조종기 전원 인가! 조종기 전원 ON 후 조종기 상태창에 확인
  🔊 조종기 전원 인가 이상 무!

08 [기체 전원 ON] 🔊 기체 전원 인가! 배터리 전원을 눌러 ON 후 기체 상태에 확인 🔊 기체 전원 인가 이상 무!

09 [GPS 확인] 🔊 GPS 확인! 3m 정도 물러나 기체의 비행모드가 GPS모드인지 확인(녹색 LED 수신상태) 후
  🔊 GPS 확인 이상무!

10 [조종위치 복귀] 🔊 조종자 위치로! 조종기 및 배터리 박스를 들고 조종위치로 퇴장한다.

11 [비행장 점검] 주위를 훑어보며 🔊 전방 이상무! 좌측 이상무! 우측 이상무! 풍향, 풍속 양호! 비행전 비행장 점검 이상무! 기체 FC 부팅여부 확인 및 GPS 수신상태 확인

▲ 비행 전 기체점검 부위

▲ 시험기체는 주로 옥터콥터나 헥사콥터로 실시한다.
(쿼드콥터에 비해 안정적임)

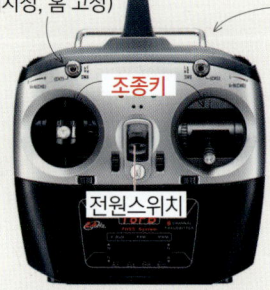

조종모드변경
(일반, 관심지정, 홈 고정)

비행모드변경

· GPS모드 : 가장 기본 모드로, GPS를 기반으로 기체의 움직임이 제어되어 외풍 등 물리적인 힘이 가해지더라도 그 위치를 유지한다.
· ATTI모드 : 반자동모드로, GPS모드처럼 기체는 자동으로 수평으로 유지하지만, GPS가 꺼지거나 건물 등에 의해 수신장애가 있다면 외풍 등에 의해 영향을 받을 수 있다.

조종키

전원스위치

> **2 이륙 비행**
>
> 01 [시동] 🔊 이륙준비완료! 🔊 시동! 조종기에 맞는 시동법(스틱을 대각선 오른쪽 또는 왼쪽으로 내린다.)으로 시동을 건다. 🔊 프롭회전상태 이상무!
>
> 02 [이륙] 🔊 이륙! 스로틀을 올려 기준 고도 3~5m까지 이륙한다. 🔊 정지! (5초 이상 호버링)
>
> ※ 기준고도 설정 후 모든 기동은 설정한 고도와 동일하게 유지
>
> 🔊 이륙 후 기체 점검! 호버링 중 엘리베이터(피치), 에일러론(롤), 러더(요잉) 키를 움직여 이상 유무 점검
>
> 🔊 엘리베이터! 에일러론! 러더! 이상무! 🔊 정지! (5초 유지)

▶ 세부기준
· 이륙 시 기체쏠림이 없을 것
· 수직상승할 것
· 상승속도가 너무 느리거나 빠르지 않고 일정할 것
· 기수방향을 일정하게 유지할 것
· 측풍 시 기체의 자세 및 위치를 유지할 수 있을 것

　　[시동 조작 1]　　　　[시동 조작 2]　　　　[시동 조작 3]　　　　[시동 조작 4]

▶ 조종기에 따른 시동방법
※ 주의사항 : 스로틀이 최하단에 3초간 내려간 경우 시동이 꺼짐
(비행 중에도 최하단까지 내리지 않도록 주의 → 추락의 위험)

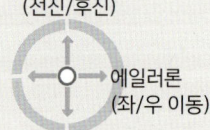

스로틀 (상승/하강)
엘리베이터 (전진/후진)
러더 (좌회전/우회전)
에일러론 (좌/우 이동)

▲ 조종모드(모드 2)

3 공중 정지비행 (호버링) (※1종만 해당)

01 **[A지점 이동]** 🔊 호버링 위치로! 호버링(A) 위치로 이동시킨다. 이동 시 고도 유지 및 속도 유지할 것
🔊 정지! (5초 유지)

02 **[우측 기수 회전]** 🔊 측면 호버링! – 우측 기수를 90° 회전한다. 🔊 정지! (5초 유지)

03 **[좌측 기수 회전]** 180° 회전시켜 기수를 좌측으로 회전시킨다. 🔊 정지! (5초 유지)

04 **[원상태 복귀]** 🔊 기체 정렬! : 우측으로 90° 회전시켜 기수를 다시 전방을 향하게 한다. 🔊 정지! (5초 유지)

※ 측면 호버링 순서는 좌우측 중 응시자가 편한 방향부터 진행해도 된다.

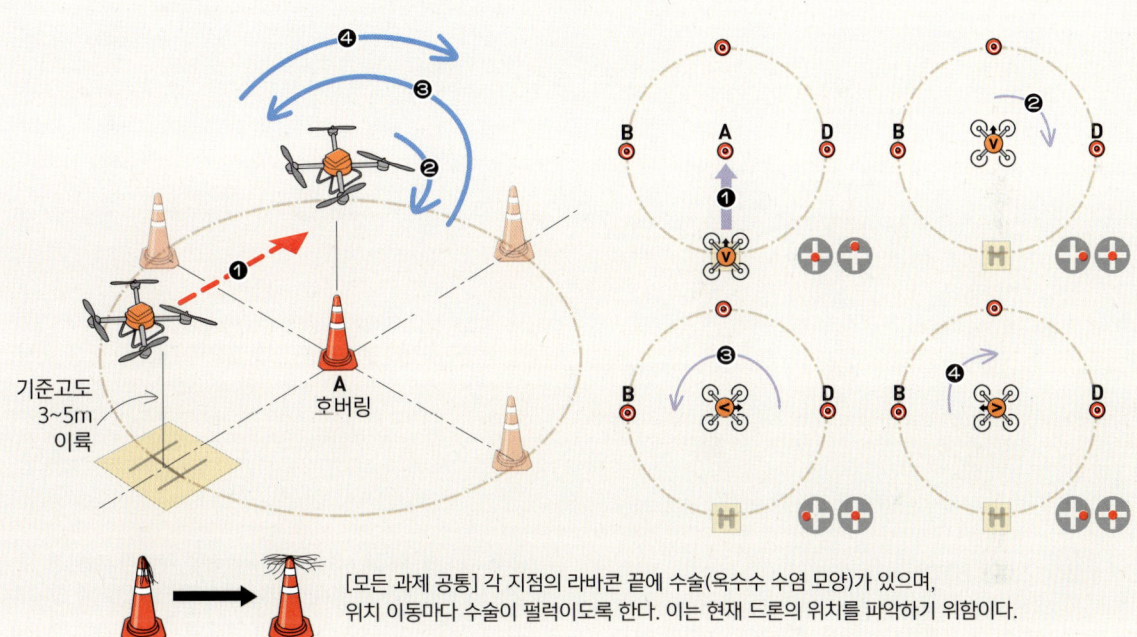

[모든 과제 공통] 각 지점의 라바콘 끝에 수술(옥수수 수염 모양)이 있으며, 위치 이동마다 수술이 펄럭이도록 한다. 이는 현재 드론의 위치를 파악하기 위함이다.

4 전진 및 후진 비행

1종
01 [전진]  전진비행! 40m 전방 E지점까지 고도와 속도를 유지하며 이동한다. 정지! (5초 유지)
02 [후진] 후진비행! 기수변환 없이 원래 위치(A지점)로 후진하여 이동한다. 정지! (5초 유지)

2종
01 [전진] 전진비행! H지점에서 C지점까지 전진하여 이동한다. 정지! (5초 유지)
02 [후진] 후진비행! 기수변환 없이 A지점으로 후진하여 이동한다. 정지! (5초 유지)

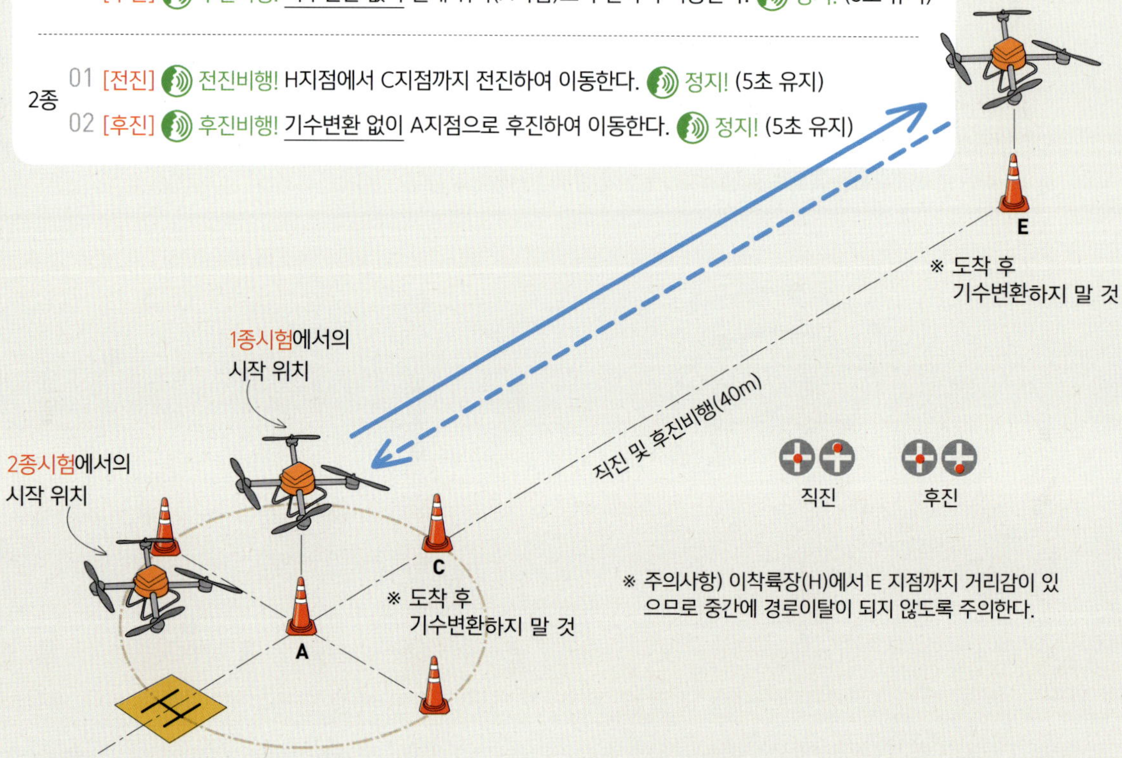

- 1종시험에서의 시작 위치
- 2종시험에서의 시작 위치
- ※ 도착 후 기수변환하지 말 것
- ※ 도착 후 기수변환하지 말 것
- 직진 및 후진비행(40m)
- 직진 / 후진
- ※ 주의사항) 이착륙장(H)에서 E 지점까지 거리감이 있으므로 중간에 경로이탈이 되지 않도록 주의한다.

5 삼각 비행

01 [B지점 이동] 좌로 이동! 정지! (5초 유지)
02 [F지점 이동] 우로 상승! 정지! (5초 유지)
03 [D지점 이동] 우로 하강! 정지! (5초 유지)
04 [A지점 이동] 호버링 위치로! 정지! (5초 유지)

※ 삼각 비행도 좌우측 중 응시자가 편한 방향부터 진행해도 무방하다.(A-B-F-D-A 또는 A-D-F-B-A)

비행 팁 : 삼각비행 시작 시 아래와 같은 가상의 선을 설정하여 전체 경로를 머리에 그린 후 비행하는 연습을 한다. 스로틀과 에일러론의 동시 조작이 필요하며, 기본 비행경로가 중요하므로 만약 기본 경로를 벗어나는 것이 예상된다면 빠르게 비행 경로를 수정해야 한다.

※ 주의사항) 기수방향 전방으로 유지하고, 지나치게 빠르거나 느린속도, 기동중 정지 등이 없을 것

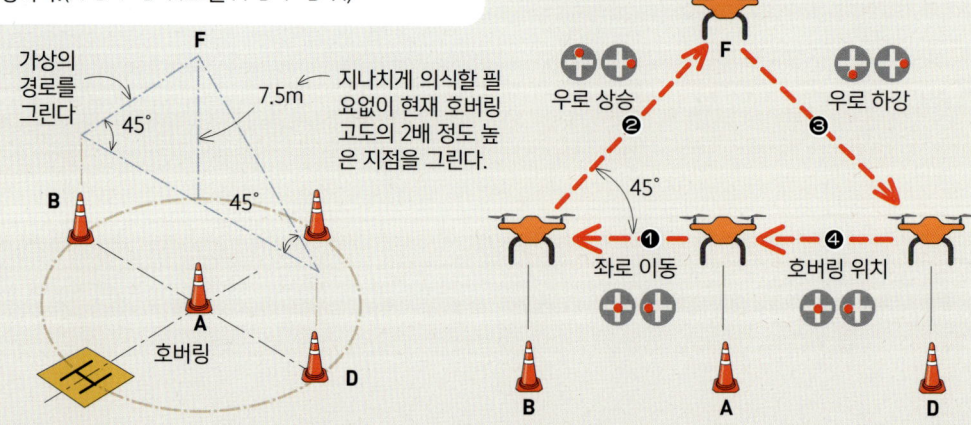

- 가상의 경로를 그린다
- 지나치게 의식할 필요없이 현재 호버링 고도의 2배 정도 높은 지점을 그린다.
- 7.5m, 45°, 45°
- 호버링
- 우로 상승 / 우로 하강
- 좌로 이동 / 호버링 위치

6 원주 비행 (※1종만 해당)

01 **[H지점 후진 이동]** 🔊 원주비행 위치로! 기수변경없이 후진하여 H 지점까지 이동한다. 🔊 정지! (5초 유지)

02 **[기수 회전]** 🔊 원주비행 준비! 우측면(또는 좌측면)으로 기수를 90° 회전시킨다. 🔊 정지! (5초 유지)

03 **[원주 비행]** 🔊 원주비행 실시! 엘리베이터(전진)와 러더(회전)키를 조작하여 원주 비행을 실시한다.
   전진속도는 약 0.7~1클릭 정도로 낮은 속도로 천천히 이동하며, 출발과 동시에 러더키를 조작(약 0.5클릭)하여야 하며 ★표시에서의 착시현상을 주의해야 한다. 또한 고도변화가 발생될 수 있으므로 적절한 에일러론키를 이용하여 기준고도를 일정하게 유지해야 한다. 🔊 정지! (5초 유지)

04 **[기수 회전]** 🔊 기체 정렬! 좌측면(또는 우측면)으로 90° 회전시켜 전방을 향하게 한다. 🔊 정지! (5초 유지)

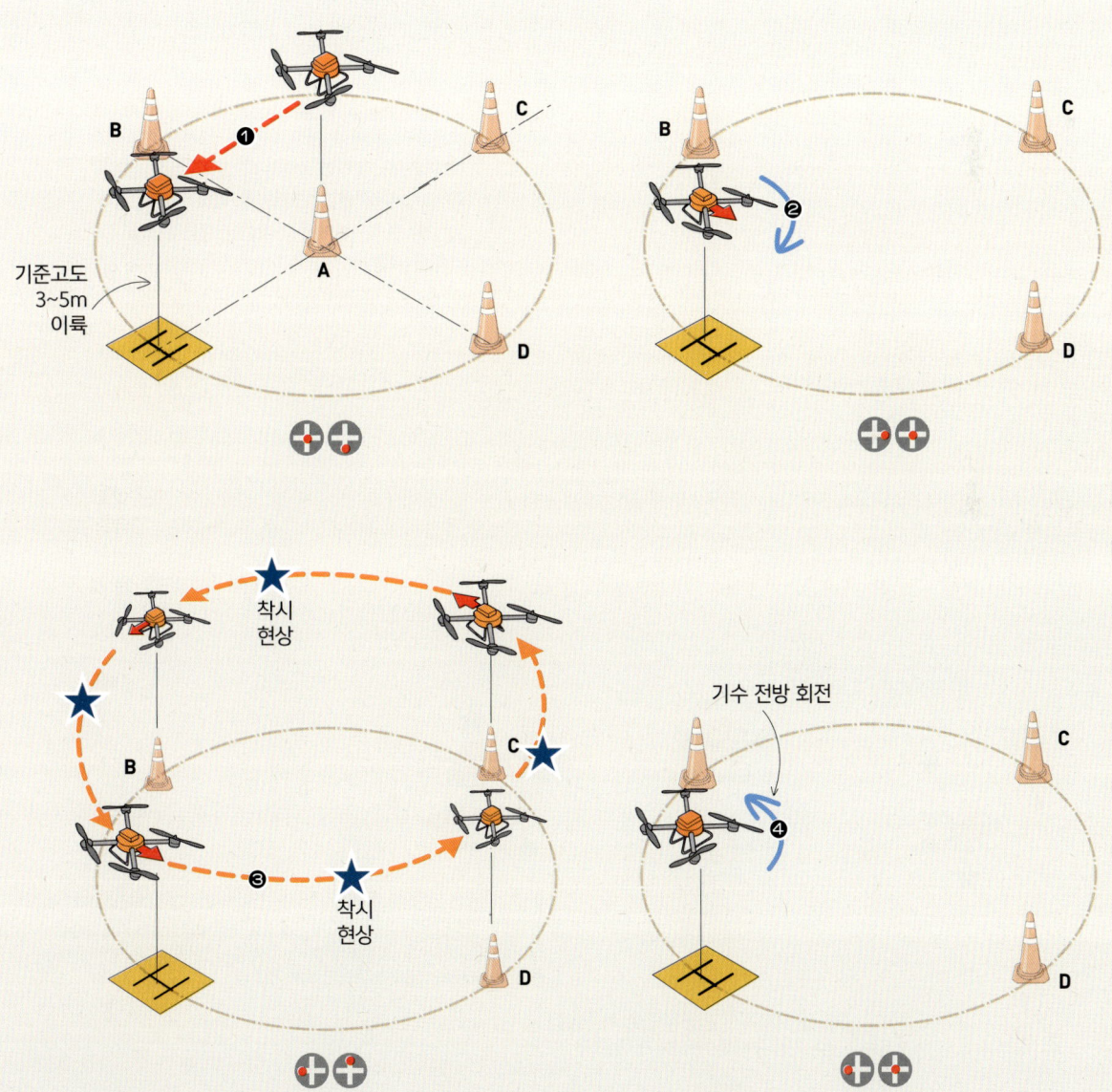

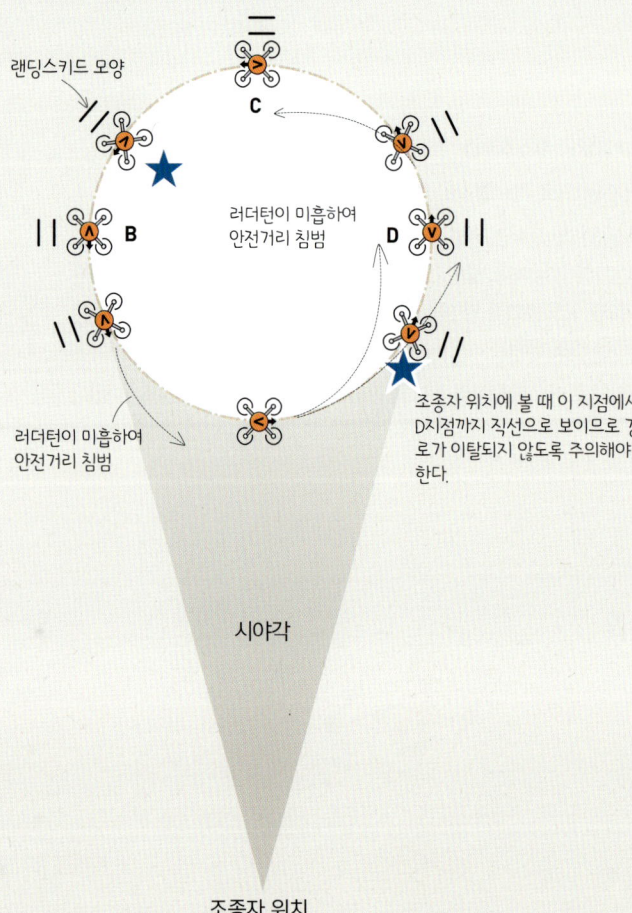

원주비행 조종법

- 원주비행 시 전진키(엘리베이터)와 러더키를 동시에 사용해야 하는데, 원주비행에서 가장 주의할 점은 전진속도를 0.7~1클릭으로 최대한 천천히 유지하도록 한다.(진로 변경시 속도가 높으면 진로수정이 어렵다.)
- 엘리베이터 키는 일정하게 유지시키고 선회 중간에 러더키를 적절히 조작하도록 한다. D지점에서 랜드스키드가 11자 모양이 되도록 진입한다. 이 때 고도를 체크하며 이탈되지 않도록 주의한다.
- 또한 선회 시 러더키의 과다조작으로 인해 기체가 안쪽으로 비행하는 경우가 많으므로 특히 주의하도록 한다. (경로를 조정할 때 급선회를 하면 가속도에 의해 진로이탈이 되기 쉬우므로 최대한 천천히 전진하며 회전시킨다.)

팁) 초기연습을 할 때

처음부터 완벽한 원주 비행은 어려우므로 4각형(마름모)→8각형→12각형으로 그리며 엘리베이터 키와 러더키의 조종감을 익히는 것이 좋다. (단, 1종 실기시험에서 이 방법을 사용하면 탈락되므로 주의한다)

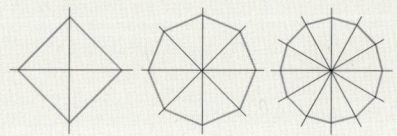

랜딩스키드(랜딩기어)로 회전각도를 예측하자!

- 수평거리에서 기체의 회전각도를 파악하기 어려우므로 랜딩스키드의 회전각도로 파악하는 것이 좋다.
- H지점과 C지점에서는 랜딩스키드가 정확히 '=' 모양으로 출발하도록 한다.
- D지점 및 B지점 통과 시 랜딩스키드가 '11' 모양이 되도록 통과하도록 한다.

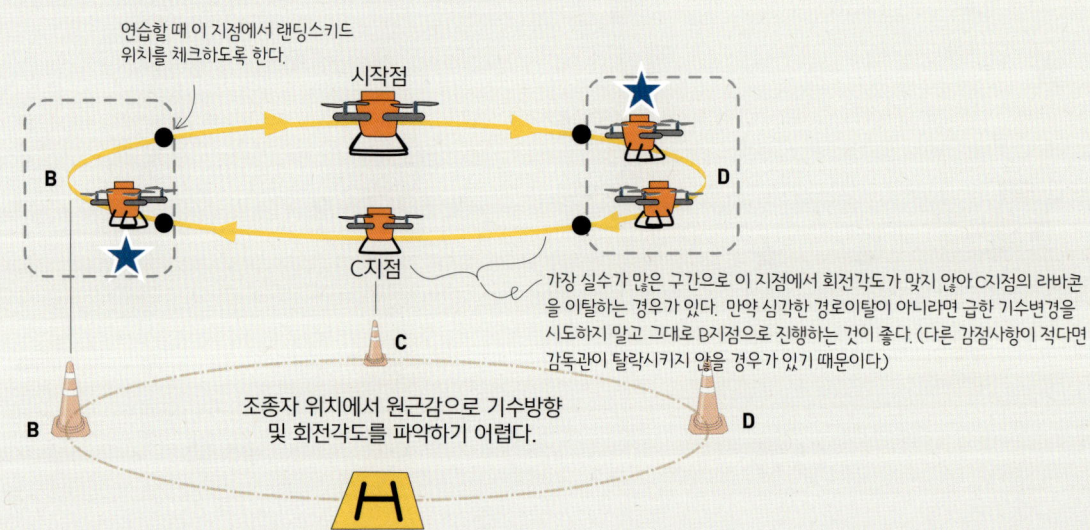

6-1 마름모 비행 (※2종만 해당)

01 [H지점 후진 이동] 🔊 마름모비행 위치로! 기수변경없이 후진하여 H 지점까지 이동한다. 🔊 정지! (5초 유지)

02 [마름모 비행] 🔊 마름모비행 실시! 기수를 전방으로 유지한 채 수험자가 편한 방향 즉, 시계반대방향(H-D-C-B-H) 또는 시계방향(H-B-C-D-H)으로 엘리베이터(전·후진)와 에일러론(좌우)키를 조작하여 마름모 모양을 그리며 실시한다. 🔊 정지! (5초 유지) ※ 각 지점을 반드시 통과해야 함

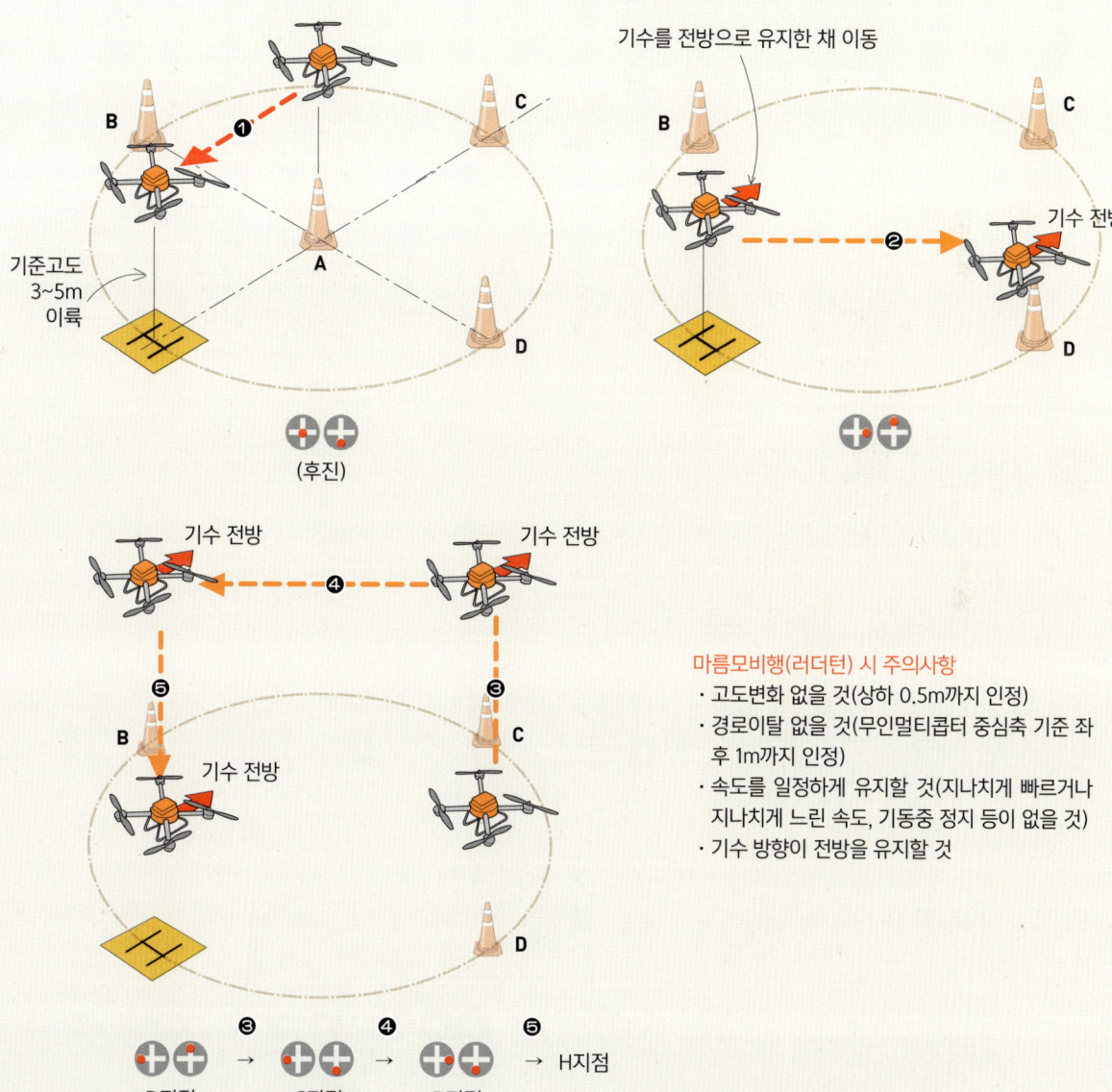

마름모비행(러더턴) 시 주의사항
· 고도변화 없을 것(상하 0.5m까지 인정)
· 경로이탈 없을 것(무인멀티콥터 중심축 기준 좌후 1m까지 인정)
· 속도를 일정하게 유지할 것(지나치게 빠르거나 지나치게 느린 속도, 기동중 정지 등이 없을 것)
· 기수 방향이 전방을 유지할 것

7 비상접근 및 착륙 (※1종만 해당)

01 [수직상승] 🔊 2m 상승! 기준 고도에서 2m 수직 상승(5~7m) 🔊 정지! (5초 유지)
02 [비상착륙장 하강] 🔊 좌측(우측) 비상! 대각선 방향으로 기존 속도보다 1.5배 빠른 속도로 비상착륙장(F)지점에 착륙한다.
03 [엔진정지] 🔊 엔진정지! 착륙 후 엔진을 정지시킨다.

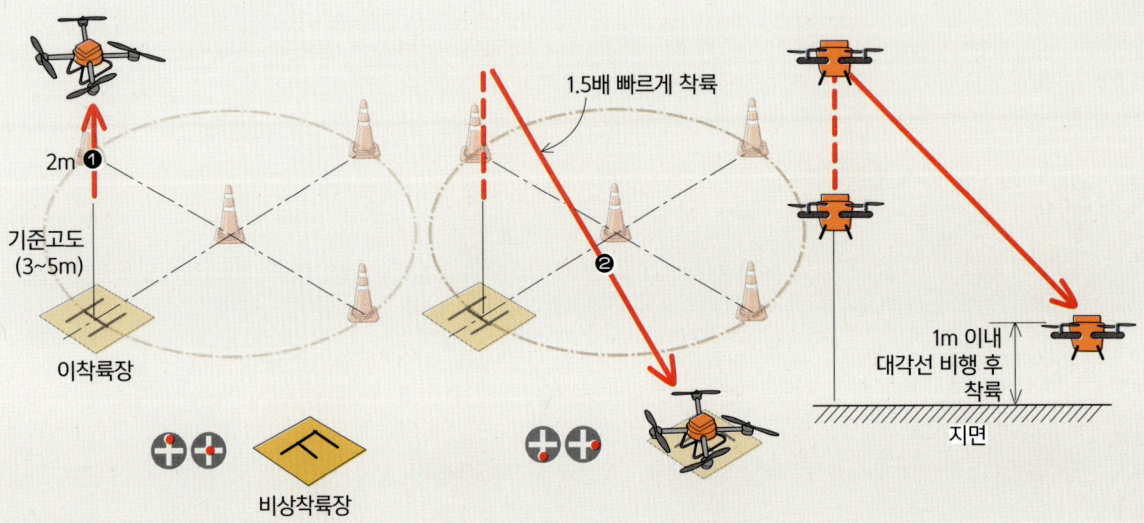

8 정상접근 및 착륙 (※1종만 해당)

01 [모드변경] 🔊 자세모드 전환! 비행모드를 에티(ATTI)모드로 전환한다. 🔊 모드 변경 확인!
02 [이륙] 🔊 시동! 🔊 프롭회전상태 이상무! 이륙! 기준고도까지 상승한 후 정지한다. 🔊 정지! (5초 유지)
03 [수평이동] 🔊 정상접근! H지점으로 이동한다. 🔊 정지! (5초 유지)
04 [착륙] 🔊 착륙! 착륙 후 시동을 끈다.
05 [모드변경] 🔊 GPS모드 전환! 비행모드를 다시 GPS 모드로 전환한다. 🔊 모드 변경 확인!
06 [이륙] 🔊 시동! 🔊 프롭회전상태 이상무! 이륙! 기준고도까지 상승한 후 정지한다. 🔊 정지! (5초 유지)

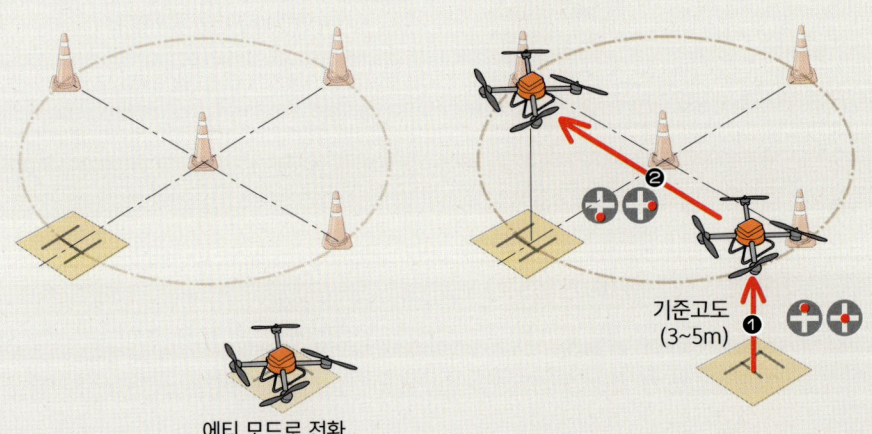

9 측풍접근 및 착륙

01 [D지점 이동] 🔊 측풍접근 위치로! 바람이 D에서 B방향으로 분다고 가정할 때) 기수는 전방으로 고정시키고, 기체를 D지점으로 이동한다. 🔊 정지! (5초 유지)

02 [우측 호버링] 🔊 우측면(좌측면) 호버링! 러더키로 기수를 우측으로 90° 회전시킨다. 🔊 정지! (5초 유지)

03 [H지점 이동] 🔊 측풍접근! 기수를 고정시킨 채 엘리베이터와 에일러론으로 기체를 이착륙장(H)으로 복귀한다. 🔊 정지! (5초 유지)

※ 만약 풍향이 B→D 이라면 기체를 B지점으로 이동한 후 이착륙장으로 복귀한다.

04 [좌측 호버링] 🔊 좌측면(우측면) 호버링! 러더키로 기수를 왼쪽으로 90° 회전시켜 전방을 향하도록 한다.

05 [착륙 및 시동 끄기] 🔊 착륙! 엔진 정지! 착륙 후 시동을 끈다.

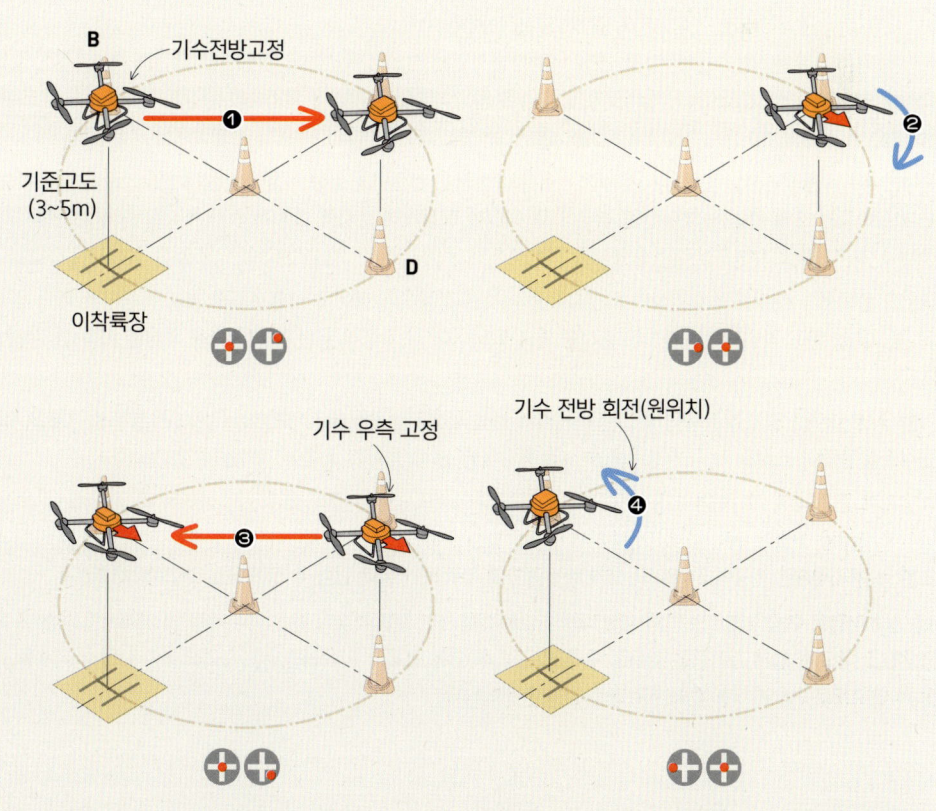

드론 실기시험 **251**

10 비행 후 절차

01 **[비행장 입장]** 🔊 비행 후 점검 위치로! 조종기와 배터리 박스를 소지하고 이착륙장에 입장한다.
02 **[배터리 전원 OFF]** 🔊 배터리 전원 OFF!
03 **[기체 전원 OFF]** 🔊 기체 전원 OFF!
04 **[비행 후 기체 점검]** 🔊 비행 후 기체 점검! 비행 전 기체점검과 동일한 방법으로 점검한다.
  - 각 프로펠러 및 모터 점검 – 프로펠러의 파손, 이물질 유무, 유격, 나사조임상태 순으로 돌아가며 점검
  - 메인프레임의 고정상태 및 파손 확인, 암 고정 점검, GPS 안테나 및 수신 안테나 고정상태 확인, 랜딩스키드의 파손 및 흔들림 확인
  🔊 1~4번 프롭 이상무! 1~4번 모터 이상무! 1~4번 모터 유격 이상무! 1~4번 모터암 고정상태 이상무! GPS고정상태 이상무! 메인 프레임 이상무! 랜딩스키드 이상무! 비행전 기체점검 완료!
05 **[배터리 제거]** 🔊 배터리 제거! 배터리를 모두 분리한 후 배터리 박스에 수납한다.
06 **[비행일지 기록]** 날짜, 비행 후 시간, 조종자 성명 및 서명 등 비행일지를 기록한다.
07 **[퇴장]** 🔊 조종자 퇴장! 조종기 및 배터리 박스를 소지하고 퇴장한다.

참고) 실기 연습 조언

01 가급적 전문학원이나 국가지정 학교(강좌)에 등록하라! – 일부 전문학원은 자체 학원에서 시험을 실시할 수 있으므로 본인이 연습한 기체 그대로 시험을 볼 수 있습니다. 또한 1종 : 비행시간 20시간, 2종 : 10시간, 3종 : 6시간의 필수 비행경력이 필요하므로 전문학원에 등록하는 것이 좋습니다.

02 독학의 경우 드론원스탑민원서비스를 통해 비행가능지역을 반드시 확인하고 적정 위치를 찾도록 합니다. 필요에 따라 비행승인이 필요합니다.(카메라가 부착된 경우 촬영여부와 관계없이 촬영승인 신청도 필요) 수도권 드론 전용비행장은 신정교, 광나루, 가양대교, 별내IC 등이 있으며, 일부 지방의 경우에도 전용비행장을 권장합니다.

03 틈나는대로 시뮬레이션을 충분히 숙지하라! – 유튜브와 같은 인터넷 동영상 시청이나 실제 연습으로 감을 익히는 것도 중요하지만 조종 연습을 하지 않을 경우 자주 머리에 떠올리며 순서와 조종기의 키 조작을 함께 숙지하시기 바랍니다. 조종기를 소지하고 있다면 동영상을 보면서 직접 조종기를 조작하며 눈과 손으로 함께 익히시기 바랍니다.

04 마인드 컨트롤 – 대부분의 수험생이 시험장에 들어서면 긴장하기 때문에 시험순서를 놓치는 경우가 종종 있습니다. 심호흡을 하고 마인드 컨트롤하며 순서를 계속 되뇌이며 각 과정이 끝날 때마다 다음 과정을 미리 상기하기 바랍니다.

05 시험 30분~1시간 먼저 도착하여 조종자 위치에서 눈높이와 지형지물을 파악하자! – 어느 지점에서 이동할 지, 회전각도를 얼마나 조절할 지 등 지형지물을 미리 파악하면 좀 더 정확한 조종이 가능할 수 있습니다.

06 비행과제 중 하나에 지나치게 치중하지 마라! – 일부 수험생의 경우 원주비행이 가장 어려워 이 과제에만 치중하여 나머지 과제를 소홀히 하다가 자칫 실수하여 실격당하는 경우도 있으니 다른 과제도 충분히 연습해 두길 바랍니다. 또한, 비행과제에만 치중하고 나머지 부차적인 절차를 무시하면 실격 당할 수 있으므로 주의해야 합니다.

07 1종 실기시험이 어렵다면 2종 먼저 시작하라! – 2종에서 가장 불합격률이 높은 원주비행 및 자세모드 비행을 하지 않으므로 비교적 쉽게 자격증을 취득할 수 있습니다. 특별한 경우가 아니라면 2종 자격으로도 상당수 기체를 운용할 수 있으므로 2종 자격을 먼저 취득하는 것을 권장합니다.

실기시험 채점표
초경량비행장치조종자 (무인멀티콥터)

등급 표시
S : 만족(Satisfactory)
U : 불만족(Unsatisfactory)

응시자 성명		자격 종목		판정	
사용비행장치		시험일시		시험장소	

순서	구분	영역 및 항목	등급
		구술시험	
1		기체에 관한 사항	
2		조종자에 관한 사항	
3		공역 및 비행장에 관한 사항	
4		일반지식 및 비상절차	
5		이륙 중 엔진고장 및 이륙 포기	
		실기시험(비행 전 절차)	
1		비행 전 점검	
2		기체의 시동	
3		이륙 전 점검	
		실기시험(이륙 및 공중조작)	
1		이륙 비행	
2		공중 정지비행(호버링)	
3		직진 및 후진 수평비행	1종만 해당
4		삼각비행	
5		원주비행(리더턴)	2종 : 마름모 비행
6		비상조작	1종만 해당
		실기시험(착륙조작)	
1		정상접근 및 착륙	1종만 해당
2		측풍접근 및 착륙	
3		비행 후 점검	
4		비행기록	
		실기시험(종합능력)	
1		안전거리 유지	
2		계획성	
3		판단력	
4		규칙의 준수	
5		조작의 원활성	
		실기시험(심사의견)	

초경량비행장치
**드론조종
자격시험**

드론조종자격시험
(무인동력비행장치 조종자격 대비)

2026년 01월 10일 6판 1쇄 인쇄
2026년 01월 20일 6판 1쇄 발행

지은이	BTB P&D 연구소
펴낸이	이강복

저자협의
인지생략

펴낸곳	(주)도서출판 책과상상
주 소	경기도 고양시 일산동구 장항로 203-191
대표전화	02) 3272-1703
구입문의	02) 3272-1704
등 록	제2020-000205호
홈페이지	www.sangsangbooks.co.kr

기획, 진행	오호경
북디자인	디자인동감
교정교열	BTB P&D 연구소
인 쇄	중앙인쇄
제 본	대일문화

ISBN 979-11-6967-318-1 (13550)
값 20,000원

Copyright ⓒBTB P&D 연구소. 2021. Printed in South. Korea

- 잘못된 책은 구입한 서점에서 바꿔 드립니다.
- 이 책에 실린 모든 내용, 디자인, 이미지, 편집구성의 저작권은 (주)책과상상과 저자에게 있습니다. 허락없이 복제하거나 다른 매체에 옮겨 실을 수 없습니다.